Hans-Günther Wagemann | Heinz Eschrich

Photovoltaik

Hans-Günther Wagemann | Heinz Eschrich

Photovoltaik

Solarstrahlung und Halbleitereigenschaften,
Solarzellenkonzepte und Aufgaben

2., überarbeitete Auflage

mit 132 Abbildungen und 20 Übungsaufgaben

PRAXIS

Bibliografische Information der Deutschen Nationalbibliothek
Die Deutsche Nationalbibliothek verzeichnet diese Publikation in der
Deutschen Nationalbibliografie; detaillierte bibliografische Daten sind im Internet über
<http://dnb.d-nb.de> abrufbar.

Prof. Dr.-Ing. Dr. h. c. Hans-Günther Wagemann
Studium der Physik (Diplom 1965, Promotion 1970 TU Berlin), Zuverlässigkeitstests von Satelliten-
elektronik (Hahn-Meitner-Institut Berlin 1965-1976), Lehrstuhl für Halbleitertechnik (TU Berlin
1977-2003).
Arbeiten auf den Gebieten der Silizium-Bauelemente, zahlreiche Fachveröffentlichungen und
Lehrbücher.

Dr.-Ing. Heinz Eschrich
Studium der Elektrotechnik (Diplom 1987, Promotion 1992 TU Berlin), Herstellung von Silizium-
Solarzellen (Hahn-Meitner-Institut Berlin 1992-1994), Angestellter Robert-Bosch GmbH Halbleiter-
werk Reutlingen 1996-2009; seit 2009 BOSCH Solar Energy, Erfurt.
Fachveröffentlichungen und Patente auf dem Gebiet der Halbleitertechnik.

1. Auflage 2007
2., überarbeitete Auflage 2010

Umschlaggestaltung: KünkelLopka Medienentwicklung, Heidelberg

Gedruckt auf säurefreiem und chlorfrei gebleichtem Papier.

ISBN 978-3-8348-0637-6

Inhaltsverzeichnis

Verzeichnis der Tafeln

Symbole

$\bar{a}$, a	Gitterkonstante / nm
A	Fläche / cm^2
B	magnetische Flussdichte / Vs/m^2
c_0, c	(Vakuum-)Lichtgeschwindigkeit ($2{,}99792458 \cdot 10^8$ m/s)
d	Dicke / cm
d_{ba}, d_{em}, d_{ox}, d_{SZ}	Basis-/Emitter-/Oxid-/Solarzellen-Dicke / cm
d_i	Dicke der intrinsischen Schicht / cm
D	Diffusionskonstante / cm^2/s
E	Strahlungsleistungsdichte, Bestrahlungsstärke / W/cm^2
E	elektrische Feldstärke / V/cm
E_{e0}	Solarkonstante ($(1{,}367 \pm 0{,}007)$ kW/m^2)
f	Abschwächungsfaktor; Verdünnungskoeffizient / - ($21{,}7 \cdot 10^{-6}$)
FF	Füllfaktor / -
g	Erdbeschleunigung ($9{,}806$ m/s^2)
G	optische Generationsrate / $cm^{-3}s^{-1}$
h	PLANCKsches Wirkungsquantum ($6{,}6260755 \cdot 10^{-34}$ Ws^2, $\hbar = h / 2\pi$)
H	barometrische Skalenhöhe / m
I	elektrischer Strom / A
I_k	Kurzschlussstrom / A
j	Stromdichte / A/cm^2
j_k, j_{rek}	Kurzschluss-/Rekombinations-Stromdichte / A/cm^2
k	BOLTZMANN-Konstante ($1{,}380658 \cdot 10^{-23}$ Ws/K)
k	Wellenzahl / cm^{-1}
l_n, l_p	Driftlänge der Elektronen, Löcher / cm
L	Diffusionslänge / μm
m	Masse / kg
m_{eff}	effektive Masse / kg
n	Brechzahl / -
n	Elektronenkonzentration / cm^{-3}
n_i	Eigenleitungsdichte / cm^{-3}

N_A^-, N_A	Dichte der (ionisierten) Akzeptoren / cm^{-3}
N_D^+, N_D	Dichte der (ionisierten) Donatoren / cm^{-3}
N_L, N_V	effektive Zustandsdichte im Leitungs-, Valenzband / cm^{-3}
p	Druck / N/m^2
p	Impuls / kg cm/s
p	Löcherkonzentration / cm^{-3}
p_0	Normaldruck (1013,25 hPa, 1 hPa = 1 N/m^2 = 1 kg s^{-2}m^{-1})
P_S	Strahlungsleistung / W
q	Elementarladung (1,60217733 $\cdot$ 10^{-19} As)
q	Sammelwirkungsgrad / -
Q_{ext}	externer Quantenwirkungsgrad / -
Q_{int}	interner Quantenwirkungsgrad / -
R	Reflexionsfaktor / -
R	Rekombinationsrate / cm^{-3} s^{-1}
R	elektrischer Widerstand / Ω
r_E	Erdradius (6,38 $\cdot$ 10^6 m)
r_S	Sonnenradius (0,696 $\cdot$ 10^9 m)
r_{SE}	Abstand Sonne-Erde (149,6 $\cdot$ 10^9 m)
s	Rekombinationsgeschwindigkeit / cm/s
S	spektrale Empfindlichkeit / A/W
u	Energiedichte / Ws/cm^3
t	Zeit / s
T	Temperatur / K
T_S	Temperatur der Sonnenoberfläche (5800 K)
U	elektrische Spannung / V
U_D	Diffusionsspannung / V
U_L	Leerlaufspannung / V
U_T	thermische Spannung (= k$\cdot$T/q, U_T(300 K) = 25,8 mV)
v_n, v_p	Driftgeschwindigkeit der Elektronen, Löcher / cm/s
v_{th}	thermische Geschwindigkeit / cm/s
W	Energie / eV
W_F	FERMI-Energie / eV
W_{fn}, W_{fp}	Quasi-FERMI-Niveau der Elektronen/Löcher / eV
w_n, w_p	Raumladungszonenweite im n/p-Gebiet / µm

W_S	Strahlungsenergie / kWh
x	Ortskoordinate in Lichteinfallrichtung / cm
y	Ortskoordinate quer zur Lichteinfallrichtung / cm
α	Absorptionskoeffizient / 1/cm
γ	Sonnenhöhenwinkel / °
ΔW	Bandabstand / eV
ε	Dielektrizitäts-Konstante; numerische Exzentrizität der elliptischen Erdbahn
ε_0	elektrische Feldkonstante ($8,854187817 \cdot 10^{-14}$ As/Vcm), -zahl / -
η	Energiewandlungswirkungsgrad / -
η_q	Quantenwandlungswirkungsgrad / -
κ	Extinktionskoeffizient / -
λ	Wellenlänge / nm
μ	Beweglichkeit / cm^2/Vs
ν	Frequenz / 1/s
Φ_p	Photonenstrom / s^{-1}
π	3,1415926
ρ	Dichte / kg/cm^3
ρ	Raumladungsdichte / As/cm^3
σ	spezifische Leitfähigkeit / Ω^{-1} cm^{-1}
σ	STEFAN-BOLTZMANN-Konstante ($5,67051 \cdot 10^{-8}$ Wm^{-2}K^{-4})
τ	Minoritätsladungsträger-Lebensdauer / s
ω	Kreisfrequenz / 1/s

Die güld'ne Sonne
voll Freud und Wonne
bringt uns'ren Grenzen
mit ihrem Glänzen
ein herzerquickendes, liebliches Licht.
Mein Haupt und Glieder,
die lagen danieder,
aber nun steh' ich,
bin munter und fröhlich,
schaue den Himmel mit meinem Gesicht.

Paul Gerhardt   1666

1. Einleitung

Die Strahlungsenergie unserer Sonne ist heute die einzige unerschöpfliche Energiequelle der Menschheit. Täglich erreicht ein Vieltausendfaches des menschlichen Bedarfs an Primärenergie in Form elektromagnetischer Strahlung die Erde. Sie wird hier, mit Ausnahme der chemisch-biologischen Wandlung im Prozess der Photosynthese, ohne Zwischenschritte in die geringwertige Energieform Wärme umgewandelt. Die direkte Energiewandlung der Sonnenstrahlung in Elektrizität mittels der Photovoltaik erhält uns die ursprünglich hochwertige Form der Energie.

Unsere Bevölkerung und auch die Energiewirtschaft machen inzwischen dank staatlicher Förderung regen Gebrauch von dieser neuen Art der Energiewandlung. Zwar ist die Energiedichte der Sonnenstrahlung auf der Erde, verglichen z.B. mit dem Energiefluss im Brennraum einer Turbine, gering. Aber immer größere Kreise unserer Öffentlichkeit zeigen sich gegenüber einer aus regenerativen Quellen stammenden Stromversorgung aufgeschlossen. Photovoltaik ist dabei neben Wasser- und Windenergie, Solarthermik und Biomasse zweifellos der kleinste Anteil mit 0.6% (2008) an der Stromerzeugung, aber mit bemerkenswerten Wachstumsziffern von mehr als 25% pro Jahr. Photovoltaik kann auch nicht die anderen Energieträger verdrängen, wird aber innerhalb des „Energiemixes" der Zukunft zunehmend berücksichtigt werden. Im Jahre 2008 wurden weltweit 7,9 GW Solarzellen-Leistung produziert. In Deutschland war im Jahre 2007 eine photovoltaische Leistung von 3,8 GW installiert, die insgesamt 3.000 GWh solare Energie wandelte. Das Erneuerbare-Energien-Gesetz des Deutschen Bundestages /EEG 2004/ sichert dabei dem Investor in

Photovoltaik-Anlagen eine Vergütung für seine ins öffentliche Netz eingespeiste elektrische Energie. Der angestrebte flächendeckende Aufbau von privaten netzgekoppelten PV-Anlagen bedeutet letzten Endes eine neuartige dezentrale Versorgung und damit eine umfassende Umstrukturierung der Energiewirtschaft. Allerdings sind Solarzellen als photovoltaische Energiewandler und folglich die mit ihrer Hilfe gewonnene Elektrizität noch immer sehr teuer, so dass sie bislang wirtschaftlich nicht mit anderen (ebenfalls vielfältig subventionierten) Techniken der Energiewandlung konkurrieren können. Inzwischen gibt es aber auch in Deutschland eine wachsende Zahl von PV-Großprojekten, deren Aufbau den Preis von Solarzellen und der PV-Elektrizität senken werden.

So sind in Deutschland mit staatlicher Förderung (jährlich ca. 400 Mio. € aus Bundes- und EU-Mitteln) Forschungs- und Entwicklungseinrichtungen, Fabrikationskapazitäten sowie Pilotkraftwerke wie Lieberose/Brandenburg (mit einer Leistung von 53 MW (2009)) entstanden. Ebenso sind mit dem Enthusiasmus der Öffentlichkeit im Hunderttausend-Dächer-Programm der Bundesregierung zahlreiche netzgekoppelte Generatoren im kW-Format auf kommunalen Bauten und Privathäusern erstellt worden. Deutschland ist dadurch zu einem der am stärksten PV-orientierten Länder der Welt aufgerückt. Auch die indus-triellen Fertigungen von Solarzellen und Photovoltaik-Anlagen gehören zu den modernsten Einrichtungen am Weltmarkt. In den ariden Gebieten der Erde sind Wasserförderung für Mensch und Tier ohne Photovoltaik oft nicht mehr denkbar. Es steht jedoch außer Frage, dass weiterhin Forschung und Entwicklung, aber auch noch Überzeugungsarbeit, geleistet werden müssen, bis auch bei uns die ersten Verbrennungsaggregate von Photovoltaik-Kraftwerken abgelöst werden können.

Ziel dieses Lehrbuches ist es, Studierende im Hauptstudium der Physik und Elektrotechnik sowie Ingenieure mit Bauelement-Erfahrungen an das interessante Arbeitsgebiet der Photo-voltaik heranzuführen und ihnen sichere halbleitertechnische Kenntnisse für den Entwurf, die Herstellung und den Umgang mit dem Bauelement Solarzelle zu vermitteln. Dabei werden Grundkenntnisse der Halbleiterphysik vorausgesetzt, wie sie Studenten nach dem Grund-studium der Elektrotechnik besitzen. Gegenüber dem Lehrbuch aus dem Jahre 1994 wird hier der fortgeschrittene Stand der wissenschaftlichen Erkenntnis und technischen Entwicklung dargestellt. Außerdem sind 20 Übungsaufgaben (mit Lösungen) hinzugefügt. Darin wird u.a. die Analyse von (kleinflächigen) Solarzellen beschrieben. Ein Praktikumsteil schließt sich an, in dem in Grundzügen die Technologie behandelt wird, wie sie in einem Universitätsinstitut betrieben wird, um Gruppen von Studenten Gelegenheit zu geben, selber Solarzellen aus Silizium herzustellen. Schließlich wird erörtert, wie z.B. Schüler mit einfachsten Mitteln die solare Energiewandlung in einer Farbstoff-Solarzelle untersuchen können.

Der Inhalt wurde als Lehrveranstaltung der Fakultät Elektrotechnik und Informatik der Technischen Universität Berlin von beiden Autoren erarbeitet. Die engagierte Mitarbeit der Studierenden hat die Autoren beim Abfassen des Lehrbuches ermutigt. Neben Herrn Dr.-Ing. D. Lin und Herrn Dipl.-Ing. M. Rochel danken die Autoren für Mitarbeit und für zahlreiche Anregungen den Herren Dipl.-Ing. S. Peters, Dipl.-Phys. P. Sadewater sowie Dipl.-Ing. R. Hesse und – für ihren Einsatz in der Institutstechnologie bei der Betreuung der Studierenden – Frau M. Mahnkopf und den Herren A. Eckert und Dipl.-Ing. H. Wegner. Den Herren Dr. T. Eickelkamp und Dr. S. Gall wird für die sorgfältige Ausarbeitung der analytischen Praktikums-aufgabe (Aufgabe Ü 5) während ihres seinerzeitigen Studiums gedankt. Herrn Prof. Dr.-Ing. D.Mewes / Universität Hannover wird für seine Beratung bei Kap .6.1 gedankt. Herr Dipl.-Ing. J. Wagemann und seine Schüler an der Waldorf-Schule Essen haben die Herstellung von

Farbstoff-Solarzellen mit einfachsten Mitteln (Kap. C2) und hohem Engagement erarbeitet. Herr Dipl.-Ing. P. Scholz übernahm zuverlässig Satz und Layout des Buches. Herrn Dipl.-Phys. U. Sandten, Frau K. Hoffmann und Frau C. Agel vom Verlag Vieweg+Teubner danken wir für ihre sachkundige Beratung bei der Abfassung des Manuskriptes.

1.1 Geschichtliche Entwicklung der Photovoltaik

Die Geschichte der photovoltaischen Energiewandlung knüpft an eine der Hauptwurzeln der modernen Naturwissenschaft an. Die Frage nach der Wechselwirkung von Materie und Licht hat von Anbeginn an im Zentrum der Forschungen gestanden. Das Strahlungsgesetz von Max Planck (1900) begründete die moderne Physik, indem es erstmals den Zusammenhang zwischen der Energie des Lichtes und seiner Wellenlänge bei der Emission und Absorption von Strahlung durch Materie klärte /Pla00/.

In mancher Hinsicht verdanken wir aber auch der rastlosen Suche der mittelalterlichen Alchemisten nach dem „Stein der Weisen", durch dessen Kontakt sich alle Stoffe in Gold verwandeln sollten, bereits manche Einsichten. Sie fanden, dass bestimmte Steine wie Calciumsulfid (CaS) und Schwerspat ($BaSO_4$) in der Dunkelheit leuchten, wenn man sie tags der Sonnenstrahlung aussetzt. Noch J.W. von Goethe beschreibt 1805 in der „Italienischen Reise" seinen Besuch des Steinbruchs von Paderno bei Bologna, wo er einen Sack „Phosphore" sammelte und mit nach Weimar nahm /Goe86/.

Die ersten wissenschaftlichen Untersuchungen der Beeinflussbarkeit von Materie durch Licht verdanken wir Alexandre Edmond Becquerel (1820-91) in Paris /Bec39/. Er untersuchte Metallsalze und Metallelektroden im Elektrolyten unter der Einwirkung von Licht und fand u.a., dass Selen, nicht aber Kupfer, seine Leitfähigkeit unter Beleuchtung änderte. Der Industrielle Werner Siemens nutzte diese Beobachtung 1875 zur Konstruktion eines Belichtungsmessers /Sie75/.

Die eigentliche Erfindung der photovoltaischen Solarzelle, also eines Bauelementes mit eigener elektromotorischer Kraft im Sonnenlicht, gelang erst nach der Erfindung der Diode. Die ersten Dioden waren bereits von Ferdinand Braun 1874 beschrieben /Bra74/ und später als Demodulatoren anstelle des Kohärers bei der Telegraphie verwendet worden. Erst W. Schottky erkannte 1938 die Bedeutung einer „Sperrschicht" – wir sagen heute „Verarmungsschicht" – an der Oberfläche eines Halbleiterkristalles zur Metallelektrode hin und begründete mit ihrem Verhalten die Dioden-Kennlinie /Sch38/. Im Jahre 1948 reichte R.S. Ohl / Bell Telephone Labs., USA ein Patent ein für ein lichtempfindliches Bauelement aus Silizium /Ohl48/. Er beschrieb kleine multikristalline Silizium-Gussblöcke, die er senkrecht zur kolumnaren Vorzugswachstumsrichtung der Mikrokristallite zersägte und mit Platin-Kontakten versah. Heute nennt man derartige Metall-Halbleiter-Dioden „Schottky-Dioden". Die damalige Vermessung der spektralen Empfindlichkeit der Schottky-Dioden im Sonnenlicht zeigte ihr Maximum ungefähr bei der Silizium-Bandkante. Eine effiziente Energiewandlung war jedoch wegen der hohen Dichte von Verunreinigungen des Kristalls nicht möglich.

Im Jahre 1948 entwickelte K. Lehovec bei der US-Army (Fort Monmouth, USA) ein umfassendes Konzept zur Verwendung von Metall-Halbleiter-Dioden aus hochreinem Material für die photovoltaische Energiewandlung /Leh48/. Etwas später stellte W. Shockley 1949 bei den Bell Labs. eine Halbleiter-Halbleiter-Diode aus Germanium mit Bereichen unterschiedlicher Dotierung für „positive" und „negative" Ladungsträger vor, die deswegen auch als „pn-junction" bezeichnet wurde /Sho49/. Die nun im Inneren des Bauelementes liegende Verarmungsschicht des „pn-Überganges" erlaubte eine Verbesserung der Silizium-Solarzelle mit reinerem Material. Im Jahre 1954 wurde die erste funktionsfähige **pn-Solarzelle aus Silizium** von D.M. Chapin, C.S. Fuller und P.L. Pearson vorgestellt (ebenfalls alle bei den Bell Labs. tätig) /Cha54/. Die Erfinder erkannten die gute Anpassung ihres Bauelementes an das Spektrum des Sonnenlichtes, dämpften jedoch die hohen Erwartungen, dass sich mit den neuartigen „Solarelementen" die Energieprobleme der Welt lösen lassen würden. Im gleichen Jahr (1954) publizierten D.C. Reynolds, G. Leies und R.E. Marburger von der US Airforce (Wright Patterson Center Ohio) über die einfach gebaute **Cadmiumsulfid-Solarzelle** /Rey54/. Ein Jahr später (1955) stellte R. Gremmelmeier bei den Siemens-Laboratorien in Erlangen die erste **Galliumarsenid-Solarzelle** vor /Gre55/. Die Anfangsperiode der Photovoltaik fand ihren Abschluss in den Jahren 1960/61 durch theoretische Artikel zum Grenzwirkungsgrad von Solarzellen unterschiedlichen Halbleitermaterials von M. Wolf /Wol60/ sowie von W. Shockley und H.J. Queisser /Sho61/. Man erkannte die gute Eignung des kristallinen Siliziums im Sonnenspektrum und fand dafür den „Shockley-Queisser-Limit" eines ultimativen Wirkungsgrades η von $\eta = 44\%$ für die Wandlung der Lichtstrahlung in elektrische Leistung.

Die ersten industriell gefertigten Solarzellen benutzten bereits den Halbleiter Silizium. Der erhebliche Aufwand bei der Reinigung des einkristallinen Materials und bei seiner Technologie für leistungsfähige Solarzellen beschränkte die Anwendung der „photovoltaischen Elemente" zunächst jedoch auf den Einsatz in extraterrestrischen Nachrichtensatelliten, bei denen die hohen Kosten des PV-Generators hingenommen wurden. Hier kamen noch zusätzlich hinzu die Forderungen nach hoher Resistenz gegenüber der Teilchenstrahlung auf der geostationären Bahn in 36.000 km Höhe über dem Äquator und ebenfalls nach geringem Gewicht des installierten PV-Generators. Bereits im Jahre 1966 stellten J.J. Wysocki und Mitarbeiter eine „strahlungsfeste" Silizium-Solarzelle vor /Wys66/.

Die Energiekrise anfangs der Siebziger Jahre erst brachte den Durchbruch zu terrestrischen Anwendungen. Die Forderung nach geringerem Fertigungsaufwand führte zu neuen Materialien und Technologien. Im Jahre 1974 hatten W.E. Spear und P.G. Lecomber gezeigt, dass dünne Schichten aus amorphem Silizium reproduzierbar dotiert werden konnten, wenn man aus einer Glimmentladung eine Legierung aus Silizium und Wasserstoff herstellt /Spe75/. Dieses „hydrogenisierte" amorphe Silizium, abgekürzt als a-Si:H–Material bezeichnet, ließ sich auf transparentem Träger als dünne Schicht ($< 1\mu m$) abscheiden. D.E.Carlson und C.R. Wronsky (RCA Princeton) bauten damit 1976 **Dünnschicht-Solarzellen aus amorphem Silizium** als pin-Struktur mit Wandlungswirkungsgraden von η $\sim 8\%$ /Car76/. Die technischen Erwartungen an diese teil-transparenten Solarzellen als eine preiswerte Oberflächenbeschichtung von Tafelglas waren sehr hoch. Leider zeigte sich, dass ihre Leistung im Sonnenlicht kontinuierlich abnahm. Man stellte fest, dass mit der Absorption des Sonnenlichtes eine Degeneration des amorphen Halbleiters durch die Freisetzung von gebundenen Wasserstoff-Atomen einherging, die dann Silizium-Valenzen unabgesättigt als

Rekombinationszentren hinterließen (Staebler-Wronski-Effekt) /Sta77/. Bis heute sind noch keine vollauf befriedigenden Gegenmaßnahmen gefunden worden.

Das bis heute wichtigste Herstellungsverfahren für preiswerte terrestrische Solarzellen knüpft an das alte Ohlsche Konzept an. Aus tiegelgegossenen Silizium-Blöcken von erheblicher Größe (heute bis über 300 kg) gewinnt man großflächige Scheiben für Solarzellen. Mit der Erstarrung des Siliziums ist seine Reinigung durch Fremdstoff-Segregation zwischen erstarrender und flüssiger Phase sowie eine „kolumnare", d.h. säulenförmige Ausrichtung der entstehenden Mikrokristallite verbunden. Vorgestellt wurden 1977 die tiegelgegossenen Siliziumblöcke von B. Authier / Wacker Burghausen /Aut77/ und die polykristallinen Solarzellen daraus im gleichen Jahre von H. Fischer und W. Pschunder / Telefunken Heilbronn /Fis77/. Diese mikrokristallinen Silizium-Solarzellen stellen heute das Standardbauelement für terrestrische PV-Generatoren aller Größen dar, mit Wirkungsgraden von bis zu $\eta = 18\%$ für industrielle Zellen von $15 \times 15 \text{cm}^2$. Dank vielseitiger Bemühungen ist es dabei gelungen, die technologischen Erkenntnisse von der IC-Fertigung der Silizium-Chips auf „abgemagerte" Arbeitsschritte zu übertragen und damit eine industrielle Fließbandfertigung von Silizium-Solarzellen im großen Maßstab zu ermöglichen /Gre01/. Nicht nur in Japan bei Fa. Sharp und in den USA bei Fa. Spectrolab, sondern auch in Deutschland bei Fa. Q-Cells in Thalheim /Sachsen-Anhalt und bei Fa. Sun World in Freiberg/Sachsen sind erhebliche Produktionskapazitäten für Silizium-Solarzellen entstanden.

Neben der Standard-Silizium-Technologie sind weitere Varianten entwickelt worden, die Kosten senken sollen bei gleichzeitiger Beibehaltung eines akzeptablen Wirkungsgrades.

Es gibt weiterhin die **MIS-Solarzelle** (MIS ~ engl.: _m_etal _i_nsulator _s_emiconductor), bei der die Verarmungsschicht durch Inversion der Silizium-Oberfläche unter einem mit Caesium-Ionen (Cs^+) geladenen Gate-Dielektrikum bei niedriger Temperatur entsteht /She74/. Als ganz neuartiges Bauelement wurde die **Kugel-Element-Solarzelle** erfunden, bei der kleine Silizium-Kügelchen (Ø < 1mm) mit einem sphärischen pn-Übergang angeschliffen in eine Aluminium-Trägerfolie eingebettet werden /Lev91/. Das **EFG-Verfahren** zur Erzeugung dünnwandiger Silizium-Oktogon-Rohre minimiert den Sägeverschnitt /Lau00/. Die wichtigste Alternative zu den Silizium-Solarzellen ist zweifellos die Weiterentwicklung der CdS-Solarzellen aus II/VI-Halbleiter-Material zu weitgehend Cadmium-freien – und damit nicht-toxischen – $(CuInGa)(SSe_2)$-Bauelementen, den sogen. **CIGS-Solarzellen** (ab 1990) /Mit90/. Schließlich gibt es **Solarzellen aus organischem Halbleiter**, BHJ-Polymer-Solarzellen aus Kohlenwasserstoff-Molekülen wie Pentacen und Thiophen, mit einer relativ einfachen Technologie ohne Reinräume. Zu den organischen Halbleitern zählen auch die elektro-chemischen **Farbstoff-Solarzellen**, die im Jahre 1991 von M. Graetzel und Mitarbeitern vorgestellt wurden und die den wichtigen Aspekt verfolgen, wie weit derzeit bereits die Photosynthese technisch genutzt werden kann /Vla91/. Nach der Hydrolyse des Elektrolyten im Sonnenlicht mit der Generation von Wasserstoff-Ionen und Elektronen wird die sofortige Rekombination der Ladungen durch Zusatzstoffe unterdrückt und findet erst nach Arbeitsleistung an einem externen Lastwiderstand und Rückfluss zur Gegenelektrode statt.

Einen gänzlich neuartigen Ansatz verfolgt M.A. Green seit 2003 durch sein Konzept der **„Solarzellen der dritten Generation"** /Gre03/, /Wür03/. Während die beiden ersten „Generationen" von Solarzellen (1.Generation: massive Solarzellen aus kristallinem Silizium und anderen Halbleitern; 2.Generation: Dünnschichtzellen aus a-Si:H und II/VI-Halbleitern auf preiswertem Träger) homogene Halbleiterphasen in den Solarzellen aufweisen, setzt Green künftig auf Mischphasen, um mesoskopische Effekte für die solare Energiewandlung auszunutzen. Beispielsweise sollen energetische „up- und down-conversion" von absorbierten Photonen das Sonnenspektrum besser als nur bis zum Shockley-Queisser-Limit der einfachen Silizium-Solarzelle von η=44% ausnutzen. Vielschicht-Solarzellen erfassen das Sonnenspektrum vollständiger. Stoßionisation kommt ebenfalls für höhere Wirkungsgrade in Frage. Auch thermische Absorption mit anschließender photovoltaischer Wandlung könnte genutzt werden. Als Zielvorstellung hat man den thermodynamischen Wirkungsgrad von η=95% vor Augen und hofft, sich ihm künftig besser zu nähern.

Bei den **III/V-Solarzellen für den Weltraumeinsatz** haben sich in den letzten Jahren ebenfalls erhebliche Fortschritte ergeben durch Vielschicht-Bauelemente mit teleskopartiger Anordnung von aufeinander abgeschiedenen Mehrfach-Dünnschicht-Solarzellen zur Nutzung des gesamten Sonnenspektrums. Die ersten **Stapel-Solarzellen** aus GaAs/GaSb-Material zeigten seinerzeit die höchsten Wirkungsgrade mit η=35% im konzentrierten Sonnenlicht /Fra90/. Die erzielten Wirkungsgrade der heutigen außerordentlich aufwendigen Tripel- und Quadrupel-Solarzellen liegen für Standard-Beleuchtung bei 30 – 32 %. Diese sehr aufwendigen Bauelemente vereinen hohen Wirkungsgrad und gute Strahlenresistenz mit geringem Gewicht /Kin04/.

Der Gesichtspunkt des energetischen Aufwandes zur Herstellung von Solarzellen ist im Laufe ihrer terrestrischen Nutzung immer wichtiger geworden. Da sie die physikalisch direkteste Art und Weise regenerativer Energiewandlung repräsentieren, jedoch i. Allg. eine aufwändige Technologie erfordern, wurden die neuen Begriffe **„Erntezeit"** oder **„Erntefaktor"** eingeführt, um ihre Nachhaltigkeit zu charakterisieren. Beide Begriffe beschreiben den Zeitraum, dessen es bedarf, um die für die Herstellung aufgewendete Energie wieder zu gewinnen. Für industrielle Silizium-Solarzellen des multikristallinen Typs (ca. 60% aller marktgängigen Solarzellen im Jahre 2005) ist die Erntezeit im Laufe der letzten Dekade auf etwa 3 Jahre abgesenkt worden; d.h., es bedarf einer Betriebsdauer von 3 Jahren, um die Herstellungsenergie wieder zu gewinnen (bei einer technischen Lebensdauer von mehr als 15...20 Jahren). Also beträgt der Erntefaktor ~ (15...20) Jahre / 3 Jahre $\geq$ 5...7.

Wirtschaftlich sind die Erwartungen wie folgend. Bei großen Freilandprojekten (z.B. beim 53 MW-Projekt in Lieberose/Brandenburg) kalkuliert man mit Systemkosten von etwa 3.000 €/kW angesichts erwarteter 900 kWh Jahresenergie pro installiertes kW. Bei privaten Anlagen von einigen kW Leistung rechnet man mit weniger als 4.000 €/kW.

Eine gute Darstellung über die geschichtliche Entwicklung der Solarzellen bieten die Artikel von J.J. Loferski /Lof93/. Eine umfassende Darstellung der Entwicklung der kristallinen Silizium-Solarzellen findet man bei M.A. Green /Gre01/.

2. Die Solarstrahlung als Energiequelle der Photovoltaik

Um die photovoltaische Energiewandlung effizient nutzen zu können, ist die genaue Kenntnis des Strahlungsangebotes notwendig. Der Empfänger Solarzelle muss an das eingestrahlte Spektrum optimal angepasst werden. Deshalb sollen zunächst ein physikalisches Modell der Solarstrahlung und die Auswirkungen der Erdatmosphäre auf die spektrale Zusammensetzung des Lichtes dargestellt und diskutiert werden.

2.1 Strahlungsquelle Sonne und Strahlungsempfänger Erde

Die Temperatur $T_S \approx 5800$ K der Sonnenoberfläche (Photosphäre) wird vom Strahlungsgleichgewicht zwischen dem kalten Weltraum mit der Hintergrundstrahlung (T = 2,73 K) und dem extrem heißen Sonneninneren (T = $15{,}6 \cdot 10^6$ K) der thermonuklearen Fusionsprozesse bestimmt. In der Photosphäre der Sonne liegen alle Elemente, mehr oder weniger ionisiert, in atomarer Form vor. Dies führt zu einer so hohen Dichte spektral benachbarter Absorptionslinien, dass die gasförmige Sonnenhülle in erster Näherung als ein *Schwarzer Strahler* mit dem Absorptionsvermögen A = 1 betrachtet werden darf.

Der Schwarze Strahler Sonne steht über die Entfernung zwischen Sonnenoberfläche und Erdbahn mit der Erde im Strahlungsgleichgewicht, da die mittlere Temperatur der Erde sich über lange Zeiträume nicht verändert. Es lässt sich die der Erde zugeführte Strahlungsleistung nach dem STEFAN-BOLTZMANN-Gesetz errechnen (Gl. 2.1).

Die mittlere Entfernung r_{se} zwischen den Mittelpunkten von Sonne und Erde (als mittlere Entfernung auf der elliptischen Erdbahn) beträgt $r_{se}=1{,}496 \cdot 10^{11} m$. Wegen der geringen (numerischen) Exzentrizität der Erdbahn von $\varepsilon = 0{,}017$ darf die Bahn durch einen Kreis angenähert werden. Der Sonnenradius beträgt $r_s=0{,}696 \cdot 10^9 m$, der Erdradius $r_e=6{,}38 \cdot 10^6 m$.

Das Quadrat des Verhältnisses von Sonnenradius r_s und mittlerer Entfernung r_{se} zwischen den Mittelpunkten von Sonne und Erde bezeichnet man in der Photovoltaik als den **Abschwächungsfaktor** oder **Verdünnungskoeffizienten f** der Sonnenstrahlung auf der Erdbahn (s.Gl.2.1). Der Abschwächungsfaktor f geht in den Ausdruck ein, der nach dem Gesetz von Stefan-Boltzmann die Bestrahlungsleistung P_S auf der irdischen Projektionsfläche $r_e{}^2 \cdot \pi$ beschreibt, σ bezeichnet dabei die Stefan-Boltzmann-Konstante,

$$P_S = \pi\, r_E^2\, f \cdot \sigma\, T_S^4 \quad \text{mit} \quad f = \left(\frac{r_E}{r_{SE}}\right)^2 = 21{,}7 \cdot 10^{-6} \text{ und } \sigma = 5{,}67 \cdot 10^{-8}\,\frac{W}{m^2 K^4} \; . \quad (2.1)$$

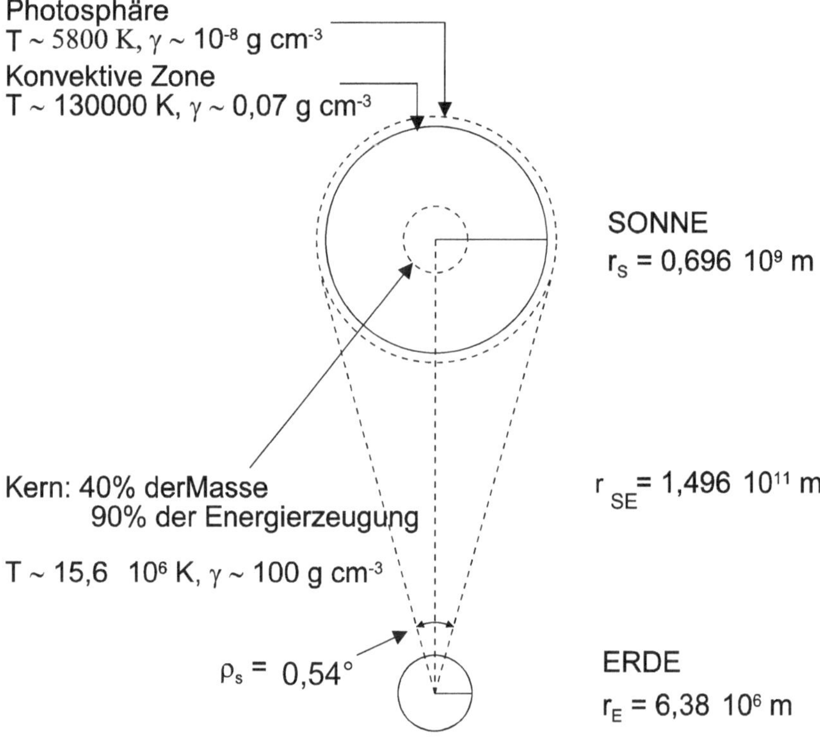

Abb. 2.1:   Sonne und Erde im Weltraum (nach Goetzberger und Wittwer /Goe05/).

Die Strahlungsleistungsdichte außerhalb der Erdatmosphäre („extraterrestrisch") bestimmt die mittlere *Solarkonstante* E_{e0} (gemittelt über die Bahnexzentrizität sowie die Sonnenfleckenschwankungen). Diese wurde von der World Meteorological Organisation (WMO) in Genf in der Publikation 590 aus dem Jahre 1982 zu

$$E_{e0} = (136{,}7 \pm 0{,}7)\frac{\text{mW}}{\text{cm}^2} \tag{2.2}$$

festgelegt. Nach Gl. 2.1 errechnet man die auf die Erde einfallende extraterrestrische Strahlungsleistung $P_S = 1{,}776 \cdot 10^{17}$ W und erhält damit pro Jahr eine Strahlungsenergie $W_S = 1{,}56 \cdot 10^{18}$ kWh (zum Vergleich: der Weltbedarf 2004 an Primärenergie lag bei $125 \cdot 10^{12}$ kWh, in Deutschland bei $4{,}0 \cdot 10^{12}$ kWh).

2.2 Die Sonne als Schwarzer Strahler

Die spektrale Energiedichte des Schwarzen Strahlers in Abhängigkeit von der Frequenz ν wird durch das PLANCKsche Strahlungsgesetz

$$u_\nu(\nu,T)\,d\nu = \frac{8\pi h}{c_0^{\,3}} \cdot \frac{\nu^3}{e^{h\nu/kT} - 1}\,d\nu \tag{2.3}$$

beschrieben. Über alle Frequenzen aufintegriert ergibt sich die Energiedichte zu

$$u(T) = \int_{\nu=0}^{\infty} u_\nu(\nu,T)\,d\nu \;. \tag{2.4}$$

Die Strahlungsleistungsdichte des *Schwarzen Strahlers* ergibt sich aus der Energiedichte, die den Raum mit Lichtgeschwindigkeit durchquert

$$E(T) = \frac{c_0}{4}\,u(T) = \frac{c_0}{4} \int_{\nu=0}^{\infty} u_\nu(\nu,T)\,d\nu \;. \tag{2.5}$$

Der Vorfaktor ¼ folgt aus der Art der Abstrahlung, die isotrop in den Halbraum über der Sonnenoberfläche gerichtet ist durch Integration / z.B.Wag98, p.47/. Mit der Gleichung von STEFAN-BOLTZMANN hängt die PLANCKsche Gleichung in der Form

$$E(T) = \sigma\,T^4 = \frac{c_0}{4} \int_{\nu=0}^{\infty} u_\nu(\nu,T)\,d\nu \tag{2.6}$$

zusammen. Entsprechend ergibt sich die auf die Erde auftreffende solare Strahlungsleistung mit der spektralen Verteilung des Schwarzen Körpers bei Sonnentemperatur T_S zu

$$P_S = \pi\,r_E^2 \left(\frac{r_S}{r_{SE}}\right)^2 \cdot \frac{c_0}{4} \int_{\nu=0}^{\infty} u_\nu(\nu,T_S)\,d\nu \;. \tag{2.7}$$

Die Angabe der spektralen Energiedichte des Schwarzen Strahlers nach PLANCK (Gl. 2.3) bezogen auf differentielle Wellenlängenintervalle und in Abhängigkeit von λ

$$u_\lambda(\lambda,T)\,d\lambda = \frac{8\pi\,hc_0}{\lambda^5} \cdot \frac{1}{e^{hc_0/\lambda kT} - 1}\,d\lambda \tag{2.8}$$

ist ebenfalls von praktischer Bedeutung. Einen Überblick über die Verteilung der spektralen Energiedichte hinsichtlich der Energie (Frequenz) und der Wellenlänge geben die Abb. 2.2

und 2.3. Die Gln. 2.3 und 2.8 sind über den Gesamtenergieinhalt der Spektralverteilung miteinander verbunden

$$u(T) = \int\limits_{\lambda=0}^{\infty} u_\lambda(\lambda,T)\, d\lambda = \int\limits_{\nu=0}^{\infty} u_\nu(\nu,T)\, d\nu \ . \tag{2.9}$$

2.3 Leistung und spektrale Verteilung der terrestrischen Solarstrahlung

Die Abb. 2.4 zeigt die spektrale Strahlungsleistungsdichte $E_\lambda(\lambda)$ des Sonnenlichtes auf der Erdoberfläche („sea level"). Dabei wird verglichen mit der spektralen Verteilung außerhalb der Atmosphäre und mit derjenigen eines Schwarzen Körpers bei 5800 K. In die Verteilung eingezeichnet sind die Einbrüche, die durch die Strahlungsabsorption bestimmter Molekülgruppen verursacht werden. Dies sind innerhalb der Atmosphäre vor allem Wasserdampf (H_2O), Ozon (O_3), Sauerstoff (O_2) und Kohlendioxid (CO_2). Ozon absorbiert dabei in einem relativ breiten Wellenlängenbereich (200 - 700 nm), die anderen Gase absorbieren selektiv in Form von *Banden*. Die Lufthülle und die darin enthaltenen Aerosole schwächen das Sonnenlicht und ändern seine spektrale Verteilung durch Absorption und Streuung. Streuung bedeutet Absorption und weitgehend isotrope Wiederaussendung von Lichtquanten mit gleicher (~ elastische Streuung) oder vergrößerter (~ unelastische Streuung) Wellenlänge. Dadurch entsteht aus der primären spektralen Leistungsverteilung ein verändertes Spektrum, das man in direkte und diffuse Anteile unterteilen kann. So unterscheidet man das *globale Spektrum*, das beide Anteile umfasst, vom *direkten Spektrum*.

Die Streuung des Lichtes an den Bestandteilen der Luft unterliegt verschiedenen Gesetzmäßigkeiten. Ist die Wellenlänge des Lichtes groß gegenüber der Teilchengröße (einzelne Moleküle), so verhalten sich diese wie schwingende Dipole (*Rayleigh-Streuung*). Sie verursachen Polarisationserscheinungen und Farberscheinungen am Taghimmel, da für sie die Strahlungsleistung eines *Hertzschen Dipols* $E \propto \lambda^{-4}$ gilt. Langwelliges Licht wird also weniger stark gestreut als kurzwelliges. Steht die Sonne hoch am Himmel, so erreicht den Betrachter des Himmels hauptsächlich stark gestreutes blaues Licht; geht sie unter, so geht vor allem blaues Licht verloren, es bleibt das Abendrot. Erfolgt die Streuung an Zentren, die nicht klein gegen λ sind (Aerosole), so kann diese mit einer Theorie für kugelförmige Teilchen (*Mie-Streuung*) beschrieben werden. Mit steigender Größe der Teilchen nimmt die Wellenlängenabhängigkeit stark ab, was zu einer gleichmäßigen Trübung führt (grauer Himmel).

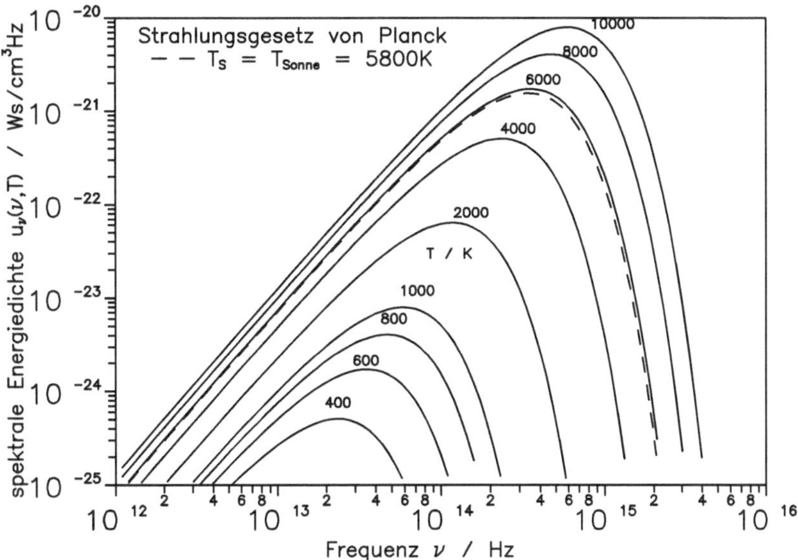

Abb. 2.2: Isothermen der Strahlung eines Schwarzen Körpers nach Planck über der Frequenz (Energie).

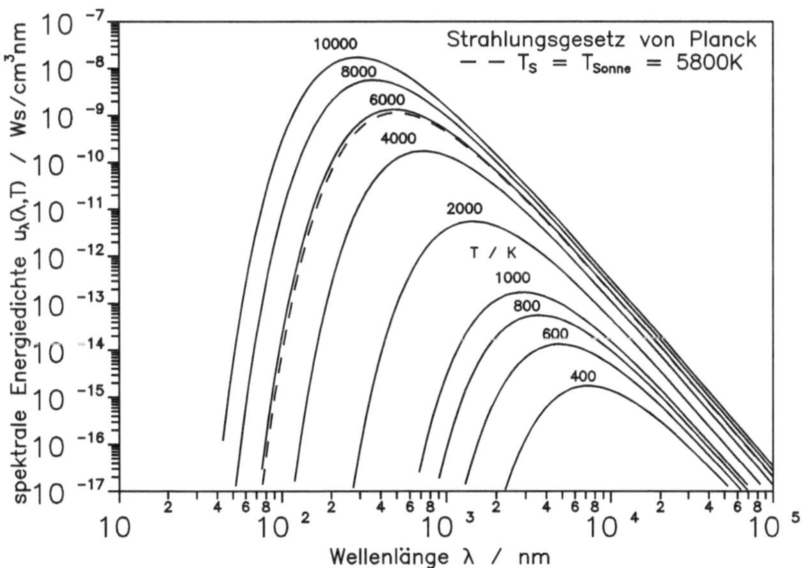

Abb. 2.3: Isothermen der Strahlung eines Schwarzen Körpers nach Planck über der Wellenlänge.

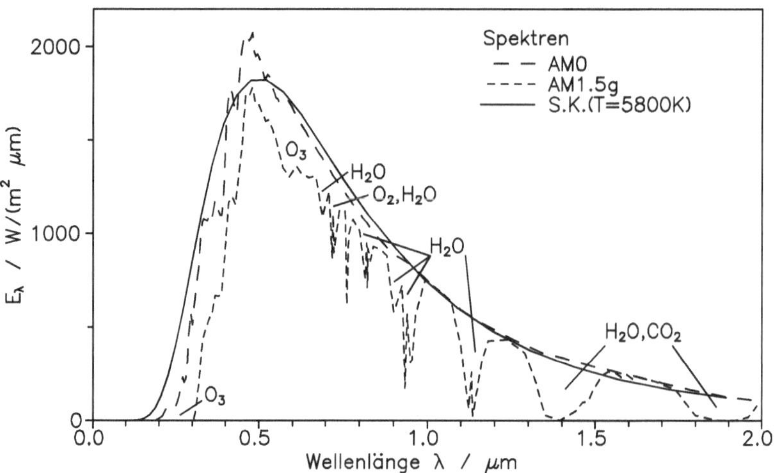

Abb. 2.4:   Spektrale Strahlungsleistungsdichte der Sonne Eλ(λ) außerhalb und innerhalb der
Atmosphäre im Vergleich zur Schwarz-Körper-Strahlung.

Den Begriff einer Luftmasse AM1 (engl.: _Air Mass_) definiert man, indem man die diffus zum
Weltraum auslaufende Atmosphärendichte entsprechend der Barometergleichung mit der
Skalenhöhe H bewertet, bei deren Wert sie auf den e-ten Teil des Druckes p auf der
Erdoberfläche abgesunken ist. Ausgehend von der Dichte ρ lässt sich die Skalenhöhe
errechnen

$$\text{Barometrische Höhengleichung } p(h) = p_0\, e^{-\frac{\rho_0 g h}{p_0}}\,, \tag{2.10}$$

$$H(AM1) = h\left(p = \frac{1}{e}\,p_0\right) = \frac{p_0}{\rho_0\,g} = 8{,}0\,\text{km}$$

$$mit \quad p_0 = 1{,}01325 \cdot 10^5\ kg \cdot s^{-2} m^{-1}$$
$$und \quad \rho_0 = 1{,}29\ kg \cdot m^{-3}$$
$$und \quad g = 9{,}806\ m \cdot s^{-2}$$

$\left.\right\}$ _bei T=300 K_ auf der Erdoberfläche.

Das Sonnenlicht durchläuft bei schrägem Einfall in die Atmosphäre ein Mehrfaches der
Skalenhöhe, in Berlin am 22.6. (Sommersonnenwende) das 1,15-fache, am 22.12. (Winter-
sonnenwende) das 4,12-fache von H (Abb. 2.5). Die entsprechenden Atmosphärenverhält-
nisse charakterisiert man durch AM1,15 und AM4,12. Dabei meint man zweierlei:

1.   die Abschwächung der Strahlungsleistung für AMx,
2.   die Veränderung der spektralen Strahlungsleistung für AMx.

Als Anfangswert gilt in dieser Klassifizierung die spektrale Strahlungsleistung außerhalb der Atmosphäre AM0.

Der wichtigste Standardwert, auch für simulierte Bestrahlungen, ist der Wert AM1,5, dem eine globale Strahlungsleistung von 1000 Wm^{-2} entspricht. Die spektrale Verteilung ist als internationale Norm in Tabellenform festgelegt /CEI89/ (Abb. 2.6 sowie Anhang A.3).

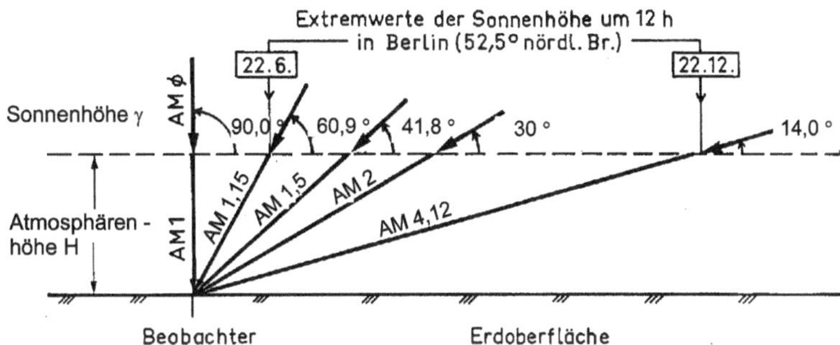

Abb. 2.5:   Definition der Sonnenlicht-Weglänge in der Atmosphäre AMx.

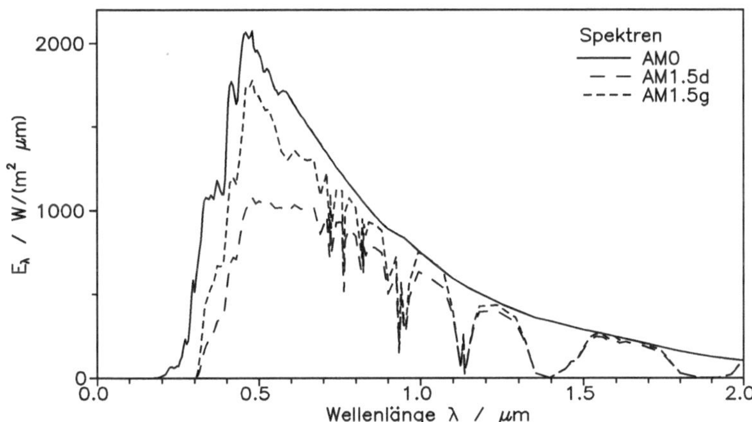

Abb. 2.6:   Spektrale Strahlungsleistungsdichte der Sonne Eλ(λ) für AM1,5 direkt und global im Vergleich zur extraterrestrischen AM0-Strahlung.

Der lokale AMx-Wert hängt von der geographischen Breite sowie vom Datum und der Zeit ab. In Berlin (52,50° nördl. Breite) am 22. Juni (Sonne steht am nördl. Wendekreis 23,45° nördl. Breite) um 12 Uhr mittags (Sonne erreicht ihren höchsten Stand im Meridian) gilt AM(Berlin) $\cong$ (sin (90,00° - (52,50° - 23,45°)))$^{-1}$ $\cong$ AM1,15. Allgemein gilt für den Meridianwert der Luftmasse AMx die Beziehung zur Meridianhöhe γ der Sonne

$$x = \frac{1}{\sin\gamma} \ . \tag{2.11}$$

Der Anteil diffuser Strahlung an der spektralen Verteilung globaler Strahlungsleistungsdichte nimmt zum ultravioletten Ende des terrestrischen Spektrums erheblich zu. Dies ist ein Sachverhalt, der auch für die Photovoltaik von erheblicher Bedeutung ist. Die Globalstrahlung auf eine ebene Fläche setzt sich zusammen aus der direkten und der diffusen Strahlung

$$\text{Globalstrahlung} = \text{direkte Strahlung} + \text{diffuse Strahlung} \ . \tag{2.12}$$

Durch zahlreiche Messungen hat man ein Modell erarbeitet, wie direkte und diffuse Strahlung im Mittel miteinander zusammenhängen. Die Abb. 2.7 zeigt die experimentell gefundene Zuordnung zwischen dem Verhältnis von auf der Erde empfangener Globalstrahlung und extraterrestrischer Strahlung zum Verhältnis von horizontaler Diffusstrahlung und Globalstrahlung für Tagesmittelwerte /Col79/. Man gewinnt daraus die wichtige Erkenntnis, dass an Tagen mit geringer Einstrahlung (starke Bewölkung) praktisch alles Licht diffus anfällt, andererseits sogar an sehr klaren („schönen") Tagen 20% des Lichtes diffus ist.

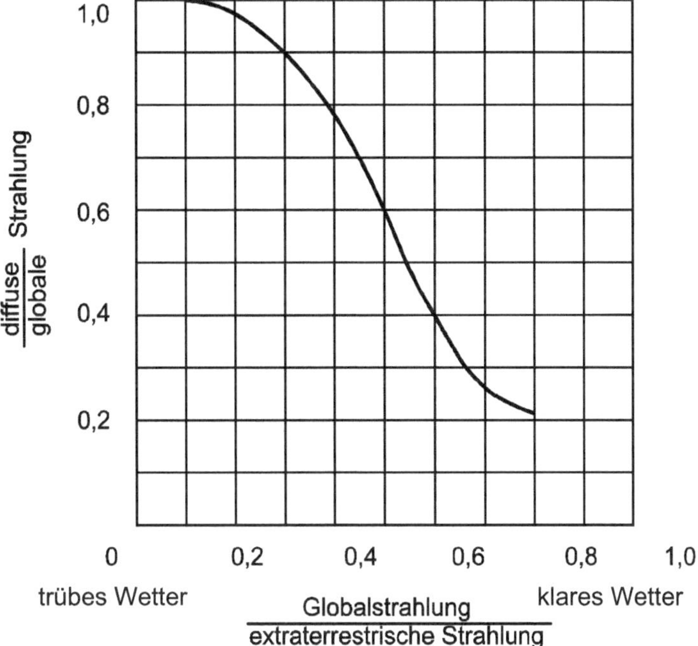

Abb. 2.7: Experimentell gefundene Korrelation zwischen dem Verhältnis von Globalstrahlung und extraterrestrischer Direktstrahlung und dem Verhältnis von Diffusstrahlung und der Globalstrahlung für Tagesmittelwerte (nach Collares-Pereira und Rabl /Col79/).

Abschließend gibt die Tab. 2.1 einen Überblick über die typische Jahressumme der Globalstrahlung für verschiedene Orte der Erde. Zunächst ist vielleicht erstaunlich, dass sich die am weitesten voneinander abweichenden Werte nur um den Faktor 2,5 unterscheiden. Insofern lassen sich aus derartigen Vergleichen keine generellen Vorbehalte für die Anwendung der Photovoltaik an nebeligen nordeuropäischen Orten (London!) ableiten.

Ort	Jahressumme der Energie / kWh/m^2 a
London	945
Hamburg	980
Berlin	1050
Paris	1130
Rom	1680
Kairo	2040
Arizona	2350
Sahara	2350

Tab. 2.1:   Typische Jahressummen der Globalstrahlung für verschiedene Standorte auf der Erde

Detektoren zur Vermessung der terrestrischen Sonnenstrahlung

Messungen der solaren Strahlungsleistungsdichte führt man mit *thermischen Detektoren* oder *Quantendetektoren* durch.

Thermische Detektoren erwärmen sich um eine Temperaturdifferenz ΔT, wenn Strahlungsleistung absorbiert wird. Die Detektor-Oberfläche ist geschwärzt, um über einen weiten Spektralbereich (etwa $0{,}2 < \lambda < 10\ \mu\text{m}$) eine konstant hohe Empfindlichkeit zu erhalten. Die geringe Temperaturerhöhung wird beispielsweise mittels einer *Thermosäule* in eine Gleichspannung umgesetzt, die durch Serienverschaltung von 10 bis 50 Dünnfilm-Thermoelementen entsteht. Die Bestimmung der absoluten Bestrahlungsstärke erfolgt durch den Vergleich der Spannung mit einem gleichartigen nicht bestrahlten Bauelement. *Pyranometer* werden als technische Ausführung solcher Strahlungsmesser häufig eingesetzt. Ein *Bolometer* bewertet die Änderung des elektrischen Widerstandes eines Metallfilmes (z.B. Gold) bei Erwärmung im Sonnenlicht. Ein *pyroelektrischer* Detektor ist ein Kondensator mit einem temperaturempfindlichen Elektret-Dielektrikum. Hier entsteht bei Erwärmung ein messbarer Ladestrom, der über einen hochohmigen Widerstand registriert wird. Bei allen diesen Detektoren lässt sich für Präzisionsmessungen unerwünschtes Rauschen durch Messung in einem periodisch unterbrochenen („gechoppten") Lichtstrahl mit nachfolgender phasenempfindlicher Verstärkung und Gleichrichtung („Lock-In-Verstärkung") unterdrücken.

Quantendetektoren zur Vermessung der solaren Strahlungsleistung sind *Photodioden*, *Photowiderstände* und *Photokathoden* von Photomultipliern. Photokathoden sind bis weit in den UV-Bereich empfindlich, während im sichtbaren und im IR Bereich des Sonnenspektrums Si-, GaAs- oder GaInAs-Dioden hohe Empfindlichkeiten aufweisen. Es können also auch *Solarzellen* zu diesem Zweck benutzt werden. Ein Quantendetektor erzeugt im Idealfall aus jedem absorbierten Photon genau ein Elektron-Loch-Paar. Das reale Bauelement weist wegen der Reflexionen an seiner Oberfläche und der wellenlängenabhängigen Absorptionstiefe Quantenwirkungsgrade von unter Eins auf. Am kurzwelligen Ende der spektralen Empfindlichkeit beeinträchtigt die Oberflächenrekombination die Zahl der in geringer Tiefe erzeugten Ladungsträgerpaare, am langwelligen Ende begrenzt die Bandkante des verwendeten Halbleiters die Empfindlichkeit. Eine kalibrierte Solarzelle ist für Absolutmessungen der Leistungsdichte des Sonnenlichtes gut geeignet. Zum Messaufbau gehört in diesem Fall ein kleiner Präzisionswiderstand als Last, der eine Messsignalwandlung nahe dem Kurzschlussfall ermöglicht.

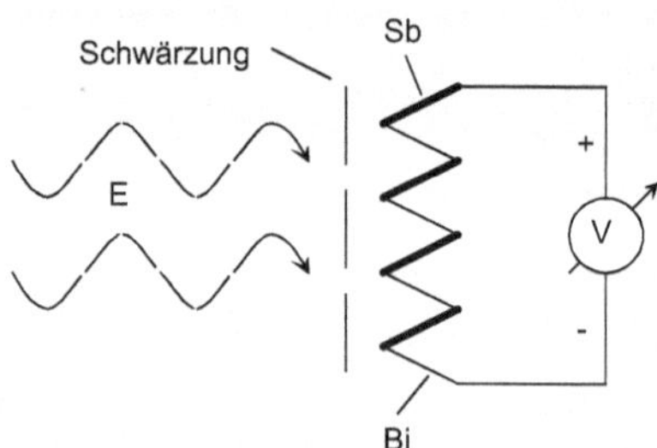

Schematisierter Aufbau einer Thermosäule. Die in der geschwärzten Schicht absorbierte Strahlung erwärmt die seriell verschalteten Antimon/Wismut Thermoelemente, deren Thermospannung als Messsignal für die Bestrahlungsstärke dient.

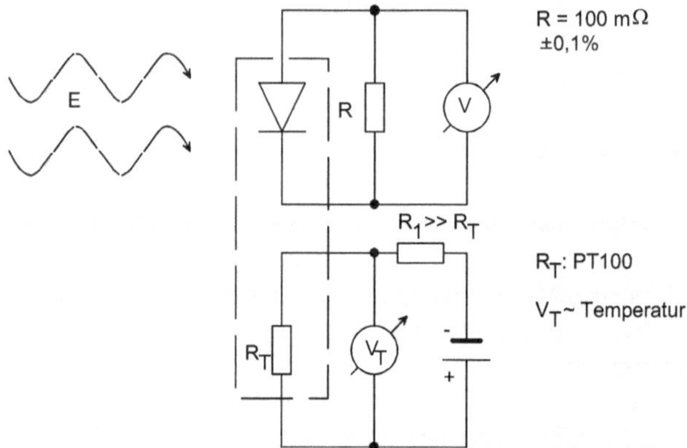

Schematisierter Aufbau einer „Eich"-Solarzelle Eine Solarzelle bekannter spektraler Empfindlichkeit bei T=const erzeugt für eine konstante Spektralverteilung des eingestrahlten Lichtes einen zur Bestrahlungsstärke proportionalen Kurzschlussstrom, der über einen Präzisionswiderstand als Spannung abgegriffen wird. Über einen temperaturabhängigen Widerstand direkt unterhalb der Solarzelle wird der Thermostat geregelt.

3. Halbleitermaterial für die photovoltaische Energiewandlung

Bevor auf die Standard-Typen heutiger Solarzellen eingegangangen werden kann, beschreibt das Kap. 3 die Wechselwirkung von Licht und Festkörper und erarbeitet die besonderen Eigenschaften der Halbleiter.

3.1 Absorption elektromagnetischer Strahlung durch Festkörper

Alle Festkörper lassen sich durch das Energiebänder-Modell der Festkörperelektronen beschreiben. Zufuhr von Energie in Form von elektromagnetischer Strahlung führt dazu, die gequantelten Schwingungszustände der Atome anzuregen (*Phononen*-Erzeugung) und dabei auch Energie an Elektronen zu übertragen, die damit auf unbesetzte Zustände innerhalb der Energiebänder gelangen können. Nur bei Metallen mit ihrem teilgefüllten Leitungsband übernimmt das Kollektiv der quasi-freien Elektronen, das *Elektronengas* in der Umgebung der energetischen Besetzungsgrenze, der *Fermi-Energie* W_F, dabei auch sehr kleine Energiebeträge. Aufgrund ihrer hohen Dichte freier Elektronen (10^{22} cm^{-3}) absorbieren Metalle ein breites Spektrum elektromagnetischer Strahlung innerhalb einer sehr geringen Schichtdicke und wandeln es in Wärme um.

In einem Halbleiter befinden sich bei Zimmertemperatur nur geringe Dichten freier Ladungsträger in den Bändern (Elektronen im Leitungsband, Löcher im Valenzband). Diese entsprechen entweder der Eigenleitungsdichte $n_i(T)$ oder, im Falle vorhandener Störstellendotierung je nach deren Typ, der Donatoren-Konzentration N_D^+ (zusätzliche Elektronen im Leitungsband) bzw. der Akzeptoren-Konzentration N_A^- (zusätzliche Löcher im Valenzband). In Silizium und Galliumarsenid sind bei Zimmertemperatur die geläufigen Störstellen erschöpft ($N_D^+ = N_D$, $N_A^- = N_A$). Wenn die Absorption eines Spektrums elektromagnetischer Strahlung in einem Halbleitermaterial untersucht wird, beobachtet man eine untere Energieschwelle. Sie entspricht einem Band-Band-Übergang und somit der Energie zwischen Leitungs- und Valenzbandkante. Unterhalb dieser Energieschwelle entspricht die Absorption elektromagnetischer Strahlungsenergie im Halbleiter der vorhandenen Dichte freier Ladungsträger (bei nicht-entarteten Halbleitern $\leq 10^{18}$ cm^{-3}), ist also entsprechend geringer als in Metallen und erfolgt über sehr viel größere Schichtdicken.

Für Isolatoren gilt grundsätzlich die gleiche Beschreibung wie für Halbleiter bis auf die bei erheblich höherer Energie liegende untere Energieschwelle für einsetzende Absorption durch Band-Band-Übergänge (z.B. SiO_2: $\Delta W = 8{,}8$ eV $\cong$ hc/λ_{max}, $\lambda_{max} = 140$ nm). Da in diesem Fall ein Großteil des Sonnenspektrums nicht absorbiert wird, sind Isolatoren für Zwecke der Photovoltaik von untergeordneter Bedeutung.

In Halbleitern werden infolge der Absorption von Photonen z.B. des solaren Strahlungs-spektrums Elektron-Loch-Paare erzeugt, wenn Energiesatz und Impulssatz der Wechsel-wirkung zwischen Strahlungsfeld und Festkörper erfüllt sind. Energie $hv_{phot} = \hbar\omega_{phot}$ und Impuls $\hbar k_{phot}$ der Photonen werden bei der Wechselwirkung an die *Phononen* und Elektronen des Halbleitermaterials übertragen.

Energiesatz:

$$\hbar\omega_{phot} = \Delta W + \frac{\hbar^2 k_L^2}{2m_n} + \frac{\hbar^2 k_V^2}{2m_p} \pm \hbar\omega_{phon} \tag{3.1}$$

Impulssatz:

$$\hbar\vec{k}_{phot} = \hbar(\vec{k}_L + \vec{k}_V) + \hbar\vec{k}_{phon} \tag{3.2}$$

In Gl. 3.1 repräsentiert ΔW den Bandabstand W_L-W_V als Minimalenergie, die Terme mit k_L bzw. k_V die kinetische Energie im Leitungs- bzw. Valenzband, die in den Fällen nicht zu hoher Anregung unmittelbar nach dem Generationsprozess als Wärme an das Kristallgitter abgegeben wird, so dass sich dann schließlich das Elektron an der Leitungsbandunterkante und das Loch an der Valenzbandoberkante befinden. Insofern ist es für den Generations-prozess unerheblich, ob ein Photon mit seiner Energie genau dem Bandabstand ($hv = W_L$ -W_V) entspricht oder ihn überschreitet ($hv > W_L$-W_V). Das Ergebnis ist in beiden Fällen ein Ladungsträgerpaar mit der Bandkanten-Energie (Innerer Photoeffekt).

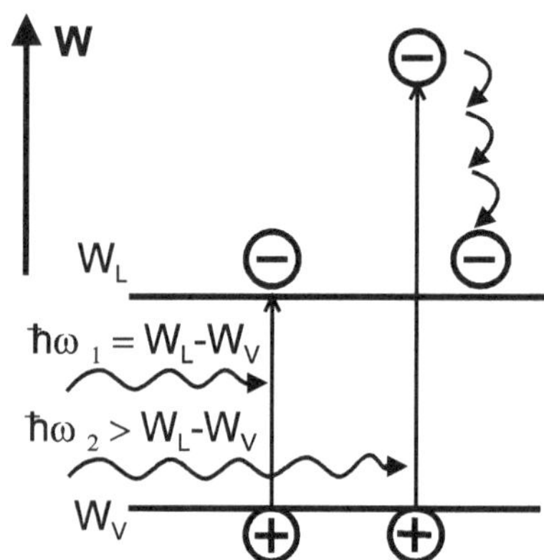

Abb. 3.1:   Generation von Elektron-Loch-Paaren.

Das doppelte Vorzeichen der Phononen-Energie beschreibt Phononen-Anregung (+) bzw. deren Vernichtung (-). Die Energie eines Phonons liegt in der Größenordnung der thermischen Energie kT (≈ 25 meV bei $T \approx 20$ °C) und ist damit klein gegenüber der Photonenenergie

($\approx$ 1 eV). In Gl. 3.2 ist zu beachten, dass das Lichtquant keinen nennenswerten Impuls an den Festkörper überträgt. Es gilt: $k_{phot} \ll (k_L + k_V) + k_{phon}$. Nach dem Energiebänder-Modell $W(k)$ werden *direkte* und *indirekte* Halbleiter unterschieden. Bei einem indirekten Übergang zwischen den Bänder-Extrema (Abb. 3.2) ist der Impulssatz nur durch zusätzliche und damit weniger wahrscheinliche Beteiligung von Phononen zu erfüllen. Deshalb ist ein indirekter Halbleiter (Si, Ge) durch einen mit der Energie sanft ansteigenden, ein direkter Halbleiter (GaAs) durch einen steil ansteigenden Absorptionskoeffizienten $\alpha(h\nu)$ charakterisiert (s. Abb. 3.6).

In Halbleitern ist nach Gl. 3.1 eine Wandlung der solaren Strahlungsenergie in elektrische Energie möglich. Im optimalen Fall entsteht aus jedem absorbierten Lichtquant genau ein Elektron-Loch-Paar. Der Generationsvorgang kann ablaufen, falls das Lichtquant mindestens die Energieschwelle ΔW des Bandabstandes erreicht. Bringt das Quant mehr Energie mit, so geht die Differenz zu ΔW in Wärme über, die Energie des Elektron-Loch-Paares bleibt bei ΔW. Erst für Lichtquanten mit einem Vielfachen von ΔW kann unter gleichzeitiger Beachtung des Impulssatzes (Gl. 3.2) mehr als ein einzelnes Elektron-Loch-Paar entstehen. Der Wandlungsmechanismus in Solarzellen wird deshalb häufig für das Sonnenspektrum als „Photonen-Zählen" bezeichnet.

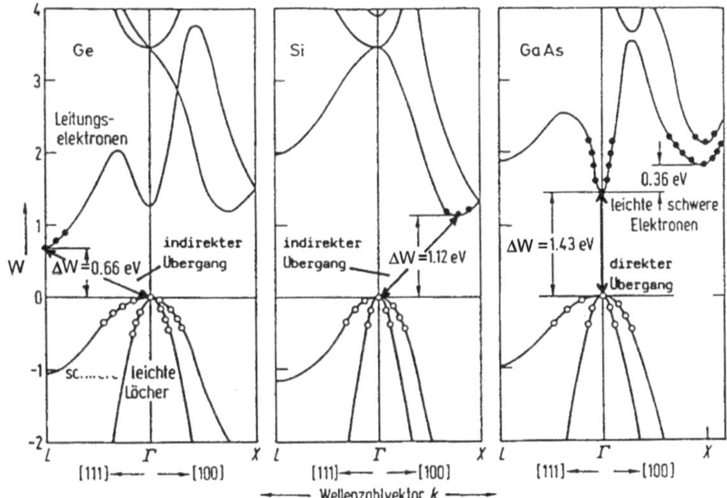

Abb. 3.2:   Darstellung der Elektronenenergie als Funktion der Wellenzahl k für Germanium (links), Silizium (Mitte) und Galliumarsenid (rechts) /Coh66/.

3.2 Photovoltaischer Grenzwirkungsgrad

Bevor man an den Bau von technischen Solarzellen geht, muss man unter allgemeinen Gesichtspunkten dasjenige Halbleitermaterial auswählen, das den höchsten Wirkungsgrad verheißt. Wir gehen dabei entsprechend der Beschreibung des Absorptionsvorganges im Halbleitermaterial von Kapitel 3.1 vor. Wir nehmen an, dass ab einer Energieschwelle ΔW Photonen absorbiert werden. Von dieser Schwelle an sollen alle Photonen des Sonnenspektrums absorbiert werden und Elektron-Loch-Paare der Energie $\Delta W_{gr} = h\nu_{gr}$ generieren, unabhängig von der Anregungsenergie der Photonen $h\nu > \Delta W_{gr}$. Reflexions- und Transmissionsverluste werden vernachlässigt. Das Sonnenspektrum soll durch das eines Schwarzen Körpers bei der Temperatur T_S im Abstand Erde-Sonne approximiert werden. Absorption von Streulicht aus dem gesamten Raumwinkel von 4π außerhalb der Sonnenscheibe soll vernachlässigt werden, ebenso die thermische Abstrahlung der Solarzelle entsprechend ihrer Temperatur T_E.

Der zu bestimmende Einflussparameter ist die optimal an das Sonnenspektrum angepasste Energieschwelle $\Delta W_{gr} = W_L - W_V$. Der *photovoltaische Grenzwirkungsgrad* η_{ult} eines Halbleitermaterials beschreibt denjenigen Anteil der Strahlungsenergie des Sonnenspektrums, der in Ladungsträgerpaare der Energie ΔW_{gr} umgewandelt werden kann (Abb. 3.3). Wegen der gleichbleibenden Energie ΔW_{gr} läuft die Berechnung auf die Bestimmung der maximalen Anzahl von Ladungsträgerpaaren der Energie $\Delta W_{gr} = W_L - W_V$ hinaus, die von allen absorbierten Photonen des Sonnenspektrums erzeugt werden können. Die Anzahl ist also für verschiedene Halbleitermaterialien unterschiedlich. Das Ergebnis hängt zudem von dem vorausgesetzten Sonnenspektrum ab. Folglich können für unterschiedliche Einstrahlungsbedingungen verschiedene Materialien optimal geeignet sein. Der photovoltaische Grenzwirkungsgrad ist definiert als das Verhältnis der erzeugbaren elektrischen Leistung P_{el} zur von der Sonne eingestrahlten Leistung P_S (der Einfluss der Solarzellenfläche A_{SZ} hebt sich heraus)

$$\eta_{ult} = \frac{P_{el}}{P_S} = \frac{p_{el}}{E_S} \ . \tag{3.3}$$

Aus den Gl. 2.6 und 2.7 und dem STEFAN-BOLTZMANN-Gesetz weiß man (s. Fußnote *)

---

* nach DIN 5031/Beiblatt 1 wird die Photonenstromdichte mit E_p in $m^{-2}s^{-1}$ bezeichnet. Mit E_p hängt der Photonenstrom Φ_p in s^{-1} über die ausgeleuchtete Fläche A zusammen: $\Phi_p = A\,E_p$. Die Verwendung von E_p wollen wir vermeiden, um Verwechslungen mit der Bestrahlungsstärke E oder der elektrischen Feldstärke E vorzubeugen (s. dazu auch Abb.3.5).

$$P_S = A_{SZ}\left(\frac{r_S}{r_{SE}}\right)^2 \cdot \sigma T_S^4 = A_{SZ}\left(\frac{r_S}{r_{SE}}\right)^2 \cdot \frac{c_0}{4}\int\limits_{\nu=0}^{\infty} u_\nu(\nu,T_S)\,d\nu$$

$$= \left(\frac{r_S}{r_{SE}}\right)^2 \cdot \int\limits_{\nu=0}^{\infty} \Phi_{p,\nu}(\nu,T_S)\cdot h\nu\cdot d\nu\,.$$

(3.4)

Hier bezeichnet $\Phi_{p,\nu}(\nu,T_S)$ den spektralen Photonenstrom im Frequenzintervall zwischen ν und $\nu+d\nu$ und bei der Temperatur T_S (s.Abb. 3.5).

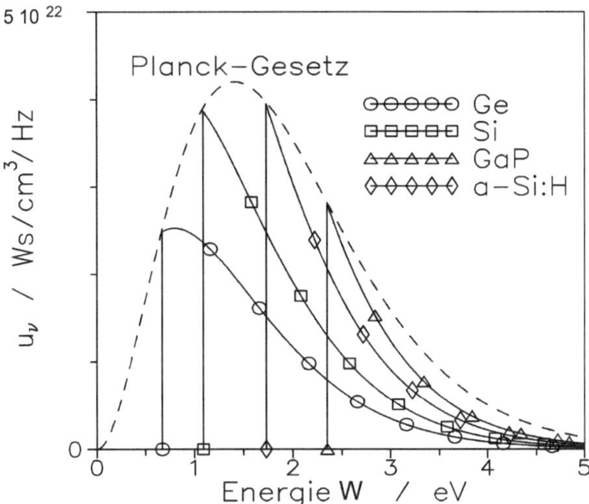

Abb. 3.3:   Photovoltaisch nutzbare Anteile des Sonnenspektrums.

Durch den Halbleiter wird jedes absorbierte Photon (also mit $W_{phot} \geq \Delta W$) mit der Energie des Bandabstandes $\Delta W = h\nu_{gr}$ bewertet

$$P_{el} = \left(\frac{r_S}{r_{SE}}\right)^2 h\nu_{gr} \cdot \int\limits_{\nu=\nu_{gr}}^{\infty} \Phi_{p,\nu}(\nu,T_S)\,d\nu$$

(3.5)

$$\Rightarrow \eta_{ult} = \frac{h\nu_{gr}}{\sigma T_S^4}\cdot\frac{1}{A_{SZ}}\cdot\int\limits_{\nu=\nu_{gr}}^{\infty} \Phi_{p,\nu}(\nu,T_S)\cdot d\nu$$

(3.6)

$$\text{mit} \quad \Phi_{p,\nu}(\nu)/A_{SZ} = \frac{c_0}{4} \cdot \frac{1}{h\nu} \cdot u_\nu(\nu, T_S) = \frac{2\pi}{c_0^2} \cdot \frac{\nu^2}{e^{h\nu/kT_S} - 1} \quad . \tag{3.7}$$

Also gilt

$$\eta_{ult} = \frac{h\nu_{gr}}{\sigma T_S^4} \cdot \frac{2\pi}{c_0^2} \cdot \int\limits_{\nu=\nu_{gr}}^{\infty} \frac{\nu^2}{e^{h\nu/kT_S} - 1} \cdot d\nu = \frac{h\nu_{gr}}{\sigma T_S^4} \cdot \frac{2\pi}{c_0^2} \cdot I \quad . \tag{3.8}$$

Das Integral I lässt sich geschlossen lösen. Es wird in der im Anhang 1 aufgeführten Nebenrechnung bestimmt

$$I = \nu_{gr}^3 \cdot \frac{1}{x^4} \cdot G(x) \quad \text{mit} \quad x = \frac{h\nu_{gr}}{kT_S} \quad \text{und} \quad G(x) = \frac{x^3}{e^x - \frac{1}{2}} + \frac{2x^2}{e^x - \frac{1}{4}} + \frac{2x}{e^x - \frac{1}{8}} \quad . \tag{3.9}$$

Schließlich ergibt sich der photovoltaische Grenzwirkungsgrad zu

$$\eta_{ult} = \frac{15}{\pi^4} \cdot G(x) \quad . \tag{3.10}$$

Die Abb. 3.4 zeigt den **ultimativen Wirkungsgrad** η_{ult} einiger Halbleiter als Funktion des Bandabstandes für $T_S = 5800$ K. In die Kurve sind die Bandabstände einiger bedeutender Halbleitermaterialien eingetragen. Nahe dem Maximum bei $\Delta W = 1.1$ eV liegt kristallines Silizium mit $\eta_{ult} \approx 44$ %, auf der absteigenden Flanke bei $\Delta W = 1.43$ eV liegt Galliumarsenid mit $\eta_{ult} \approx 41$ %. Darüber hinaus findet man bei $\Delta W = 1.7$ eV amorphes Silizium mit $\eta_{ult} \approx 37\%$. Man erkennt unmittelbar anhand der Spektren (Abb. 2.4), dass kristalline Silizium-Solarzellen beim Einsatz im Weltraum und dass GaAs-Solarzellen angesichts der Lücken im infraroten Bereich der terrestrischen Sonnenspektren für irdische Anwendungen besonders geeignet erscheinen, wenn der Grenzwirkungsgrad das alleinige Kriterium ist. Zusatzgesichtspunkte wie Absorptionsvermögen, Temperaturverhalten, Langzeitzuverlässigkeit, technologische Beherrschung u. a. verändern dieses Bild.

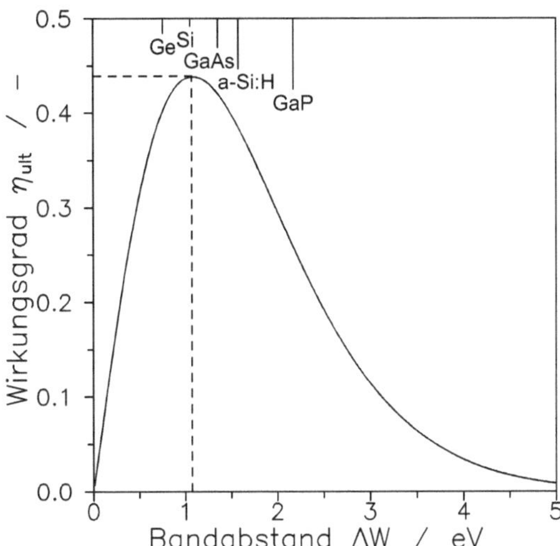

Abb. 3.4:   Ultimativer Wirkungsgrad η_{ult} in Abhängigkeit vom Bandabstand.

Der errechnete ultimative Wirkungsgrad η_{ult} setzt voraus, dass alle Photonen, welche der Bedingung $h\nu \geq h\nu_{gr}$ gehorchen, gleich gut absorbiert werden, bei der Absorption ein Elektron-Loch-Paar erzeugen sowie ohne dessen frühzeitige Rekombination getrennt werden können und damit zum Photostrom beitragen. Quantitativ beschreibt jedoch erst der **Absorptionskoeffizient** $\alpha(\lambda)$ den „Erfolg" des Absorptionsvorganges bei der Wellenlänge λ, der Quantenwandlungswirkungsgrad $\eta_q(\lambda)$ die Anzahl der erzeugten Ladungsträgerpaare pro absorbiertes Photon. Schließlich bezeichnet die **Diffusionslänge der Ladungsträger** die mittlere Strecke bis zur Rekombination der Elektron-Loch-Paare und drückt damit die Entfernung aus, innerhalb derer beide getrennt werden müssen. Diese Gesichtspunkte sind ohne gezielte Maßnahmen nicht gewährleistet.

3.3 Beschreibung der Ladungsträgergeneration durch Absorption von Strahlung

Die Sonne als Sender optischer Strahlung kann, wie im 2. Kapitel gezeigt, in guter Näherung mit dem Modell des Schwarzen Körpers beschrieben werden. Dabei nimmt man einen Hohlraum an, in dem die spektrale Energiedichte $u_\lambda(\lambda)$ in Form von stehenden Wellen gespeichert ist. Derartige Überlegungen führen letztendlich zum PLANCKschen Strahlungsgesetz (GI. 2.3). Es wird angenommen, dass der Schwarze Körper von einer ebenen Fläche in alle Richtungen des Halbraumes mit gleicher Strahldichte abstrahlt (LAMBERT-Strahler). Dies führt zu dem Zusammenhang zwischen der Energiedichte des Schwarzen

Körpers und der sich mit Lichtgeschwindigkeit ausbreitenden spektralen Strahlungsleistungs-dichte oder Bestrahlungsstärke in $W \cdot m^{-2} nm^{-1}$

$$E_{0,\lambda}(\lambda) = \frac{c_0}{4} \cdot u_\lambda(\lambda) \quad . \tag{3.11}$$

Die Bestrahlungsstärke wird wegen des Sprunges der Brechzahl an der Grenze zwischen Vakuum und Halbleiteroberfläche teilweise reflektiert. Der Anteil $E_{0,\lambda}(\lambda) \cdot R(\lambda)$ wird in das Vakuum zurückgeworfen, während der Anteil $E_{0,\lambda}(\lambda) \cdot [1\text{-}R(\lambda)]$ in das Halbleitermaterial eindringt. Im Halbleiter wird die Strahlung durch Absorption geschwächt. Dabei werden Photonen vernichtet, indem sie ihre Energie an ein Elektron abgeben, das dabei vom Valenz- in das Leitungsband gehoben wird. Zur Beschreibung wird der spektrale Photonenstrom $\Phi_{p,\lambda}$ in $s^{-1} nm^{-1}$ eingeführt. Die einfallende spektrale Bestrahlungsstärke ist gequantelt, d.h. Energie wird „portionsweise" durch die Energiepakete Photonen mit $W_{phot} = h\nu$ übertragen. Entsprechend beträgt der spektrale Photonenstrom durch die Fläche A

$$\Phi_{p,\lambda}(\lambda) = A \cdot \frac{E_\lambda(\lambda)}{h\nu} = A \cdot \frac{E_\lambda(\lambda) \cdot \lambda}{h c_0} \quad . \tag{3.12}$$

Anmerkung: Für schnelle Überschlagsrechnungen sollte man sich merken:

$$\frac{W}{eV} = \frac{1,24}{\lambda/\mu m} \quad aus \quad W = \frac{h c_0}{\lambda} \quad .$$

Φ_p wird – homogene Halbleitereigenschaften vorausgesetzt – proportional zu seinem Wert an einem Ort x abgeschwächt. Als Konstante wird der Absorptionskoeffizient $\alpha(\lambda)$ eingeführt, und es ergibt sich das LAMBERT-BEERsche Gesetz

$$-\left(\frac{\partial \Phi_{p,\lambda}(x,\lambda)}{\partial x} \right) = \alpha(\lambda) \cdot \Phi_{p,\lambda}(x,\lambda) \quad \Rightarrow \quad \Phi_{p,\lambda}(x,\lambda) = \Phi_{p,\lambda}(x=0,\lambda) \cdot e^{-\alpha(\lambda) \cdot x} \quad . \tag{3.13}$$

Bei der Absorption von Photonen entstehen Elektron-Loch-Paare entsprechend der spektralen Generationsrate $G_\lambda(x,\lambda)$ proportional zur Verringerung der Photonenstromdichte $\Phi_{p,\lambda}/A$

$$G_\lambda(x,\lambda) = -\frac{\eta_q}{A} \cdot \left(\frac{\partial \Phi_{p,\lambda}(x,\lambda)}{\partial x} \right) = \frac{\eta_q}{A} \cdot \alpha(\lambda) \cdot \Phi_{p,\lambda}(x=0,\lambda) \cdot e^{-\alpha(\lambda) \cdot x}$$

$$mit \quad \Delta W \le \frac{h \cdot c_0}{\lambda} \quad . \tag{3.14}$$

Die hierbei auftretende Konstante η_q ist der Quantenwandlungswirkungsgrad.

Abschließend gibt Abb. 3.6 einen Überblick über Absorptionskoeffizienten $\alpha(\lambda)$. Die Absorption des indirekten Halbleiters kristallines Silizium (c-Si) steigt mit der Photonenenergie geringer an als die des direkten Halbleiters Galliumarsenid (GaAs) oder die des quasi-direkten amorphen Siliziums (a-Si). Aus dem Diagramm geht weiter hervor, dass man im Mittel z.B. beim c-Si erheblich dickere ($\approx$ 100...200 μm) Materialschichten braucht als beim GaAs ($\approx$ 5...10 μm), um Licht zu absorbieren, da der Kehrwert des Absorptionskoeffizienten $1/\alpha$ die mittlere Eindringtiefe bei der Wellenlänge λ angibt (s. Gl. 3.13).

Im Sinne der photovoltaischen Energiewandlung haben wir bislang erst notwendige Voraussetzungen der Halbleitermaterialien erörtert, damit der innere Photoeffekt ablaufen kann. Trotz einer hohen Generationsrate hat noch keine technische Energiewandlung stattgefunden. Wenn wir das beleuchtete Halbleitermaterial sich selbst überlassen, rekombinieren die Überschussladungsträgerpaare alsbald wieder und gehen i. Allg. in Wärme über. Hinreichend für den Erfolg der photovoltaischen Energiewandlung sind die Techniken der Trennung von Elektronen und Löchern. Insofern ist auch der ultimative Wirkungsgrad η_{ult} des jeweiligen Halbleiters vom Grenzwirkungsgrad einer Solarzelle als denjenigem einer Diode des Halbleitermaterials zu unterscheiden.

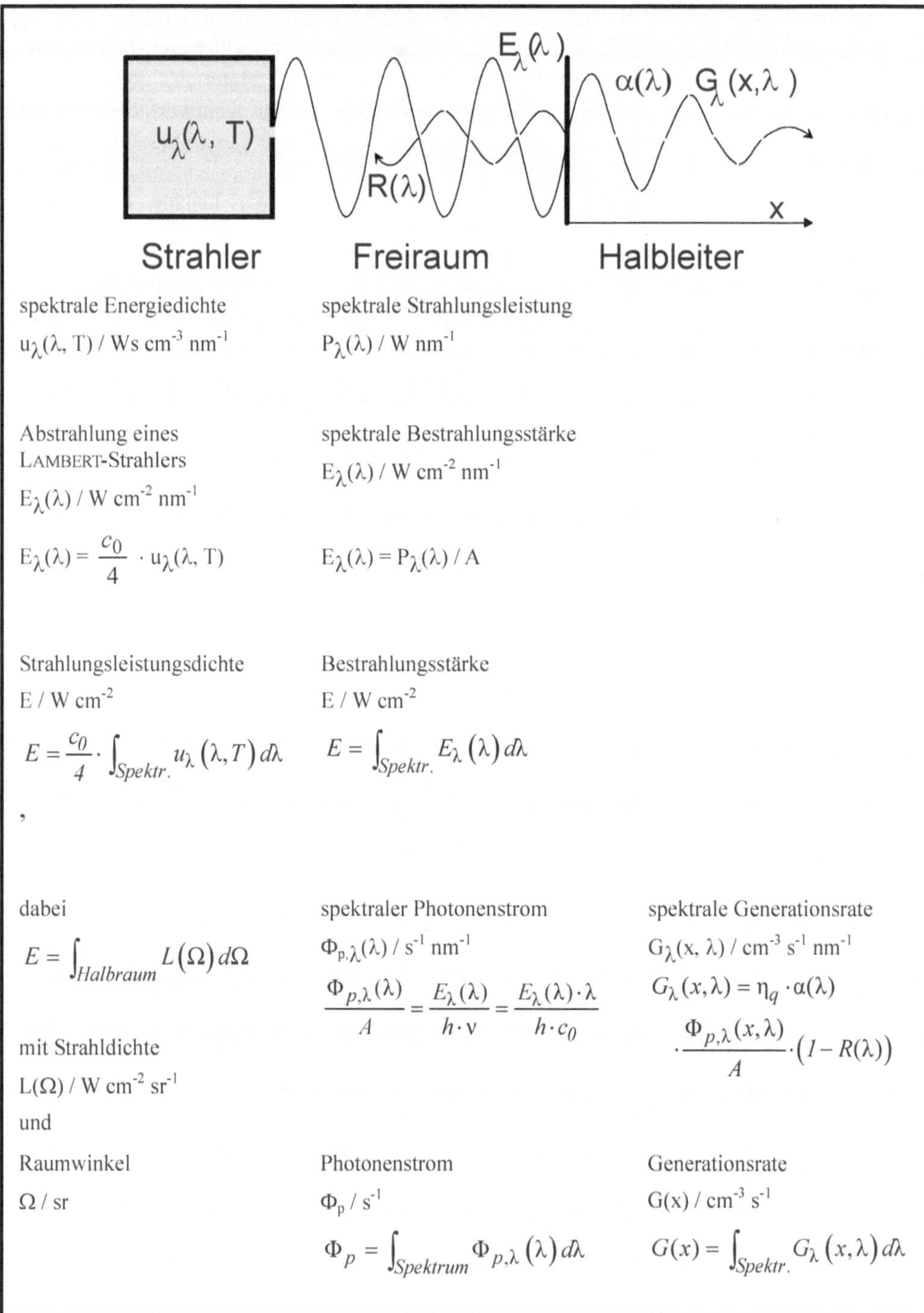

In the figure the following relations are given:

$$E_\lambda(\lambda) = \frac{c_0}{4} \cdot u_\lambda(\lambda, T)$$

$$E_\lambda(\lambda) = P_\lambda(\lambda) / A$$

$$E = \frac{c_0}{4} \cdot \int_{Spektr.} u_\lambda(\lambda, T)\, d\lambda \qquad E = \int_{Spektr.} E_\lambda(\lambda)\, d\lambda$$

$$E = \int_{Halbraum} L(\Omega)\, d\Omega$$

$$\frac{\Phi_{p,\lambda}(\lambda)}{A} = \frac{E_\lambda(\lambda)}{h \cdot \nu} = \frac{E_\lambda(\lambda) \cdot \lambda}{h \cdot c_0}$$

$$G_\lambda(x, \lambda) = \eta_q \cdot \alpha(\lambda) \cdot \frac{\Phi_{p,\lambda}(x,\lambda)}{A} \cdot (1 - R(\lambda))$$

$$\Phi_p = \int_{Spektrum} \Phi_{p,\lambda}(\lambda)\, d\lambda \qquad G(x) = \int_{Spektr.} G_\lambda(x,\lambda)\, d\lambda$$

Abb. 3.5:   Zusammenhänge zwischen den wichtigsten photoelektrischen Größen.

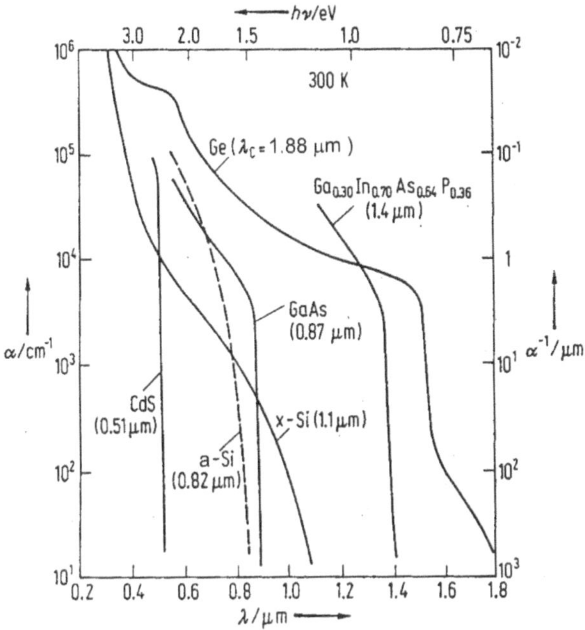

Abb. 3.6:   Absorptionskoeffizienten unterschiedlicher Halbleitermaterialien /Wag92/.

3.4 Grundlagen der Halbleitertechnik für Solarzellen

Die aufeinander folgenden Grundprozesse der Photovoltaik sind die Absorption des Sonnenlichtes im Halbleitermaterial, die Wandlung der absorbierten Photonen in Elektron-Loch-Paare sowie die Trennung der zusätzlichen Ladungsträgerpaare.

Bei der *Absorption* des Sonnenlichtes spielt der Verlauf der Energiebänder im Impulsraum die entscheidende Rolle und unterscheidet direkte (wie GaAs und amorphes Si) von indirekten (wie c-Si und Ge) Halbleitern (Abb. 3.2). Beim *Wandlungsprozess* oder der **Generation von Elektron-Loch-Paaren** spielen Geometrie (sind die absorbierenden Bereiche dicker oder dünner als die Diffusionslänge der den Photostrom tragenden Ladungen? Wie stark ist der Einfluss der Oberfläche gegenüber dem Volumen der Solarzelle?) und Materialqualität (wie groß sind Diffusionslänge und Oberflächenrekombinationsgeschwindigkeit?) die wichtigsten Rollen. Die *Trennung von lichterzeugten Ladungsträgerpaaren* ist eine Frage des Solarzellenkonzeptes. Bislang wird stets ein elektrisches Feld zur Trennung der Elektron-Loch-Paare eingesetzt. Im pn-Übergang oder im SCHOTTKY-Kontakt erstreckt sich das „eingebaute" Feld nur über die schmale Umgebung der Kontaktstelle der beiden unterschiedlichen Materialien. Zum Ort ihrer Trennung werden die Ladungsträgerpaare im allgemeinen als Diffusionsstrom geführt. Nur in Dünnschicht-

Solarzellen, wie z.B. aus amorphem Silizium, werden sie bereits unmittelbar nach ihrer Generation im elektrischen Feld getrennt.

So ergeben sich zwei Grundstrategien:

1.) In schwach absorbierendem, indirekten Halbleitermaterial beobachten wir ausgedehnte feldfreie Bahngebiete als Absorber und einen Diffusionsstrom der Überschussladungen zum meist oberflächennahen Feldbereich, in dem die Trennung stattfindet.

2.) In stark absorbierendem, direkten Halbleitermaterial finden wir *dünne Halbleiterschichten als Absorber* mit einem *eingebauten starken elektrischen Feld.*

In beiden Fällen sind die Überschussladungen rekombinationsgefährdet. Das feldfreie Diffusionsgebiet setzt dem nichts außer einer möglichst großen Minoritätsträger-Diffusionslänge entgegen. Das Hochfeldgebiet verkraftet wegen seines Trennvermögens sehr viel geringere Diffusionslängen.

Beherrscht werden alle Halbleitervorgänge der Photovoltaik von wenigen Differentialgleichungen, welche Ströme und Ladungen bilanzieren, miteinander verknüpfen und mit Rand- und Anfangsbedingungen das Bauelement beschreiben. Dies sind die Stromgleichungen für Löcher und Elektronen

$$\vec{j}_p = \vec{j}_{p,feld} + \vec{j}_{p,diff} = q\,\mu_p\,p(x)\,\vec{E}(x) - q\,D_p\,grad\ p$$

$$\vec{j}_n = \vec{j}_{n,feld} + \vec{j}_{n,diff} = q\,\mu_n\,n(x)\,\vec{E}(x) + q\,D_n\,grad\ n\ ,$$

$$(3.15)$$

in denen die Mechanismen Feld- und Diffusionsstrom berücksichtigt werden, die zugehörigen Kontinuitätsgleichungen

$$\frac{\partial p}{\partial t} = -\frac{1}{q}\,div\,\vec{j}_p - \frac{\Delta p}{\tau_p} + G,$$

$$\frac{\partial n}{\partial t} = +\frac{1}{q}\,div\,\vec{j}_n - \frac{\Delta n}{\tau_n} + G\ ,$$

$$(3.16)$$

in denen zeitliche Konzentrationsänderungen durch Stromfluss, Generation und Rekombination verrechnet werden, und die aus der MAXWELLschen Gleichung $div\vec{D} = \rho$ abgeleitete POISSON-Gleichung

$$div\ \vec{E} = \frac{q}{\varepsilon_0 \varepsilon_r} \cdot \left(p - n + N_D^+ - N_A^- \pm N_{rek}^{+,-} \pm N_{trap}^{+,-} \right),\qquad (3.17)$$

die elektrische Feldstärke und Raumladungsdichte miteinander verknüpft. Es werden bewegliche Ladungsträger (p, n) und ortsfeste Störstellen (N_D^+, N_A^-), Rekombinationszentren (N_{rek}) und Haftstellen (engl.: *traps*, N_{trap}) miteinander verrechnet.

Die Koeffizienten Beweglichkeit $\mu_{p,n}$, Diffusionskoeffizient $D_{p,n}$ und Lebensdauer $\tau_{p,n}$ bestimmen die Gleichungen und sind untereinander über die Einstein-Beziehung

$$D_{p,n} = U_T \cdot \mu_{p,n} \ \text{ mit } U_T = \frac{kT}{q} \ \text{ und über die Diffusionslänge } L_{p,n}^2 = D_{p,n} \cdot \tau_{p,n} \qquad (3.18)$$

verbunden. Alle Koeffizienten sind von der Dotierungskonzentration und damit meist auch vom Ort abhängig, ebenso vom Injektionsgrad und der Temperatur. Durch geschlossene analytische Rechnungen lassen sich unter Vernachlässigungen Näherungslösungen erzielen. Für präzise Aussagen, welche die verschiedenen Abhängigkeiten der Koeffizienten berücksichtigen, sind numerische Simulationen unerlässlich.

3.5 Überschussladungsträgerprofil in homogenem Halbleitermaterial

Die halbleitertechnische Grundaufgabe zur Photovoltaik besteht nun darin, die Überschussladungsträgerdichten im Halbleitermaterial bei optischer Generation zu bestimmen. Dabei geht man von den eindimensionalen Kontinuitätsgleichungen aus, in welche die optische Generationsrate G(x,λ) eingesetzt wird. Das Einsetzen aller Größen in Gl. 3.14 liefert

$$G_\lambda(x,\lambda) = \frac{E_{0,\lambda}(\lambda)\cdot\lambda}{hc_0} \cdot \left[1 - R(\lambda) \right] \cdot \eta_q \cdot \alpha(\lambda) \cdot e^{-\alpha(\lambda)\cdot x} = G_{0,\lambda}(\lambda) \cdot e^{-\alpha(\lambda)\cdot x}$$

$$\text{mit } G_{0,\lambda}(\lambda) = \frac{E_{0,\lambda}(\lambda)\cdot\lambda}{hc_0} \cdot \left[1 - R(\lambda) \right] \cdot \eta_q \cdot \alpha(\lambda). \qquad (3.19)$$

Wir wollen im Folgenden davon ausgehen, dass für jedes absorbierte Photon im Mittel ein Elektron-Loch-Paar generiert, d.h. erzeugt wird, also $\eta_q = 1$ gilt. Ferner soll vorausgesetzt werden, dass der Halbleiter zunächst monochromatisch, aber mit endlicher Linienbreite und folglich mit endlicher Leistung bestrahlt werden soll. Für die auf die Probe im kleinen Wellenlängen-Intervall $\Delta\lambda$ zwischen λ und $\lambda + \Delta\lambda$ auftreffende monochromatische Bestrahlungsstärke

$$E_0(\lambda) = E(x = 0, \lambda) = \int_{\Delta\lambda} E_{0,\lambda}(\lambda)\, d\lambda \tag{3.20}$$

ergibt sich dann die dazugehörige spektrale Generationsrate

$$G(x,\lambda) = \int_{\Delta\lambda} G_\lambda(x,\lambda)\, d\lambda = \left[1 - R(\lambda)\right] \cdot \frac{E_0(\lambda) \cdot \lambda}{h\, c_0} \cdot \alpha(\lambda) \cdot e^{-\alpha(\lambda) \cdot x}, \tag{3.21}$$

die in die Kontinuitätsgleichungen für Elektronen und Löcher

$$\frac{\partial p}{\partial t} = -\frac{1}{q} \cdot \frac{\partial j_p}{\partial x} - \frac{p - p_0}{\tau_p} + G(\lambda),$$
$$\frac{\partial n}{\partial t} = +\frac{1}{q} \cdot \frac{\partial j_n}{\partial x} - \frac{n - n_0}{\tau_n} + G(\lambda) \tag{3.22}$$

eingeht. Hinzu kommen die beiden Stromgleichungen

$$j_p(x) = q\, \mu_p\, p(x)\, \mathbf{E}(x) - q\, D_p\, \frac{\partial p}{\partial x},$$
$$j_n(x) = q\, \mu_n\, n(x)\, \mathbf{E}(x) + q\, D_n\, \frac{\partial n}{\partial x}. \tag{3.23}$$

Mit den Annahmen der Stationarität ($\delta/\delta t = 0$), der Niedrig-Injektion und Quasi-Neutralität ($\mathbf{E} \approx 0$ wegen optischer Paargeneration $\Delta n = \Delta p$) sowie der geometrischen Anordnung von Abb. 3.7a ergibt sich im homogenen n-leitenden Halbleitermaterial die Diffusionsgleichung der Löcher als Differentialgleichung der Minoritätsträger

$$\frac{\partial^2 \Delta p}{\partial x^2} - \frac{\Delta p}{L_p^2} = -\frac{G_o(\lambda)}{D_p} \cdot e^{-\alpha(\lambda) \cdot x}. \tag{3.24}$$

Für die Majoritätsträger Δn gilt eine identische Beziehung wegen $\Delta p(x) = \Delta n(x)$. In dieser inhomogenen Differentialgleichung 2. Ordnung gelten folgende Abkürzungen für die Überschussdichte der Löcher:

$$\Delta p(x) = p(x) - p_{n0} \text{, wobei } N_D \cdot p_{n0} = n_i^2 \text{ mit } N_D = n_{n0} \text{ bei vollständiger Ionisation.}$$

Die Lösung von Gl. 3.24 gewinnt man in der Form

$$\Delta p^{allgemein}(x) = \Delta p^{homogen}(x) \quad + \quad \Delta p^{partikulär}(x). \tag{3.25}$$

Für die partikuläre Lösung soll der Ansatz

$$\Delta p^{partikulär}(x) = C \cdot e^{-\alpha(\lambda) \cdot x} \tag{3.26}$$

gelten. Zweimalige Ableitung und Einsetzen in Gl. 3.24 ergibt die Konstante C, die dann die partikuläre Lösung bestimmt

$$\Delta p^{partikulär}(x) = G_0 \tau_p \frac{1}{1 - \alpha^2 L_p^2} \cdot e^{-\alpha(\lambda) \cdot x}. \tag{3.27}$$

Damit formuliert man Gl. 3.25 als Lösungsansatz der spektralen Überschussdichte der Löcher

$$\Delta p^{allgemein}(x) = A \cdot e^{x/L_p} + B \cdot e^{-x/L_p} + \frac{G_0 \tau_p}{1 - \alpha^2 L_p^2} \cdot e^{-\alpha x}. \tag{3.28}$$

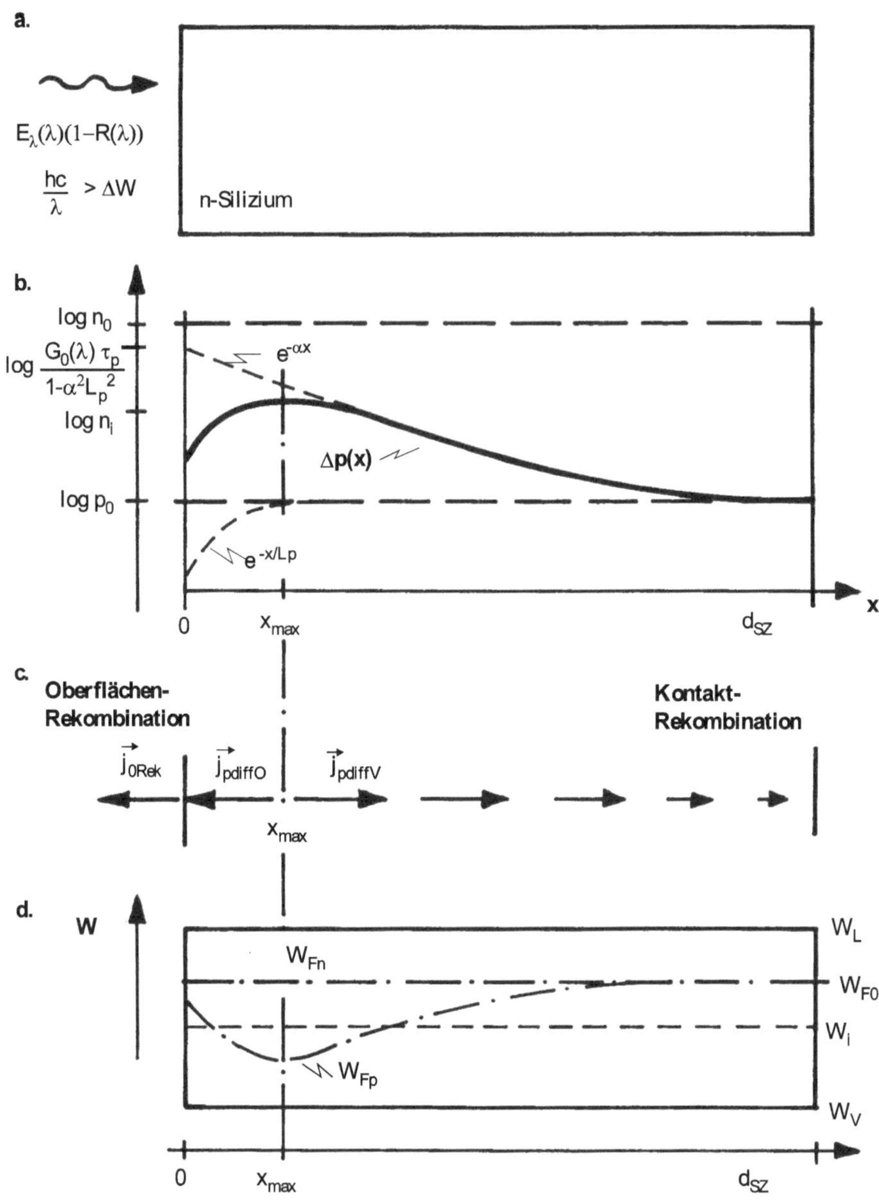

Abb. 3.7: Überschussladungsträgerdichte $\Delta p(x)$ im monochromatisch beleuchteten homogenen Halbleitermaterial. a: Geometrie, b: Ladungsträger-Profile, c: Stromdichten, d: Energiebänder-Modell mit Quasi-Fermi-Energien.

Es folgt die Formulierung der beiden Randbedingungen (RB). Gemäß Abb. 3.7c soll an der Vorderseite der Halbleiterprobe (x = 0) zusätzliche Oberflächenrekombination die Oberflächendichte der optisch generierten Löcher herabsetzen. Dies wird durch einen Oberflächenrekombinationsstrom beschrieben, der durch einen Diffusionsstrom versorgt werden muss. So ergibt sich

$$\text{RB1:} \quad -q \cdot s \cdot \Delta p(x = 0) = -q\, D_p \left(\frac{d\Delta p}{dx} \right)_{x=0} \tag{3.29}$$

mit der Oberflächenrekombinationsgeschwindigkeit s. An der Rückseite der Halbleiterprobe (x = d_{SZ}) soll nach Abb. 3.7b die spektrale Überschussladungsträgerdichte auf Null zurückgegangen sein, sei es aus Gründen rückseitiger Oberflächenrekombination am Kontakt oder sei es aufgrund des über mehrere Diffusionslängen vollständig abgebauten Trägerprofiles

$$\text{RB2:} \quad \lim_{x \to d_{SZ}} \Delta p(x) = 0 \,. \tag{3.30}$$

Dies erzwingt sogleich A = 0. Aus RB 1 gewinnt man eine Bestimmungsgleichung für B

$$B = -\frac{G_0 \tau_p}{s + D_P/L_P} \cdot (D_P\, \alpha + s) \cdot \frac{1}{1 - \alpha^2 L_P^2} \,, \tag{3.31}$$

womit man nach kurzer Rechnung

$$\Delta p(x) = \frac{G_0\, \tau_p}{1 - \alpha^2 L_P^2} \cdot \left[e^{-\alpha x} - \frac{s + \alpha D_P}{s + D_P/L_P} \cdot e^{-x/L_P} \right] \tag{3.32}$$

findet. Wie auch in Abb. 3.7b angedeutet, bestimmen zwei Exponentialfunktionen der Materialparameter $\alpha = f(\lambda)$ und $L_p \neq f(\lambda)$ das Profil der Überschussladungsträger und führen zum Maximum bei x_{max}, wie es für photoelektrische Profile typisch ist. Vom Maximalwert p_{max} aus fließen zwei Diffusionsströme in entgegengesetzte Richtungen: $j_{p,Diff,V}$ in das Volumen und $j_{p,Diff,0}$ zur Oberfläche (Abb. 3.7c). Verständlich ist, dass beide einander elektrisch entgegenwirken. Das Profil verdeutlicht aber, dass die höchste photoelektrische Wirksamkeit nicht an der lichtausgesetzten Oberfläche liegt, sondern typischerweise ein bis zwei Diffusionslängen unter ihr.

Im infraroten Bereich des Spektrums ist das Absorptionsvermögen des kristallinen Siliziums gering, so dass dort für realistische Diffusionslängen ($L_p \approx 100$ μm = 10^{-2} cm) $\alpha\, L_p \ll 1$ vorausgesetzt werden kann. Die mittlere Eindringtiefe $1/\alpha$ des Lichtes übersteigt in diesem Fall eine Diffusionslänge. In den sichtbaren Teil des Spektrums hinein wächst α um Größenordnungen an, die Eindringtiefe sinkt entsprechend. Nunmehr gilt $\alpha\, L_p \gg 1$. Zur Beibehaltung eines positiven Koeffizienten von $\Delta p(x)$ wird Gl. 3.32 umformuliert

$$\Delta p(x) = \frac{G_0 \tau_p}{\alpha^2 L_p^{\,2} - 1} \cdot \left[\frac{s + \alpha D_p}{s + D_p / L_p} \cdot e^{-x/L_p} - e^{-\alpha x} \right]. \tag{3.33}$$

Diese wichtige Gleichung soll nun diskutiert werden. Zuerst wird mit Gl. 3.12 und 3.21 der Bezug zur auffallenden Strahlungsleistungsdichte $E_0(\lambda)$ hergestellt. Für die spektrale Überschussladungsträgerkonzentration ergibt sich unter Vernachlässigung von Reflexionsverlusten ($R(\lambda) = 0$)

$$\Delta p(x) = \frac{\alpha \lambda E_0(\lambda) \tau_p}{hc_0(\alpha^2 L_p^{\,2} - 1)} \cdot \left[\frac{s + \alpha D_p}{s + D_p / L_p} \cdot e^{-x/L_p} - e^{-\alpha x} \right]. \tag{3.34}$$

Wir wollen nun den Maximalwert von Überschussladungsträgern und die damit zusammenhängende Wandlung von Lichtleistung im Halbleitermaterial abschätzen. Im Falle verschwindender Oberflächenrekombination (ideal passivierte Oberfläche, $s = 0$) vereinfacht sich Gl. 3.34 zu

$$\Delta p(x) = \frac{\alpha \lambda E_0(\lambda) \tau_p}{h \cdot c_0 \cdot (\alpha^2 L_p^{\,2} - 1)} \cdot \left[\alpha \cdot L_p \cdot e^{-x/L_p} - e^{-\alpha x} \right], \tag{3.35}$$

für dominierende Oberflächenrekombination ($s \to \infty$) ergibt sich

$$\Delta p(x) = \frac{\alpha \lambda E_0(\lambda) \tau_p}{hc_0(\alpha^2 L_p^{\,2} - 1)} \cdot \left[e^{-x/L_p} - e^{-\alpha x} \right]. \tag{3.36}$$

Zwischen diesen beiden Ausdrücken Gln. 3.35 und 3.36 liegt die gesamte mögliche physikalische Realität. Der in der Praxis für kristallines Silizium erreichbare Wertebereich für die Oberflächenrekombinationsgeschwindigkeit s umfasst $10^2 \, \mathrm{cm/s} \leq s \leq v_{th}$ ($\approx 10^7 \, \mathrm{cm/s}$). Der mathematische Wert $s \to \infty$ entspricht physikalisch $s = v_{th}$.

Die Überschussladungsträgerkonzentration an der Oberfläche $\Delta p(x=0)$ kann nun abgeschätzt werden. Dafür wird von verschwindender Oberflächenrekombination ausgegangen. Ferner nehmen wir vereinfachend an, dass eine Bestrahlungsstärke von $100 \, \mathrm{mW/cm^2}$ (entsprechend dem $\mathrm{AM1,5_{global}}$-Spektrum) bei einer mittleren Wellenlänge $\overline{\lambda}$ eingestrahlt wird. Für $\overline{\lambda}$ wird die Wellenlänge des solaren Strahlungsmaximums 520 nm (Abb. 2.6) eingesetzt. Aus Abb. 3.6 erhalten wir bei $\overline{\lambda}$ für den Absorptionskoeffizienten $\overline{\alpha} = 10^4 \, \mathrm{cm^{-1}}$. Dies entspricht einer Eindringtiefe des Lichtes von 1 µm und es gilt $\alpha \, L_p = 100$. Schließlich wird die Lebensdauer τ_p bei T = 25 °C zu

$$\tau_p = \frac{L_p^2}{D_p} = \frac{L_p^2}{kT/q \cdot \mu_p} = \frac{(100 \mu m)^2}{0{,}025V \cdot 480 cm^2 / Vs} \approx 10 \, \mu s \tag{3.37}$$

abgeschätzt. Mit diesen Parametern eingesetzt ergibt sich die Oberflächen-Generationsrate zu

$$G_0(\lambda) = G(x=0,\lambda) = \alpha E \frac{\overline{\lambda}}{hc_0} \approx 2{,}6 \cdot 10^{21}\, cm^{-3} s^{-1} \qquad (3.38)$$

und für die Überschussladungsträgerkonzentration an der Oberfläche $\Delta p(x=0)$ erhält man

$$\Delta p(x=0) \approx \frac{G_0(\lambda)\,\tau_p}{\alpha L_p} = 2{,}6 \cdot 10^{14}\, cm^{-3}. \qquad (3.39)$$

Dieses Ergebnis stellt eine nützliche Abschätzung dar. Die genaue Rechnung mit den tabellierten Werten $E(\lambda)$ und $\alpha(\lambda)$ entsprechend Anhang A.3 / A.4 liefert zwar höhere Werte von $G_0=1{,}4\cdot10^{22}cm^{-3}\,s^{-1}$ und für $\Delta p(x=0)=1{,}4\cdot10^{15}cm^{-3}$. Entsprechend der Theorie wird der blaue und ultraviolette Anteil des Sonnenlichtes im $AM1{,}5_{global}$-Spektrum durch den dort hohen Absorptionskoeffizienten weitere Beiträge liefern (Abb. 3.8), jedoch werden viele der dort generierten Ladungsträgerpaare sofort an der Oberfläche wieder rekombinieren. Ferner fällt die Überschussladungsträgerkonzentration exponentiell in das Volumen hinein ab. Vom IR-Anteil ist wegen des schnell absinkenden Absorptionskoeffizienten kein zusätzlicher Beitrag zu erwarten. Somit kann davon ausgegangen werden, dass für gebräuchliche Dotierungskonzentrationen N_A, $N_D > 10^{15}\,cm^{-3}$ die Gleichgewichtskonzentration freier Träger durch die Überschussladungsträgerkonzentration nach Gl. 3.39 nicht überschritten wird.

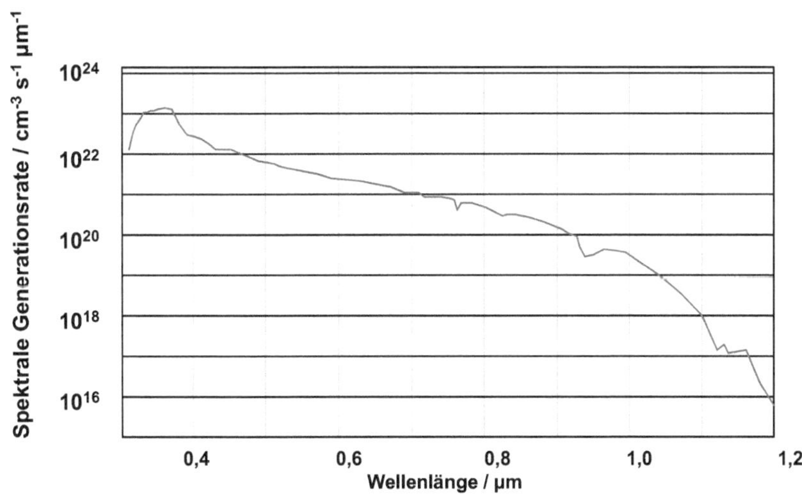

Abb. 3.8   Spektrale Generationsrate des AM(1,5)-Sonnenlichtes im Silizium (errechnet mit Gl. 3.38 und den Daten in den Anhängen A.3 und A.4 unter Vernachlässigung der Oberflächenrekombination). Man erkennt, dass im UV- und im blauen Bereich bis $\lambda <$ 0,5µm die höchsten Beiträge erbracht werden, während der IR-Bereich ab $\lambda > 0{,}9$µm demgegenüber vernachlässigbar ist.

Es ist also sichergestellt, dass sich kristallines Silizium bei Bestrahlung mit nicht-konzentriertem Sonnenlicht in schwacher Injektion befindet. Dieser Umstand ist für die Herleitung einer geschlossenen Lösung für die Strom-Spannungs-Kennlinie einer Solarzelle (in Kapitel 4) sehr wesentlich.

3.6 Strategien zur Trennung der generierten Überschussladungsträger

So wie in Abb. 3.7 und Gl. 3.32 beschrieben, können *photoelektrische* Profile von Überschussladungsträgern noch keine *photovoltaische* Energiewandlung bewirken: es gilt ja stets Quasi-Neutralität $\Delta p \cong \Delta n$ und $\mathbf{E} \approx 0$. Erst bei Hochinjektion (z.B. $\Delta p \approx \Delta n > N_D$) entwickeln sich innere Feldstärken aufgrund von Ladungsträger-Trennung (DEMBER-Effekt). Bei der für Photovoltaik vorherrschenden Niedrig-Injektion müssen zusätzliche Maßnahmen ergriffen werden, damit Ladungsträger-Trennung einsetzt.

Unsere Aufgabe ist es, weitgehend identische Profile von Überschussladungsträgern von-einander zu trennen, bevor diese miteinander rekombinieren. Nach der Trennung sollen Elektronen und/oder Löcher über den Lastwiderstand fließen und an ihm Arbeit leisten, bevor sie zum Halbleiter zurückkehren.

Zahlenwerte für T=300K	Elektronen	Löcher
Ladung	$-q$	$+q$
Masse	$m_n = f\,(\,W_L(k_L)\,)$	$m_p = f\,(\,W_V(k_V)\,)$
Diffusionskoeffizient	$D_n = 35\ cm^2 s^{-1}$	$D_p = 12\ cm^2 s^{-1}$
Beweglichkeit	$\mu_n = 1350\ cm^2 V^{-1} s^{-1}$	$\mu_p = 480\ cm^2 V^{-1} s^{-1}$
HALL-Konstante	$R_H < 0$	$R_H > 0$

Tab. 3.1:   Eigenschaften von Elektronen und Löchern in kristallinem Silizium. Zahlenwerte für niedrige Dotierungskonzentration (N_A, $N_D < 10^{17}\ cm^{-3}$).

Wir müssen alle Gesichtspunkte erwägen, nach denen sich die Eigenschaften von Elektronen und Löcher unterscheiden. Die Tabelle 3.1 stellt sie zusammen.

Mit Hilfe von elektrischen oder magnetischen Feldern (Abb. 3.9) können wir die Ladungen unterschiedlichen Vorzeichens beeinflussen, sich in verschiedene Richtungen zu bewegen.

Woher diese Felder stammen, bleibt hier zunächst offen. Falsch wäre es sicher, sie mittels zusätzlicher elektrischer Energie zu erzeugen. Vielmehr sollten diese Felder permanent als Teil der Solarzelle wirken, also z.B. als ferroelektrischer oder ferromagnetischer Belag. Technisch ist das z.T. schwer zu bewerkstelligen (z.B. Abb. 3.9a/c, Elektroden befinden sich auf den Schmalseiten der Zellen!).

Nur Typ 3.9b ist bisher realisiert. Hier wird im Halbleiter durch Einbau unterschiedlicher Dotierungsatome ein pn-Übergang erzeugt, an dem sich eine Raumladungszone mit eingebautem elektrischen Feld bildet. Leider ist diese räumlich begrenzt, so dass nur in einem sehr beschränkten Bereich die Trennung der Elektron-Loch-Paare von statten geht. Bis zur Raumladungszone bewegen sich die Ladungsträgerpaare als Diffusionsstrom und sind dabei ständig von Rekombination bedroht. In Dünnschichtsolarzellen aus z. B. amorphem Silizium ist wegen der zahlreichen Aufbaudefekte im amorphen Netzwerk der Atome die Gefahr der Rekombination sehr viel größer als im kristallinen Material. In diesem Fall macht man die gesamte Solarzelle zwischen zwei flächenhaften Kontakten zum Feldgebiet, indem man eigenleitendes (intrinsisches) Material verwendet und nur an den Rändern stark dotiert. Es ergibt sich also eine pin-Struktur. Beim pn-Übergang befindet sich das Feld nahe der oberflächenzugewandten Seite, im pin-Bauelement erstreckt sich das Feld über nahezu die gesamte (sehr dünne) Solarzelle.

Für eine DEMBER-Solarzelle (Abb. 3.9 Mitte rechts) nutzt man die unterschiedlichen Diffusionskoeffizienten von Elektronen und Löchern zur Ladungstrennung bei Hochinjektion aus. Die trennende Wirkung des DEMBER-Effektes wird ohne zusätzliche Maßnahmen wie pn-Übergang o.ä. wirksam. Man beachte im Zusammenhang mit der Dember-Solarzelle die Übungsaufgabe Ü 3.1.

Als notwendige Bedingung für einsetzende Generation ist die Energieschwelle der Photonen $h\nu \geq W_L\text{-}W_V$ zu betrachten. Mit einem Quantenwandlungswirkungsgrad $\eta_q = 1$ im Bereich des Sonnenspektrums errechnet man damit den photovoltaischen Grenzwirkungsgrad, der auf Silizium und Galliumarsenid als Vorzugsmaterialien hinweist (Abb. 3.4). Der wellenlängenabhängige Absorptionskoeffizient (Abb. 3.6) variiert stark für direkte Halbleiter (z.B. GaAs; a-Si) gegenüber dem der indirekten Halbleiter (z.B. c-Si) und bestimmt als hinreichende Bedingung die photoelektrischen Überschussprofile der Ladungsträgertypen. Deren technische Trennung mit elektrischer Feldstärke begründet erst die photovoltaische Energiewandlung.

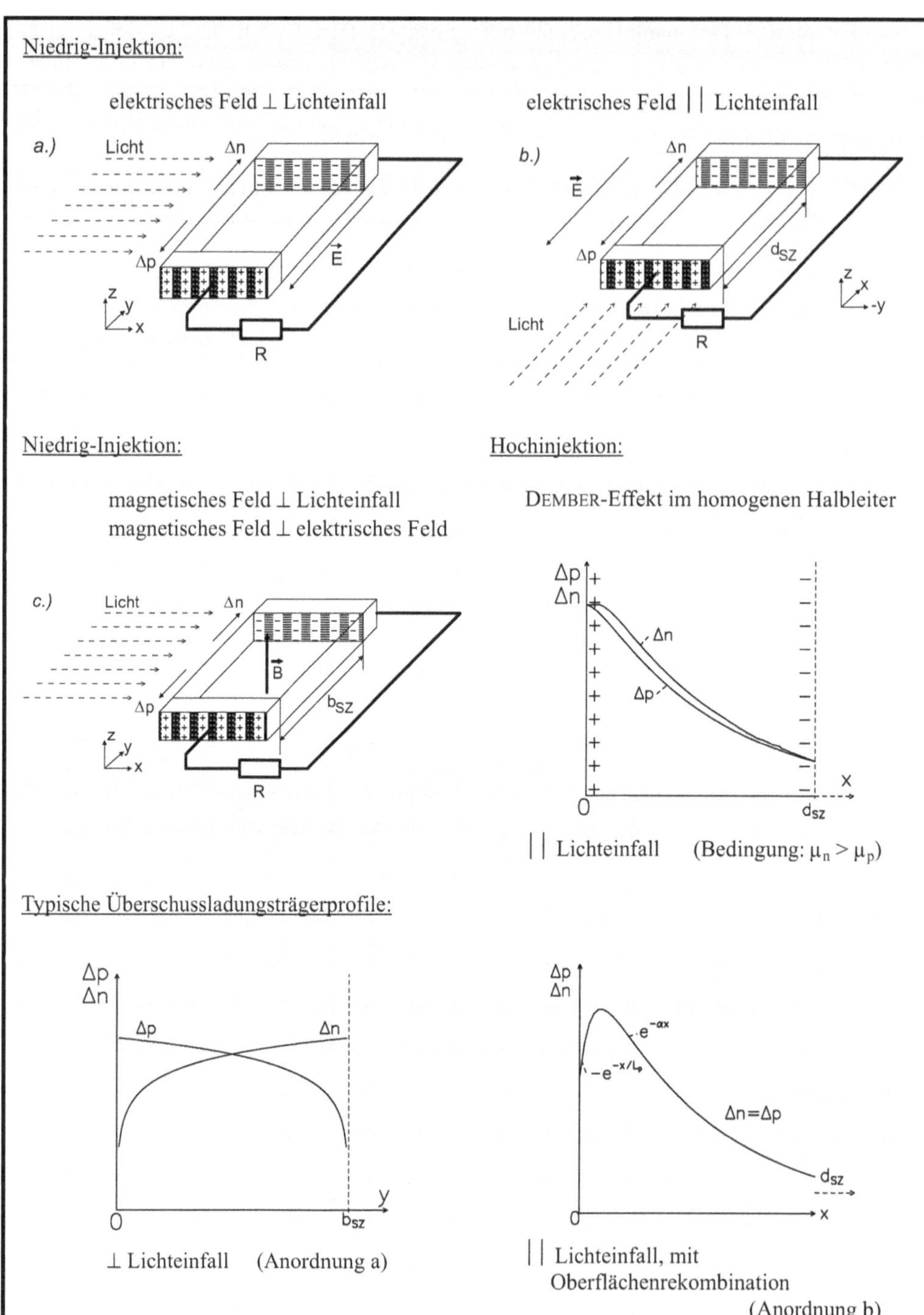

Abb. 3.9:	Strategien zur Trennung von Überschussladungsträgerprofilen.

3.7 Reflexionsverluste

Neben einer effizienten Strategie zur Trennung der im Halbleiter generierten Ladungsträger ist die Minimierung von Reflexionsverlusten von entscheidender Bedeutung für den Wirkungsgrad einer Solarzelle.

Die abrupte Änderung der Brechzahl an der Phasengrenze Luft/Solarzelle bewirkt, dass ein Teil der Strahlung nicht in das Bauelement eindringen kann, sondern von der Oberfläche zurückgeworfen wird. Dieser Anteil an der Gesamtbestrahlungsstärke wird mit dem Reflexionsfaktor $R(\lambda)$ beschrieben. Die Wellentheorie leitet für die Reflexion an der Trennfläche zweier Medien bei senkrechtem Lichteinfall

$$R(\lambda) = \left| \frac{n_0(\lambda) - n_1(\lambda)}{n_0(\lambda) + n_1(\lambda)} \right|^2 \tag{3.40}$$

her. Darin sind n_0 und n_1 die wellenlängenabhängigen Brechzahlen der beiden Materialien. Die Brechzahl der wichtigsten Solarzellenmaterialien liegt im Bereich des Sonnenspektrums bei etwa $n_0 = 4$ (siehe Abb. 3.11), für Luft gilt $n_1 \approx 1$. Folglich gelangen ohne eine optische Vergütung der Oberfläche nur etwa zwei Drittel der Strahlung in die Solarzelle, der Rest wird zurückgespiegelt. Gelingt es, diese Verluste vollständig zu unterdrücken, so lässt sich der Photostrom und damit auch der Energiewandlungs-Wirkungsgrad um bis zu 50% steigern. Diesem Ziel versucht man durch Aufbringung dünner Schichten und/oder durch den Einbau von „Reflexfallen" möglichst nahe zu kommen. Der zweite Weg wird im Kap. 5.6 beschrieben, hier soll die vergütende Wirkung dünner Schichten erläutert werden.

Durch eine zusätzlich aufgebrachte (transparente) Schicht entsteht eine weitere reflektierende Phasengrenze. Liegt deren Schichtdicke innerhalb der Kohärenzlänge des Sonnenlichtes (bis zu einigen 100 nm), so entstehen ähnlich wie an einer Seifenblase Interferenzerscheinungen (Abb. 3.10). Eine Schichtdicke, die einem Viertel der Wellenlänge entspricht, führt zu einem Gangunterschied von 180° zwischen einfallendem und reflektiertem Strahl und damit zu destruktiver Interferenz der an der äußeren und der inneren Phasengrenze reflektierten Wellen im Bereich außerhalb der Solarzelle. Es ist möglich, für einen begrenzten Wellenlängenbereich die gesamte Strahlung in das Bauelement einzukoppeln, wenn man die Brechzahl der Zwischenschicht optimal an die des Außenraumes (Luft: $n_0 \approx 1$) und die des Solarzellenmateriales anpasst. Voraussetzung ist die Gleichheit der an den beiden Grenzflächen reflektierten Wellenamplituden. Ausgehend von Gl. 3.40 erhält man nach kurzer Rechnung für die Brechzahl der Zwischenschicht

$$n_1 = \sqrt{n_0 \cdot n_2} \; . \tag{3.41}$$

Für die Passivierung der meisten Solarzellen-Substrate sind folglich transparente Materialien mit einer Brechzahl $n_1 \approx 2$ gut geeignet. Häufig werden Schichten aus SiO_2, Si_3N_4, TiO_x, MgF_2, TaO_5 genutzt. Auch elektrisch aktive Schichten wie z.B. die Kontakte aus SnO_2 oder ZnO einer a-Si:H- oder die $Al_xGa_{1-x}As$-Fensterschicht einer GaAs-Solarzelle wirken reflexionsmindernd. – Man mache sich bei diesen Überlegungen klar, dass eine einzelne reflexionsmindernde Schicht nur für eine einzelne Wellenlänge wirksam ist. Entsprechend ist es ratsam, mit mehreren Schichten unterschiedlichen Materials über den gesamten Bereich des Sonnenspektrums den Anteil des reflektierten Lichtes zu minimieren, wie weiter unten ausgeführt wird.

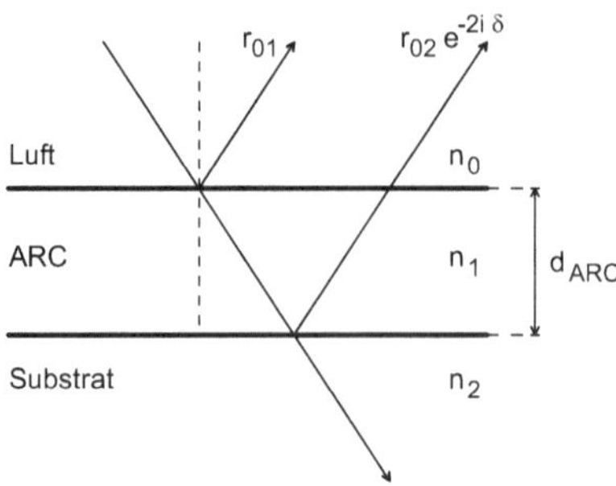

Abb. 3.10:   Reflexion einer Welle an einer Solarzelle mit Antireflexionsschicht (ARC ~ engl.: *anti-reflective coating*).

In der Praxis hat man die spektrale Zusammensetzung des eingestrahlten Lichtes und dessen Bewertung durch die Solarzelle, den inneren Quantenwirkungsgrad, zu berücksichtigen. Eine Orientierung an der Lage des Maximums der Sonnenstrahlung im Bereich $500\,nm < \lambda < 600\,nm$ führt zu guten Ergebnissen. Nicht immer ist ein Material mit der optimal geeigneten Brechzahl verfügbar. Dieses Problem kann durch Aufbringung zwei- oder mehrlagiger Antireflexionsschichten (engl.: *anti-reflective coating*, ARC) gelöst werden. Als Beispiel wird in Abb. 3.11 rechts der spektrale Verlauf des Reflexionsfaktors eines unbeschichteten Silizium-Substrates im Vergleich zu optisch vergüteten Substraten gezeigt. Man erkennt, dass sich schon mit dem von der Brechzahl her nicht optimalen, aber technologisch einfach aufzubringenden SiO_2 eine erhebliche Verringerung der Reflexionsverluste erreichen lässt.

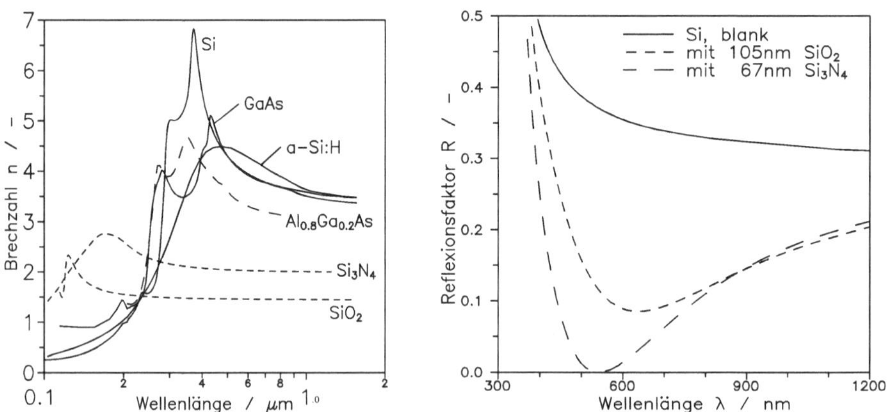

Abb. 3.11:   links: Spektraler Brechzahlverlauf von Solarzellen-Substratmaterialien (durchgezogen) und optischen Vergütungsschichten (gestrichelt).
rechts: Spektralverlauf des Reflexionsfaktors an einem unbeschichteten, einem mit 105 nm SiO_2 und einem mit 67 nm Si_3N_4 beschichteten Si-Substrat.

4. Grundlagen für Solarzellen aus kristallinem Halbleitermaterial

In diesem Kapital werden Konzept und theoretische Beschreibung der Solarzelle als Diode aus kristallinem Halbleiter-Werkstoff entwickelt mit allen zugehörigen Parametern wie Wirkungsgrad und Formfaktor.

4.1 Die Halbleiterdiode als Solarzelle

Eine Solarzelle ist ein optoelektronisches Bauelement, in dem durch Lichtabsorption freie Elektron-Loch-Paare generiert und danach voneinander getrennt werden. So wird ein Potentialunterschied erzeugt, der einen elektrischen Strom treiben kann. Als Bauelemente für die photovoltaische Energiewandlung sind Halbleiterdioden geeignet. In ihnen entsteht durch den Kontakt von n-leitendem und p-leitendem Halbleitermaterial in der Umgebung der Grenzfläche eine Raumladungszone (RLZ). Aus dem n-leitenden Bereich diffundieren die dort sehr zahlreichen Elektronen in das p-Gebiet, in dem fast nur Löcher als bewegliche Ladungsträger existieren. Umgekehrt diffundieren Löcher in das n-Gebiet. Die herüber-diffundierten Ladungsträger rekombinieren nunmehr als Minoritätsträger mit den Majoritäten sowohl in der RLZ als auch im angrenzenden Bereich. In den vorher elektrisch neutralen Bahngebieten bleiben unbewegliche Störstellen zurück, positiv geladene Donatoren im n-Gebiet und negativ geladene Akzeptoren im p-Gebiet. Zwischen den Bereichen unterschiedlicher Ladungen baut sich ein elektrisches Feld auf, das einen Strom verursacht, welcher der Diffusionsbewegung entgegengerichtet ist und somit einen vollständigen Konzentrationsausgleich von n- und p-Gebiet verhindert.

Ist die unbeleuchtete Diode nach außen zunächst spannungslos, so halten sich Diffusions- und Feldstrom an jedem Ort im Bauelement die Waage. Eine angeschlossene Last bleibt stromlos. Wird die Diode nun mit Licht bestrahlt, so kann das Feld der Raumladungszone genutzt werden, um die optisch generierten Ladungsträgerpaare voneinander zu trennen. Deren Bewegung wird als Photostrom gemessen.

Nach SHOCKLEY /Sho49/ lässt sich der Photostrom als Summe der beiden Minoritäts-trägerströme am Rand der RLZ (Elektronen im p-, Löcher im n-Gebiet) beschreiben, wenn die Rekombination in der RLZ vernachlässigt wird. Zusätzlich wird von schwacher Injektion (Minoritätsträgerkonzentration $\ll$ Majoritätsträgerkonzentration) und von quasi-neutralen Bahngebieten ausgegangen, d.h. der Spannungsabfall erfolgt vollständig über der RLZ. Unter diesen Voraussetzungen kann die Strom-Spannungs-Kennlinie der beleuchteten Halbleiterdiode nach dem *Superpositionsprinzip* aus einem nur von der Spannung abhängigen Diodenstrom $I_D(U)$ und einem nur von der Bestrahlungsstärke abhängigen Photostrom $I_{phot}(E)$ hergeleitet werden. Beide Stromanteile überlagern sich unabhängig voneinander (Abb. 4.1).

Je nachdem, ob es sich um eine pn - oder np - Diode handelt, unterscheidet man

(a) <u>pn - Übergang</u>   (b) <u>np - Übergang</u>

$$I(U) = I_D(U) - I_{phot}(E) \qquad\qquad I(U) = -I_D(U) + I_{phot}(E) \qquad\qquad (4.1)$$

$$I(U) = I_0 \cdot \left[e^{U/U_T} - 1 \right] - I_{phot}(E) \qquad\qquad I(U) = -I_0 \cdot \left[e^{-U/U_T} - 1 \right] + I_{phot}(E)$$

mit $\ I_K = I(U=0) = -I_{phot}(E)$ $\qquad\qquad$ mit $\ I_K = I(U=0) = +I_{phot}(E)$

und $U_L = U(I=0) = U_T \ln\!\left(1 + I_{phot}/I_0\right)$ $\qquad$ und $U_L = -U(I=0) = -U_T \ln\!\left(1 + I_{phot}/I_0\right),$

wobei die thermische Spannung $U_T = kT/q = 25\,\mathrm{mV}$ für $T = 300\,\mathrm{K}$ gilt.

Der **Kurzschlussstrom** I_K (engl.: I_{sc}; sc = *short circuit*) und die Leerlaufspannung U_L (engl.: V_{oc}; oc = *open circuit*) sind die Schnittpunkte der I(U)-Kennlinie mit den Koordinaten-Achsen. Die Vorzeichen hängen mit der relativen Lage der Struktur zur Einfallsrichtung des Lichtes zusammen. In der pn-Struktur sind die Einfallsrichtung des Lichtes und der Photostrom entgegengesetzt, in der np-Struktur sind sie gleich gerichtet. Insofern ist es wegen der i. Allg. unsymmetrischen Geometrie der Solarzelle notwendig, die Schichtenfolge zu beachten. Trotzdem soll hier stets die Form der Gl. 4.1a verwendet werden, um Unklarheiten hinsichtlich des Vorzeichens von I und U zu vermeiden.

Its Parity-Time!

Mit High-Tech auf dem Weg zur Grid-Parity

Dank unserer Antireflexbeschichtungsanlage SiNA® erhalten
Solarzellen nicht nur ihre blaue Färbung, sondern erzielen
auch einen deutlich höheren Wirkungsgrad. Mit kompletten
Produktionslinien für kristalline Silizium-Solarzellen und der
neuen SiNA®-Generation erhöhen wir die Effektivität und
tragen damit entscheidend zum Erreichen der Grid Parity bei.

www.roth-rau.de

ROTH & RAU

Roth & Rau AG, An der Baumschule 6-8, 09337 Hohenstein-Ernstthal, Germany
Phone +49 (0) 3723 - 66 85-0, Fax +49 (0) 3723 - 66 85-100 · E-mail info@roth-rau.de

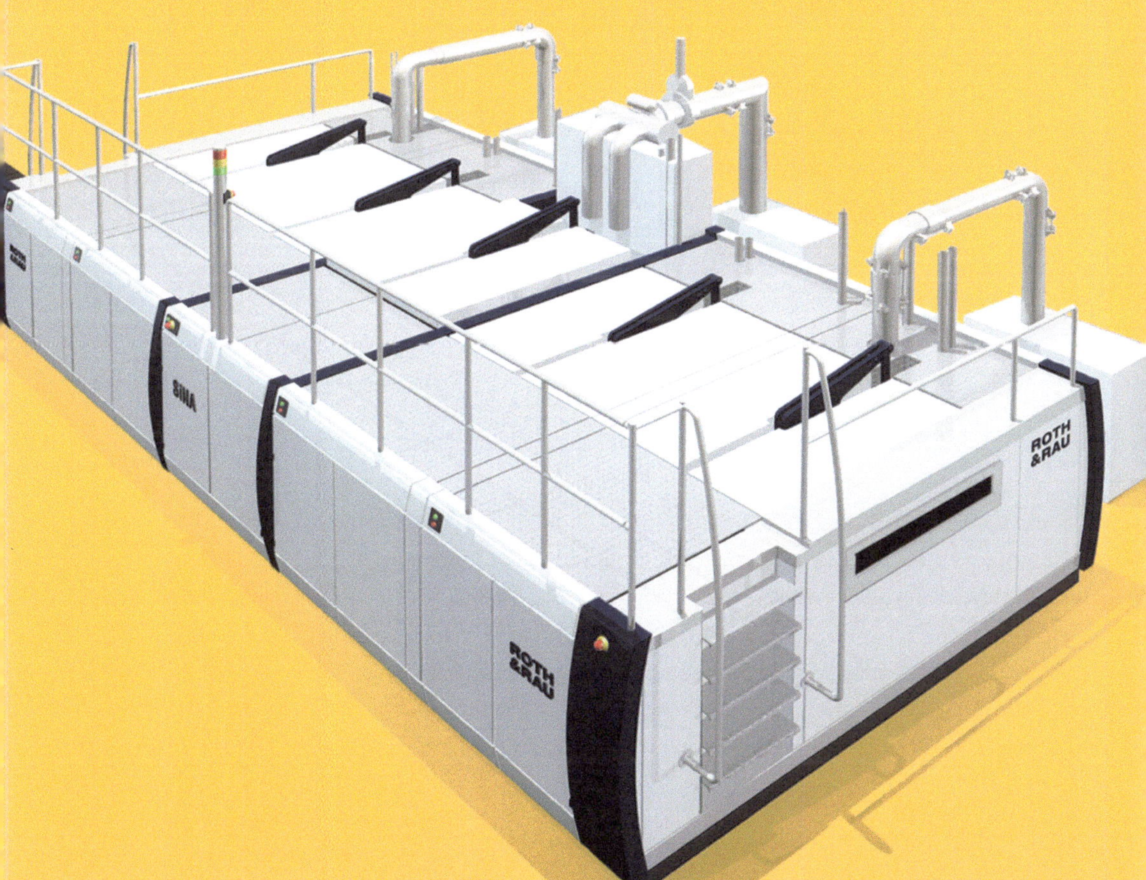

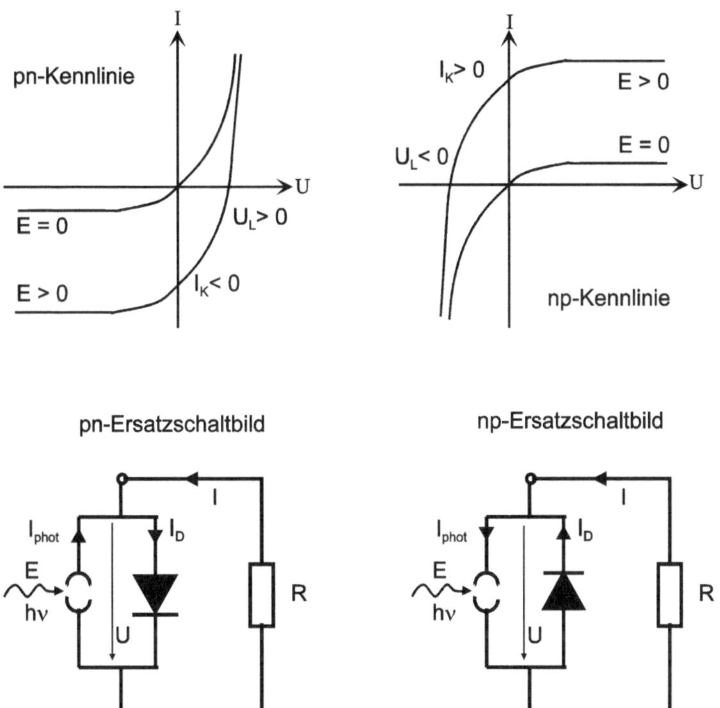

Abb. 4.1:   Kennlinien und Ersatzschaltbilder von pn-Übergängen (links) und np-Übergängen (rechts).

4.2 Grundmodell einer kristallinen Solarzelle

Wir betrachten das SHOCKLEY-Modell des abrupten np-Überganges. Die Abb. 4.2a zeigt die Geometrie der betrachteten np-Diode. Links liegt der Emitter aus n-leitendem Material (n-HL), rechts die erheblich tiefere Basis ($d_{em} \ll d_{ba}$) aus p-leitendem Material (p-HL). Diese Anordnung berücksichtigt, dass innerhalb der tiefen p-Basis die Elektronen als Minoritätsträger den Photostrom erzeugen. Da die Elektronen eine sehr viel größere Diffusionskonstante als die Löcher haben, ist der sich ergebende Photostrom bei gleicher Überschussdichte von Elektronen und Löchern in diesem Fall um den Faktor D_n/D_p (≈ 3) größer. Die Emitterdotierung wird sehr hoch gewählt, damit die RLZ schnell abklingt

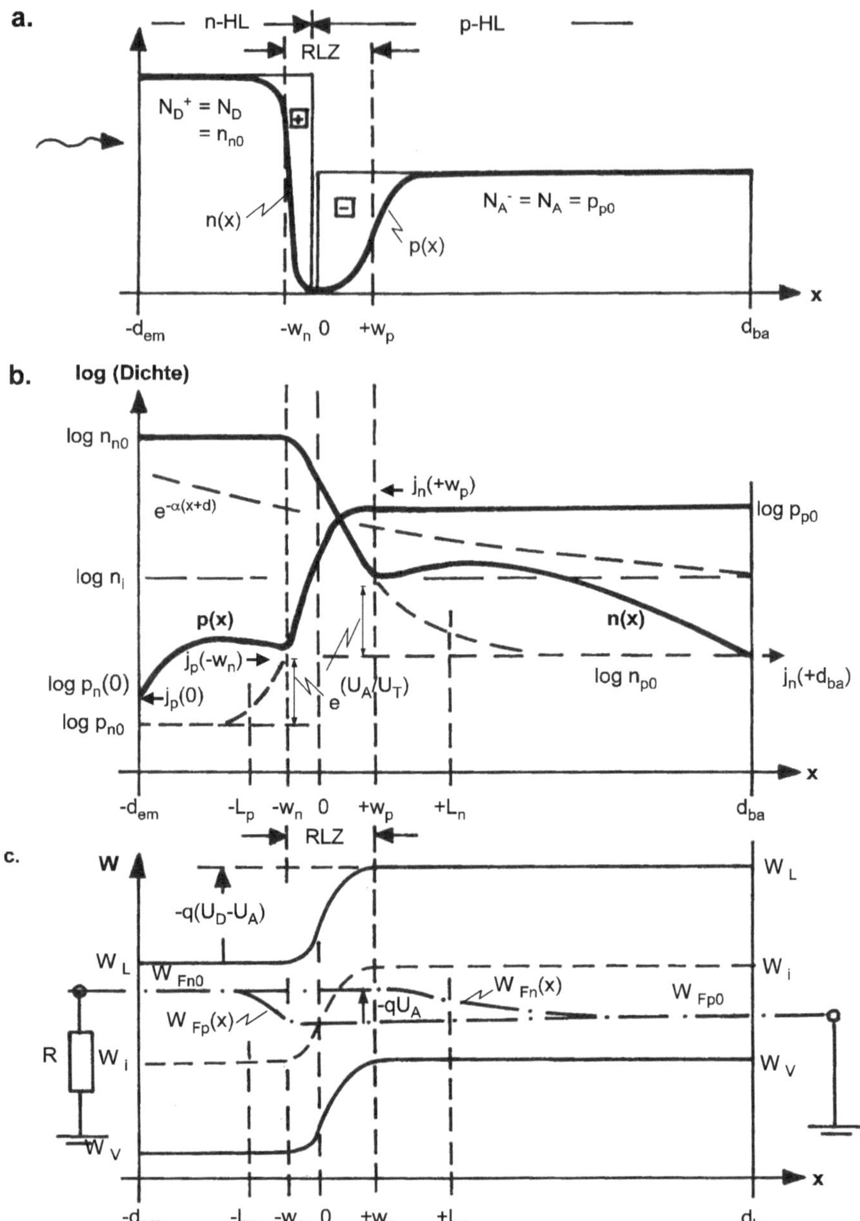

Abb. 4.2:   Modell des abrupten np-Überganges mit Beleuchtung durch das n-Gebiet. Die Pfeile der Ströme in b. zeigen den Ort und nicht die Richtung an.

und somit dünne Emitter präpariert werden können, gerade so breit, dass die Emitter - RLZ voll ausgebildet ist. Das Bauelement wird eindimensional beschrieben, der Nullpunkt der x-Achse liegt im Kontaktpunkt der Bereiche unterschiedlichen Leitungstypes, am Orte des *metallurgischen Überganges*. Schließlich zeigt Abb. 4.2c das Energiebänder-Modell mit den *Quasi-Fermi-Energien* als Maß für das durch optische Generation erzeugte Nicht-gleichgewicht im Bauelement (im Gleichgewicht gilt $W_{fn} = W_{fp}$).

Die Abb. 4.2b zeigt den schematisierten Verlauf der Konzentrationsprofile aller beteiligten Ladungen für einen Arbeitspunkt $U > 0$. Die Überschussladungen folgen in den Bahn-gebieten dem durch die Absorption vorgegebenen exponentiellen Verlauf. Am Raum-ladungszonenrand erkennt man

1. die dem Arbeitspunkt (U_A, I_A) entsprechenden Abweichungen der Konzentrationen vom Gleichgewichtswert um den BOLTZMANN-Faktor $\exp(U_A/U_T) > 1$ (mit $U_T = kT/q$) und

2. die beiden Anteile des Photostromes $j_p(-w_n)$ und $j_n(+w_p)$, die als Teilchen-Diffusionsströme aus den (in Abb. 4.2 nicht eingezeichneten) Tangenten an die Konzentrationsprofile am RLZ-Rand gebildet werden und als Summe den Photostrom bestimmen:

$$j_p(-w_n) \sim - \operatorname{grad}(\, p(-w_n)\,) > 0, \qquad j_n(+w_p) \sim + \operatorname{grad}(\, n(+w_p)\,) > 0.$$

Hier erkennt man anschaulich, dass am np-Übergang der Photostrom entsprechend Abb. 4.2 ein positives Vorzeichen trägt.

Weiterhin zeigt Abb. 4.2b an der Oberfläche ($x = -d_{em}$) Oberflächenrekombination und an der Rückseite ($x = d_{ba}$) den vollständigen Abbau der Überschussladungen. In beiden Gebieten (Emitter und Basis) entstehen dabei Profile ähnlich denjenigen des in Abschnitt 3.5 betrachteten homogenen Halbleiters.

Als Folge der SHOCKLEYschen Voraussetzungen lässt sich der Gesamtstrom einer Halbleiterdiode durch die Summe der Minoritätsträgerströme an den Grenzen der RLZ aus-drücken. Wegen des großen Beitrages zum Photostrom aus der Basis in den dominierenden Silizium-Solarzellen wird zunächst dieser Anteil diskutiert.

4.2.1 Elektronenstrom

Die Annahme der Feldfreiheit in dem p-leitenden Bahngebiet erlaubt es, den Minoritäts-trägerstrom durch seinen Diffusionsanteil zu nähern. In der Basis ergibt sich der Elektronenstrom aus dem **Gradienten der Elektronendichte am RLZ-Rand** folglich zu

$$j_{n,diff}(\lambda,U)\Big|_{x=w_p} = qD_n \frac{\partial\, n(x)}{\partial\, x}\Big|_{x=w_p} . \tag{4.2}$$

Die stationäre Bilanzgleichung der Elektronen lautet

$$0 = \frac{1}{q} \cdot \frac{\partial\, j_n(x)}{\partial x} - \frac{\Delta n(x)}{\tau_n} + G(x,\lambda) \quad \text{mit } \Delta n(x) = n(x) - n_{p0} \quad . \tag{4.3}$$

Darin ist n_{p0} die Gleichgewichtskonzentration der Elektronen in der Basis. Durch Einsetzen und Beachtung von $L_n^2 = D_n \cdot \tau_n$ erhält man die Diffusionsgleichung der Elektronen

$$\frac{\partial^2\, \Delta n(x)}{\partial x^2} - \frac{\Delta n(x)}{L_n^2} = - \frac{G_0(\lambda)}{D_n} \cdot e^{-\alpha(\lambda)\left(x + d_{em}\right)} \quad . \tag{4.4}$$

Sie wird im Anhang 2 unter Beachtung der Randbedingungen gelöst. Am Rand der Raumladungszone erfolgt eine Anhebung der Ladungsträgerkonzentration um den BOLTZMANN-Faktor (Die Fluss-Spannung wird hier aus didaktischen Gründen mit positivem Vorzeichen verrechnet, obwohl sie in der np-Struktur ein negatives Vorzeichen aufweist.)

$$\lim_{w_p \to 0} \Delta n(x = w_p) = n_{p0} \left(e^{U/U_T} - 1 \right). \tag{4.5}$$

Am rückwärtigen Ende des Bauelementes erfolgt eine vollständige Umwandlung des Minoritätsträgerdiffusionsstromes in Oberflächenrekombinationsstrom

$$-q \cdot s_n \cdot \Delta n(x = d_{ba}) = + q\, D_n \left. \frac{\partial\, \Delta n(x)}{\partial x} \right|_{x=d_{ba}} \quad . \tag{4.6}$$

Die Lösung lautet

$$j_{n,diff}\,(\lambda, U)\big|_{x=0} = q\, D_n \left. \frac{\partial\, \Delta n(x)}{\partial x} \right|_{x=0}$$

$$= -q\, n_i^2\, \frac{D_n}{L_n N_A} \left(e^{U/U_T} - 1 \right) \frac{\dfrac{D_n}{L_n} \sinh \dfrac{d_{ba}}{L_n} + s_n \cdot \cosh \dfrac{d_{ba}}{L_n}}{\dfrac{D_n}{L_n} \cosh \dfrac{d_{ba}}{L_n} + s_n \cdot \sinh \dfrac{d_{ba}}{L_n}} + \frac{q\, L_n G_0(\lambda)}{1 - \alpha(\lambda)^2\, L_n^2} \cdot e^{-\alpha(\lambda)\, d_{em}} \tag{4.7}$$

$$\cdot \left[-\alpha(\lambda)\, L_n + \frac{\left(D_n\, \alpha(\lambda) - s_n \right) e^{-\alpha(\lambda)\, d_{ba}} + \dfrac{D_n}{L_n} \sinh \dfrac{d_{ba}}{L_n} + s_n \cdot \cosh \dfrac{d_{ba}}{L_n}}{\dfrac{D_n}{L_n} \cosh \dfrac{d_{ba}}{L_n} + s_n \cdot \sinh \dfrac{d_{ba}}{L_n}} \right] \quad .$$

Der zweite Summand ist der wesentliche Anteil des Photostromes $j_{n,phot}$, und es gilt entsprechend Gl. 4.1 für einen np-Übergang

$$j_n(U,\lambda, x = 0) = - j_{n0} \cdot (e^{U/U_T} - 1) \; + \; j_{n,phot}(\lambda) \; . \tag{4.8}$$

Der Dunkelstrom des np-Überganges weist ein negatives Vorzeichen auf, wie es nach unseren Überlegungen erwartet wurde. Der Photostrom fließt in die entgegengesetzte Richtung. Dies wird klar, wenn man einmal von einer sehr dicken Basis ($d_{ba}{\to}\infty$) ausgeht. Dann vereinfacht sich der Strom zu

$$j_{n,diff}(\lambda, U)\big|_{x=0} = -q\, n_i^2 \, \frac{D_n}{L_n N_A}\left(e^{U/U_T} - 1\right) \; + \; \frac{q\, L_n\, G_o(\lambda)}{1 + \alpha(\lambda)\, L_n} \cdot e^{-\alpha(\lambda)\, d_{em}} \quad . \tag{4.9}$$

Setzt man für die Generationsrate an der Oberfläche $G_0(\lambda) = \Phi_{p0}(\lambda) \cdot \alpha(\lambda)\,/\,A$ ein, so erhält man (unter Vernachlässigung der Reflexionsverluste)

$$j_{n,diff}(\lambda, U)\big|_{x=0} = -q\, n_i^2 \, \frac{D_n}{L_n N_A}\left(e^{U/U_T} - 1\right) \; + \; \frac{q\, \Phi_{po}(\lambda)}{A} \cdot \frac{\alpha(\lambda)\, L_n}{1 + \alpha(\lambda)\, L_n} \cdot e^{-\alpha(\lambda)\, d_{em}} \quad . \tag{4.10}$$

Man erkennt, dass dem technologischen Parameter Diffusionslänge eine zentrale Rolle bei dem Betrieb von Solarzellen zukommt. Dies gilt insbesondere im roten Bereich des Spektrums, wo der Absorptionskoeffizient stark absinkt. Auch der Dunkelstrom wird merklich von L_n beeinflusst. Große Diffusionslängen führen zur Verringerung seines Betrages und ermöglichen so eine Erhöhung der Leerlaufspannung. L_n tritt in Gl. 4.10 in Kombination mit dem Absorptionskoeffizienten $\alpha(\lambda)$ als Produkt $\alpha \cdot L_n$ auf. Diesem Produkt wird besondere Aufmerksamkeit zu widmen sein.

4.2.2 Löcherstrom

Die Herleitung des Emitterstromanteiles, der ausschließlich durch den Löcherdiffusionsstrom im n-leitenden Halbleiter genähert wird, verläuft vollkommen analog zu der des Basis-stromanteiles im vorstehenden Kapitel. Für den Diffusionsstrom der Löcher am emitter-seitigen RLZ-Rand gilt der entsprechende **Gradient der Löcherdichte**

$$j_{p,diff}(\lambda, U)\big|_{x=-w_n} = - \, q\, D_p \, \frac{\partial\, p(x)}{\partial x}\bigg|_{x=-w_n} \quad . \tag{4.11}$$

Die stationäre Bilanzgleichung der Löcher lautet

$$0 = -\frac{1}{q} \cdot \frac{\partial\, j_p(x)}{\partial x} - \frac{\Delta p(x)}{\tau_p} + G(x,\lambda) \quad \text{mit } \Delta p(x) = p(x) - p_{n0} \quad . \tag{4.12}$$

Folglich lautet die Diffusionsgleichung der Löcher

$$\frac{\partial^2 \Delta p(x)}{\partial x^2} - \frac{\Delta p(x)}{L_p^2} = -\frac{G_0(\lambda)}{D_p} \cdot e^{-\alpha(\lambda)\left(x + d_{em}\right)} . \tag{4.13}$$

Hier gelten ebenfalls die Randbedingungen 1.) Anhebung der Ladungsträgerkonzentration um den BOLTZMANN-Faktor am Rand der Raumladungszone (auch hier wird die Flussspannung aus didaktischen Gründen mit positivem Vorzeichen verrechnet, obwohl sie in der np-Struktur ein negatives Vorzeichen aufweist.)

$$\lim_{-w_n \to 0} \Delta p(x = -w_n) = p_{n0} \left(e^{U/U_T} - 1 \right) \tag{4.14}$$

und 2.) vollständige Umwandlung des Minoritätsträgerdiffusionsstromes in Rekombinationsstrom an der vorderen Oberfläche des Bauelementes

$$-q \cdot s_p \cdot \Delta p(x = -d_{em}) = -q\, D_p \left. \frac{\partial \Delta p(x)}{\partial x} \right|_{x = -d_{em}} . \tag{4.15}$$

Die Lösung kann den gleichen Weg wie für die Bestimmung des Elektronenstromes gehen (analog Anhang 2) oder durch einige Überlegungen direkt aus dem Ergebnis des Elektronenstromes in Gl. 4.7 gefunden werden. Hier wird der zweite Weg eingeschlagen.

1. Es werden systematisch die Eigenschaften der Elektronen durch die der Löcher ersetzt

$$n \to p, \quad -q \to q, \quad L_n \to L_p, \quad D_n \to D_p .$$

2. Die elektrischen und geometrischen Eigenschaften der Basis werden durch die des Emitters ersetzt

$$N_A \to N_D, \quad d_{ba} \to -d_{em} .$$

3. Die Generationsrate an der Basisrückseite wird durch die an der Emitteroberfläche ersetzt

$$e^{-\alpha(\lambda)\, d_{ba}} \to e^{\alpha(\lambda)\, d_{em}} .$$

4. Schließlich ist zu berücksichtigen, dass die Gradienten der Minoritätsträgerkonzentration zu den jeweiligen Oberflächen geneigt sind. Folglich weist der Gradient der Elektronenkonzentration an der Rückseite ein negatives, der der Löcherkonzentration an der Oberfläche ein positives Vorzeichen auf. Entsprechend wechselt das Vorzeichen des Diffusionsstromes der photogenerierten Ladungsträger, was zu einem Vorzeichenwechsel bei der Substitution der Oberflächenrekombinationsgeschwindigkeit führt (siehe Gln. 4.6 und 4.15)

$$s_n \to -s_p .$$

Unter Beachtung dieser Überlegungen erhält man den Emitterstromanteil

$$j_{p,\text{diff}}\,(\lambda,U)\Big|_{x=0} = -q\,D_p\,\frac{\partial\,\Delta p(x)}{\partial x}\bigg|_{x=0}$$

$$= -q\cdot n_i^2\cdot\frac{D_p}{L_p N_D}\cdot\left(e^{U/U_T}-1\right)\cdot\frac{\dfrac{D_p}{L_p}\sinh\dfrac{d_{em}}{L_p}+s_p\cdot\cosh\dfrac{d_{em}}{L_p}}{\dfrac{D_p}{L_p}\cosh\dfrac{d_{em}}{L_p}+s_p\cdot\sinh\dfrac{d_{em}}{L_p}}+\frac{q\,L_p G_0(\lambda)}{1-\alpha(\lambda)^2\,L_p^2}\cdot e^{-\alpha(\lambda)\cdot d_{em}}$$

$$\cdot\left[\alpha(\lambda)\cdot L_p+\frac{\left(-D_p\cdot\alpha(\lambda)-s_p\right)e^{\alpha(\lambda)\cdot d_{em}}+\dfrac{D_p}{L_p}\sinh\dfrac{d_{em}}{L_p}+s_p\cdot\cosh\dfrac{d_{em}}{L_p}}{\dfrac{D_p}{L_p}\cosh\dfrac{d_{em}}{L_p}+s_p\cdot\sinh\dfrac{d_{em}}{L_p}}\right]\cdot$$

$$\tag{4.16}$$

Auch für den Emitter erhalten wir also einen Ausdruck entsprechend Gl. 4.1 für einen np-Übergang

$$j_p(U,\lambda,x=0) = -j_{p0}\cdot(e^{U/U_T}-1)+j_{p,phot}(\lambda)\,. \tag{4.17}$$

4.2.3 Gesamtstrom

Mit den Ergebnissen für den Elektronen- und den Löcherstrom aus Gln. 4.7/8 und 4.16/17 kann nunmehr der Gesamtstrom einer np-Solarzelle angegeben werden

$$j(U,\lambda) = j_n(U,\lambda,x=0)\ +\ j_p(U,\lambda,x=0)$$

$$= -(j_{n0}+j_{p0})\cdot(e^{U/U_T}-1)\ +\ j_{n,phot}(\lambda)\ +\ j_{p,phot}(\lambda) \tag{4.18a}$$

$$= -j_0\cdot(e^{U/U_T}-1)\ +\ j_{phot}(\lambda)\ \,.$$

Es wird nochmals auf die Vorzeichenregelung gemäß Gl. 4.1 hingewiesen. Insofern setzen wir hier

$$j(U,\lambda) = j_0\cdot(e^{U/U_T}-1)\ -\ j_{phot}(\lambda)$$
$$mit\ j_0,\,j_{phot}>0\,. \tag{4.18b}$$

Damit sind wir auch für die np-Solarzelle wieder zur geläufigen Diodenbeschreibung (zum „pn"-Übergang) zurückgekehrt. Die in der Sperrsättigungsstromdichte j_0 und der Photostromdichte j_{phot} enthaltenen Ausdrücke sollen abschließend diskutiert werden. Die Sperrsättigungsstromdichte lautet

$$j_0 = q\,n_i^2 \cdot \left(\frac{D_p}{L_p N_D} \frac{\dfrac{D_p}{L_p}\sinh\dfrac{d_{em}}{L_p} + s_p \cdot \cosh\dfrac{d_{em}}{L_p}}{\dfrac{D_p}{L_p}\cosh\dfrac{d_{em}}{L_p} + s_p \cdot \sinh\dfrac{d_{em}}{L_p}} + \frac{D_n}{L_n N_A} \frac{\dfrac{D_n}{L_n}\sinh\dfrac{d_{ba}}{L_n} + s_n \cdot \cosh\dfrac{d_{ba}}{L_n}}{\dfrac{D_n}{L_n}\cosh\dfrac{d_{ba}}{L_n} + s_n \cdot \sinh\dfrac{d_{ba}}{L_n}} \right).$$

$$\tag{4.19}$$

Darin wiederholt sich ein Faktor G_{f0}, der den Einfluss der endlichen Bauelementgeometrie beschreibt

$$G_{f0} = \frac{\dfrac{D}{L}\sinh\dfrac{d}{L} + s \cdot \cosh\dfrac{d}{L}}{\dfrac{D}{L}\cosh\dfrac{d}{L} + s \cdot \sinh\dfrac{d}{L}}. \tag{4.20}$$

Ist das betreffende Bahngebiet lang gegenüber der Diffusionslänge, so nähern sich die Werte der hyperbolischen Sinus- und der Kosinusfunktion einander an und es ergibt sich

$$G_{f0} \;\rightarrow\; 1 \, .$$

In diesem Fall spielt die Oberflächenrekombination keine Rolle mehr. Besitzt die Basis eine endliche Ausdehnung ($d \le L$) bei gleichzeitiger optimaler elektrischer Passivierung der Oberfläche ($s = 0$), so strebt

$$G_{f0} \rightarrow \tanh\left(\frac{d}{L}\right) \, .$$

Die begrenzte Länge der Probe führt zu einer Verringerung von j_0, da nicht alle durch den np-Übergang diffundierten Minoritätsträger in dem endlichen Bahngebiet rekombinieren können und so zum Stromfluss beitragen. Schließlich wollen wir annehmen, die Rekombinations-geschwindigkeit übertreffe die Geschwindigkeit, mit der die Ladungsträger diffundieren, erheblich ($D/L << s$), dann gilt

$$G_{f0} \rightarrow \coth\left(\frac{d}{L}\right) \, .$$

In diesem Fall gehen an der Oberfläche so viele Ladungsträger durch Rekombination verloren, dass über den np-Übergang zusätzliche Ladungen nachgeliefert werden. Die Sätti-gungsstromdichte steigt an.

Insgesamt kann festgestellt werden, dass der Geometriefaktor G_{f0} eine Gewichtung von Rekombination im Volumen und an der Oberfläche bei endlicher Probengeometrie vornimmt.

Die Gesamtphotostromdichte lautet (wieder mit $R(\lambda) = 0$)

$$j_{phot}(\lambda) = j_{phot,Basis}(\lambda) + j_{phot,Emitter}(\lambda) = \frac{q\,\Phi_p(\lambda)}{A} \cdot e^{-\alpha(\lambda)\,d_{em}}$$

$$\cdot \left\{ \frac{\alpha(\lambda)\,L_n}{1-\alpha(\lambda)^2\,L_n^2} \cdot \left[-\alpha(\lambda)\,L_n + \frac{\left(D_n\,\alpha(\lambda) - s_n\right)\,e^{-\alpha(\lambda)\,d_{ba}} + \dfrac{D_n}{L_n}\sinh\dfrac{d_{ba}}{L_n} + s_n \cdot \cosh\dfrac{d_{ba}}{L_n}}{\dfrac{D_n}{L_n}\cosh\dfrac{d_{ba}}{L_n} + s_n \cdot \sinh\dfrac{d_{ba}}{L_n}} \right] \right.$$

$$\left. + \frac{\alpha(\lambda)\,L_p}{1-\alpha(\lambda)^2\,L_p^2} \cdot \left[\alpha(\lambda)\,L_p + \frac{\left(-D_p\,\alpha(\lambda) - s_p\right)\,e^{\alpha(\lambda)\,d_{em}} + \dfrac{D_p}{L_p}\sinh\dfrac{d_{em}}{L_p} + s_p \cdot \cosh\dfrac{d_{em}}{L_p}}{\dfrac{D_p}{L_p}\cosh\dfrac{d_{em}}{L_p} + s_p \cdot \sinh\dfrac{d_{em}}{L_p}} \right] \right\}.$$

$$(4.21)$$

Im Ausdruck für den Photostrom spielt ein um die Einsammlung photogenerierter Ladungsträger an den Bauelementgrenzen erweiterter Geometriefaktor G_{fphot} eine große Rolle. Dieser wird für eine dicke Basis ($\alpha(\lambda)\cdot d_{ba} > 1$) gleich G_{f0}. Dabei ist zu beachten, dass ein hoher Wert des Geometriefaktors $G_{f0} = G_{fphot}$ durch hohe Oberflächenrekombination oder eine geringe Diffusionslänge sowohl für den Sperrsättigungsstrom eine Erhöhung und damit für die Leerlaufspannung eine Verringerung als auch für den Photostrom eine Verringerung bedeutet. Damit werden die photovoltaischen Eigenschaften einer Solarzelle gleichzeitig auf zweierlei Weise beeinträchtigt.

Schließlich wollen wir abschätzen, welcher maximale Photostrom in der Solarzelle generiert werden kann. Voraussetzung sei, dass Beiträge ausschließlich aus einer unendlichen Basis ($d_{ba}\rightarrow\infty$) geleistet werden. Dies ist bei vernachlässigbarer Emitterdicke ($d_{em}\rightarrow 0$) der Fall. Die Sammlung in der Basis sei optimal, also $L_n \gg 1/\alpha$. Dann erhält man aus Gl. 4.21 $j_{phot}(\lambda) = q\cdot\Phi_{p0}(\lambda)/A$. Dieses Ergebnis entspricht der Annahme aus dem 3. Kapitel, dass jedes absorbierte Photon mit genau einem Ladungsträgerpaar zum Photostrom beiträgt.

4.2.4 Spektrale Empfindlichkeit

Die *spektrale Empfindlichkeit* einer Solarzelle ist definiert als das Verhältnis der Kurzschlussstromdichte j_k zu einer monochromatischen Bestrahlungsstärke E

$$S(\lambda) = \frac{\left|j_k(\lambda)\right|}{E(\lambda)}.$$

$$(4.22)$$

Die Betragszeichen deuten die Verwendbarkeit des Zusammenhanges sowohl für np- als auch für pn-Solarzellen an. Die Bestimmung der spektralen Empfindlichkeit erfolgt durch Messung der Kurzschlussstromdichte in $A\cdot m^{-2}$ bei schmalbandiger ($\Delta\lambda \approx 10..50\,nm$) Beleuchtung mit der Bestrahlungsstärke $E(\lambda)$ in $W\cdot m^{-2}$ (siehe Tafel auf S. 73). Man erhält $S(\lambda)$ in der Einheit

A/W. Wenn man den Kurzschlussstrom auf die Elementarladung und die Bestrahlungsstärke auf die Energie eines Photons bezieht, erhält man den *äußeren Quantensammelwirkungsgrad*. Dieser bewertet die Anzahl der pro Zeit die Solarzelle verlassenden Ladungen mit der Anzahl der in gleicher Zeit auf die Solarzelle auftreffenden Photonen („Elementarladungen pro Photonen")

$$Q_{ext}(\lambda) = \frac{\left| j_k(\lambda) \right|}{q} \cdot \frac{h\nu}{E(\lambda)} = \frac{hc}{q\lambda} \cdot \frac{\left| j_k(\lambda) \right|}{E(\lambda)} = \frac{hc}{q\lambda} \cdot S(\lambda) \, . \tag{4.23}$$

Es ist zwischen *äußerem* und *innerem Quantensammelwirkungsgrad* zu unterscheiden, da ein Teil der Strahlung nicht in das Bauelement eindringt, sondern an der Oberfläche reflektiert wird. In die Berechnung des *inneren Quantensammelwirkungsgrades* gehen nur diejenigen Lichtquanten ein, die in die Solarzelle hinein gelangen

$$Q_{int}(\lambda) = \frac{Q_{ext}(\lambda)}{1 - R(\lambda)} \, . \tag{4.24}$$

Mithin gilt für $R(\lambda) > 0$ die Beziehung $Q_{int}(\lambda) > Q_{ext}(\lambda)$, weil entsprechend Gl.4.23 die in die Solarzelle eindringende Bestrahlungsstärke $E(\lambda)$ nach Reflexion gegenüber ihrem ursprünglichen Wert verringert ist.

Daher ist der innere Quantensammelwirkungsgrad diejenige Größe, mit der die Ladungsträgertrennung und -sammlung physikalisch detailliert beschrieben wird. Die Vermessung der spektralen Empfindlichkeit ist eine der aussagekräftigsten nichtzerstörenden Untersuchungen an Solarzellen, da die Eindringtiefe der Strahlung mit der Wellenlänge variiert. Als Folge wirken einzelne Parameter, die lokale Einflussgrößen sind, nur in bestimmten Bereichen auf den Verlauf der spektralen Empfindlichkeit und können somit getrennt von anderen betrachtet werden. Im „blauen" Spektralbereich erkennt man eher die Oberflächeneigenschaften und die des Emitters, während im langwelligen „Roten" vor allem die Basisparameter wirksam werden. So sind Aussagen über Diffusionslängen, Rekombinationsgeschwindigkeiten, Schichtdicken und die Materialzusammensetzung möglich. In Abb 4.3 ist der Verlauf einer idealen spektralen Empfindlichkeit und die Wirkung einiger Verlustmechanismen aufgetragen. Besonders deutlich wird darin der Einfluss des Bandabstandes, der den Rückgang der spektralen Empfindlichkeit oberhalb einer Grenzwellenlänge λ_{max} (also $W < \Delta W$) verursacht.

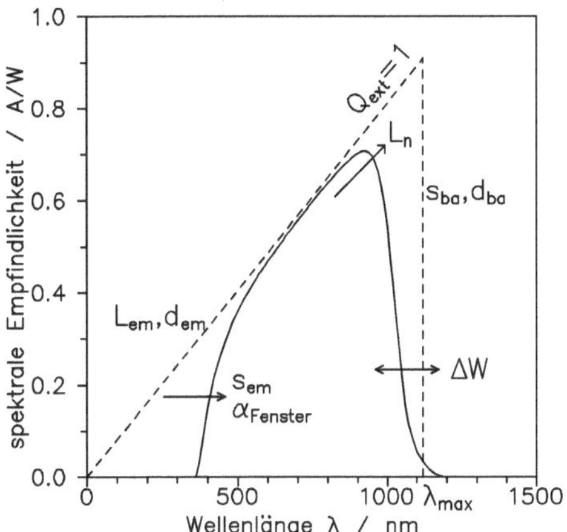

Abb. 4.3:   Schematischer Verlauf der spektralen Empfindlichkeit einer Solarzelle und Wirkung lokaler Einflussgrößen. Spätere Kapitel geben Beispiele für gemessene Verläufe von $S(\lambda)$ und $Q_{ext}(\lambda)$ an.

4.3 Bestrahlung mit einem Standardspektrum

Wir erweitern nun unsere Betrachtungen im Hinblick auf das verwendete Licht. Bislang waren wir davon ausgegangen, dass die photovoltaisch erzeugte Photostromdichte $j_{phot}(\lambda)$ stets *monochromatisch* angeregt wurde, d.h. die Folge eines schmalbandigen Wellenlängenintervalles $\Delta\lambda$ darstellte, das zwischen den Wellenlängen λ und $\lambda + \Delta\lambda$ liegt. Genau genommen kann man innerhalb eines verschwindend kleinen Wellenlängenintervalles aber nur verschwindend geringe Strahlungsleistung abstrahlen, die dann *spektral* bewertet wird. Den Definitionen in Abb. 3.5 entsprechend werden alle errechneten spektralen Größen auf ein differentielles Wellenlängenintervall bezogen und z.B. pro Nanometer (nm^{-1}) bewertet.

Nun wollen wir alle Größen *integral* anregen und uns dabei auf einen vorgegebenen spektralen Verlauf der Strahlungsleistungsdichte beziehen. Ein einfaches, aber experimentell schwer realisierbares Spektrum ist die in einem Spektralbereich zwischen den Wellenlängen λ_1 und $\lambda_2 > \lambda_1$ konstante Bestrahlungsstärke $E(\lambda)$, die damit bei der geringeren Wellenlänge λ_1 auch zu geringerer Photonenstromdichte $\Phi_p(\lambda)$ / A führt. Umgekehrt erfordert eine konstante Photonenstromdichte eine mit fallender Wellenlänge ansteigende Bestrahlungsstärke (s. Gl. 3.12).

Ein für uns wichtiges integrales Spektrum ist das Sonnenspektrum mit seinen unterschiedlichen spektralen Verläufen (AM0, AM1,5, ...). Wir müssen für alle Größen eine Integration über den Wellenlängenbereich vornehmen, in dem eine spektrale Verteilung vorliegt, z.B. für das Standardspektrum AM1,5 entsprechend dem Anhang A3. Im Sinne der Abb. 3.5 erhält man dann für die *integrale Bestrahlungsstärke* (z.B. beim AM1,5-Spektrum im Bereich 0,305 µm $\leq \lambda \leq$ 4,045 µm)

$$E = \int_{\lambda_2}^{\lambda_1} E_\lambda(\lambda)\, d\lambda \quad \text{in mW/cm}^2 \ . \tag{4.25}$$

Mit der Gl. 4.8 und 4.17 sowie 3.20 ergibt sich für die *integralen Stromdichten*

$$\left. \begin{aligned} j_{n,phot}(E) &= \int_{\lambda_1}^{\lambda_2} j_{n,phot,\lambda}(E_\lambda(\lambda))\, d\lambda \\[2em] j_{p,phot}(E) &= \int_{\lambda_1}^{\lambda_2} j_{p,phot,\lambda}(E_\lambda(\lambda))\, d\lambda \end{aligned} \right\} \quad \text{in mA/cm}^2 \tag{4.26}$$

und für die integrale Bestrahlungsstärke nach Gl. 4.25 die *integrale Gesamtstromdichte*

$$j_{phot}(E) = j_{n,phot}(E) + j_{p,phot}(E) \ . \tag{4.27}$$

Damit gelangen wir zu der technisch wichtigen Kennlinie des integral beleuchteten np-Überganges für ein bestimmtes Spektrum und eine Bestrahlungsstärke E

$$j(U,E) \ = \ j_0 \cdot (e^{U/U_T} - 1) \ - \ j_{phot}(E) \quad \text{(Strom-Spannungs-Kennlinie)} \ . \tag{4.28}$$

Die Abb. 5.2-4 zeigen für alle diskutierten Variationen der Emitter- und Basis-Parameter die *Generator-Kennlinien* j(U, E) im Bereich $0 \leq U \leq U_L$ für ein globales AM1,5-Spektrum (1000 Wm^{-2}). Man erkennt den starken Einfluss der Diffusionslänge und den der Dotierung in der Basis.

Strom-Spannungs-Kennlinien lassen sich messtechnisch einfach erfassen und sind meist das wichtigste technische Beurteilungskriterium von Solarzellen neben der spektralen Empfindlichkeit (bzw. dem externen Quantenwirkungsgrad). Man gewinnt den vollen Verlauf durch Veränderung des Lastwiderstandes R (s. Abb. 4.1 und die Tafel auf S. 73).

4.4 Technische Solarzellen-Parameter

Von der integral beleuchteten Solarzelle und ihrer Generator-Kennlinie abgeleitet wird der maximale *Energiewandlungs-Wirkungsgrad* η_{AMx}

$$\eta_{AMx} = \frac{j_m \cdot U_m}{E(AMx)} \quad . \tag{4.29}$$

Zur Definition wird die maximal von der Solarzelle wandelbare photovoltaische Leistungsdichte herangezogen, die man durch den Maximalwert des Produktes der Kennlinien-Werte j_m und U_m (s. Abb. 4.4) erhält und die man auf die eingestrahlte Strahlungsleistungsdichte E (AMx) des Spektrums AMx bezieht. Graphisch bedeutet dies das größte in die Generator-Kennlinie j(U, E) einzeichenbare Rechteck mit dem *optimalen Arbeitspunkt*. Da der Energiewandlungs-Wirkungsgrad die Qualität der photovoltaischen Energiewandlung mit einem einzigen Zahlenwert beschreibt, ist er die wichtigste Kenngröße einer Solarzelle. Die höchsten Wirkungsgrade η erzielte man für c-Silizium mit Laborexemplaren unter stark konzentriertem Sonnenlicht $\eta_{(100 \times \mathrm{AM1,5})} = 26{,}5\%$ /Ver87/. Mit Solarzellen aus der Produktion erreicht man derzeit $\eta_{\mathrm{AM1,5}} \approx 15...18\%$.

Am optimalen Arbeitspunkt wird eine weitere wichtige technische Kenngröße definiert, der *Füll- oder Kurvenfaktor* FF

$$FF = \frac{j_m \cdot U_m}{j_k \cdot U_L} \ . \tag{4.30}$$

Hier werden zwei j·U-Rechtecke miteinander verglichen: das einbeschriebene Rechteck $j_m U_m$ innerhalb des größeren $j_k \cdot U_L$. Beide hängen vom integralen Spektrum ab. Die erzielten FF-Werte bleiben stets kleiner als 1 und liegen für c-Si (AM1,5) zwischen 0,75 und 0,85. Eine einfache empirische Beziehung zur Abschätzung des Füllfaktors in kristallinen Solarzellen /Gre82/ lautet

$$FF = \frac{U_L}{U_T} \bigg/ \left(\frac{U_L}{U_T} + 4{,}7 \right) \quad \text{für} \quad \frac{U_L}{U_T} > 10 \ . \tag{4.31}$$

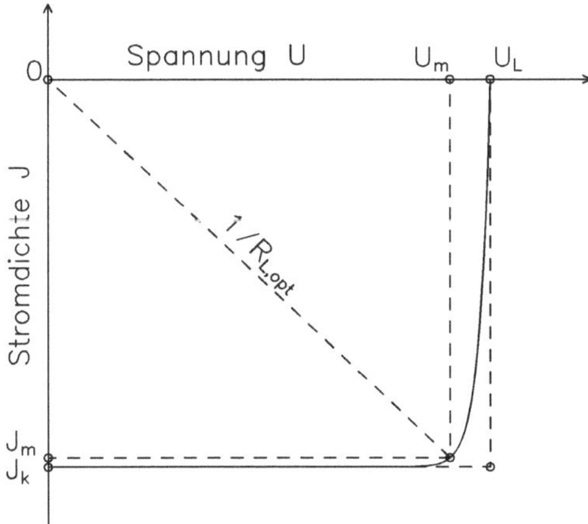

Abb. 4.4:   Zur Definition von Energiewandlungs-Wirkungsgrad η und Füllfaktor FF.

4.5 Das Ersatzschaltbild einer kristallinen Solarzelle

Jedes elektrische Bauelement kann durch ein Ersatzschaltbild bestehend aus Strom- und Spannungsquellen, aus elektrischen Widerständen, Kapazitäten und Induktivitäten beschrieben werden. Für reale Solarzellen ist besonders interessant, wie sich Dunkel- und Generator-Kennlinien durch Ersatzschaltbildgrößen beschreiben lassen.

Im einfachsten Fall (Abb. 4.5) repräsentieren zwei parasitäre Widerstände – einer parallel zur Photostromquelle, einer dazu in Serie – sämtliche Verlustwiderstände in Halbleitergebieten und Kontakten. Im Idealfall gilt $R_S = 0$ und $R_P \rightarrow \infty$. Zum Photostrom parallel liegt ferner mindestens diejenige Diode, die durch das SHOCKLEY-Modell beschrieben wird. In vielen Fällen kommt man dabei mit einer einzelnen exp-Funktion zur Beschreibung der Solarzelle aus, wenn die Breite der Raumladungszone keine Rolle spielt und nur die Neutralzonen-Rekombination berücksichtigt wird. Bei Halbleitern mit größerem Bandabstand ist ein weiterer mit der Spannung exponentiell anwachsender Strom von Bedeutung, der durch die im SHOCKLEY-Modell vernachlässigte Rekombination in der Raumladungszone verursacht wird. Die Strom-Spannung-Kennlinie wird zusammengefasst in der Form

$$I(U,E) = I_0 \cdot \left(e^{(U - I \cdot R_S)/U_T} - 1 \right) + I_{RLZ} \cdot \left(e^{(U - I \cdot R_S)/2U_T} - 1 \right) + \frac{U - I \cdot R_S}{R_P} - I_{phot}(E).$$

$$(4.32)$$

Hier werden I_0 durch Gl. 4.19, I_{RLZ} durch Gl. 7.2 und I_{phot} durch Gl. 4.21 beschrieben, stets gilt dabei $j = I / A$. Die Dunkelkennlinie entsteht für $I_{phot} = 0$. In Abb. 4.6 sind Beispiele einer Generator-Kennlinie in linearer Darstellung und einer Dunkelkennlinie in der üblichen halblogarithmischen Form aufgetragen. Aus beiden Kennlinien lassen sich der Serienwiderstand im Flussbereich und der Parallelwiderstand (wenn gilt $R_P \gg R_S$) im Kurzschluss bestimmen. Typische Werte sind $R_S = (0{,}05 \dots 0.5\ \Omega)$ und $R_P > 1\ k\Omega$.

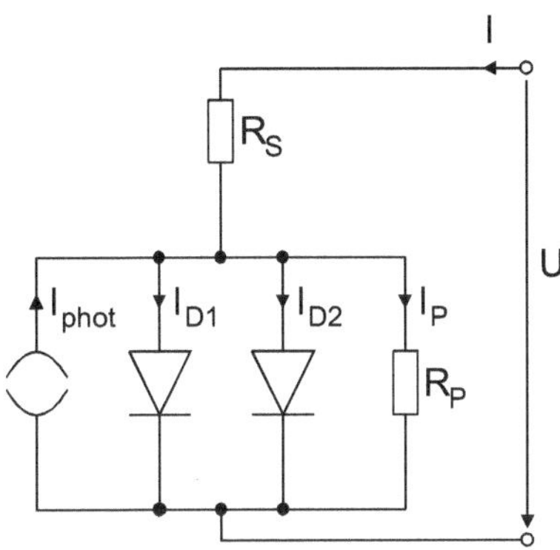

Abb. 4.5:   Zwei-Dioden-Ersatzschaltbild einer kristallinen pn-Solarzelle.

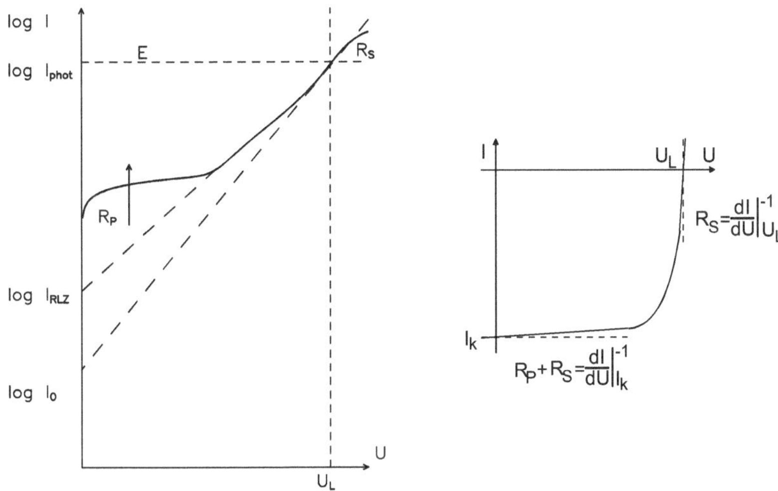

Abb. 4.6:   links: Dunkel-Kennlinie und Photostrom einer Solarzelle mit Shockley-Strom und
RLZ-Rekombinationsstrom sowie Einflussbereiche des Serien- und des
Parallelwiderstandes in halblogarithmischer Auftragung.
rechts: Zugehörige Generator-Kennlinie ebenfalls mit den Einflussbereichen des
Serien- und des Parallelwiderstandes.

4.6 Grenzwirkungsgrad einer Dioden-Solarzelle aus Silizium

Im Kap. 3 wurde der ultimative Wirkungsgrad η_{ult} von unterschiedlichem Halbleiter-Material
bestimmt, und als Unterscheidungsmerkmal der Materialien galt lediglich der Bandabstand

$\Delta W = h \cdot v_{gr}$ (s. Gl. 3.5 u.f.). Die Abb. 3.4 zeigte, dass für Halbleiter-Material eine Grenze von $\eta_{ult} < 44\%$ nicht überschritten werden kann.

Nun nehmen wir das Konzept der Halbleiterdiode nach W. Shockley und H.J. Queisser /Sho61/ in der Formulierung von A. De Voss /Vos92/ hinzu und können damit den Grenzwirkungsgrad weiter präzisieren. Dabei spielt die Differenz der *Fermi-Energien*

$$W_{Fn}(x) - W_{Fp}(x) = -qU \tag{4.33}$$

als Ausdruck des Nichtgleichgewichts der Ladungsträgerdichten n(x) und p(x) der unterschiedlich dotierten Bereiche im pn-Übergang der Diode bei Bestrahlung mit Sonnenlicht die entscheidende Rolle (s. Abb. 4.2c). Dieser Ausdruck treibt den Photostrom.

Wir formulieren die Dichte des Diodenstromes j(U) durch die Bilanz von vier Strömen, die vom Strahlungsgleichgewicht der Solarzelle bestimmt werden und zugestrahlte und abgeführte Teilchen beschreiben. Der erste Strom ist ein Integral Φ_S, und dieses entspricht der zugeführten Stromdichte solarer Photonen der Sonnentemperatur T_S. Der zweite Strom ist das Integral Φ_E der Photonen der Zustrahlung aus der irdischen Umgebung mit der Erdtemperatur T_E. Der dritte Ausdruck beschreibt die Stromdichte *j(U)* der Elektronen in der Diode. Der vierte Ausdruck ist wieder ein Integral, und dieses entspricht der abgestrahlten Photonen-Stromdichte Φ_{pn}, die bei der Diodenspannung U gemeinsam mit den Elektronen entsteht. Alle Integrale erstrecken sich von der Minimalenergie der Bandkante mit $W=\Delta W$ des betrachteten Halbleiters bis zum Wert $W \rightarrow \infty$. Die Integrale entstehen als Ausdruck der entsprechend *Bose-Statistik* besetzten Photonen-Verteilungen. Die Stromdichte *j(U)* der Elektronen hingegen folgt der *Fermi-Statistik*, wofür die Differenz der Fermi-Energien ein Ausdruck für das Nicht-Gleichgewicht der Ladungträger ist. Damit lässt sich eine Strom-Spannungskennlinie *j(U)* beschreiben, aus der im aktiven Quadranten der Dioden-**Grenzwirkungsgrad** η_{max} entnommen wird.

Die Stromdichten absorbierter Photonen Φ_S und Φ_E entsprechen den emittierten Stromdichten der Elektronen j(U)/q und der Photonen Φ_{pn} der Solarzelle mit

$$\Phi_S + \Phi_E = j(U)/q + \Phi_{pn} \tag{4.34}$$

Dabei gilt im einzelnen (mit der Energie W und den Temperaturen T_S und T_E)

$$\Phi_S = g \cdot f \cdot \int\limits_{\Delta W}^{\infty} \frac{W^2 \, dW}{\exp\left(\dfrac{W}{k \cdot T_S}\right) - 1} \tag{4.34a}$$

$$\Phi_E = g \cdot (1 - f) \cdot \int\limits_{\Delta W}^{\infty} \frac{W^2 \, dW}{\exp\!\left(\dfrac{W}{k \cdot T_E}\right) - 1} \tag{4.34b}$$

$$\Phi_{pn} = g \cdot \int\limits_{\Delta W}^{\infty} \frac{W^2 \, dW}{\exp\!\left(\dfrac{W - q \cdot U}{k \cdot T_E}\right) - 1} \tag{4.34c}$$

Die 1. Konstante lautet $g = 2 \cdot \pi \, / \, c^2 \cdot h^3 = 24{,}03 \cdot 10^{78} \; W^{-3} \, cm^{-2} \, s^{-4}$. Die 2. Konstante $f = 21{,}7 \cdot 10^{-6}$ ist der Verdünnungsfaktor der Solarstrahlung auf der Erdbahn (s.Gl.2.1).

Abb. 4.7 zeigt das Ergebnis der Rechnung für Silizium ($\Delta W = 1{,}1eV$) als Diagramm *j(U):* es ergibt sich der Generator-Quadrant einer Dioden-Solarzelle. Das größte einbeschreibbare Rechteck erfasst einen Anteil von 30,6% der Strahlungsleistung der Sonne, d.h. der maximale Wirkungsgrad einer Solarzelle als Siliziumdiode beträgt $\eta_{max}=30{,}6\%$. Dieser Wert η_{max} ist erheblich niedriger als der Wert $\eta_{ult}=44\%$ (s. Kap.3.2). Der Grund für den nun geringeren Wert liegt in der Einschränkung der Abschätzung auf das Diodenmodell, bei dem die Größe $q \cdot U$ für das *Chemische Potential* steht, das den Ladungsträgerfluss zwischen unterschiedlich dotierten und deshalb durch einen Potentialwall getrennten Bereichen beschreibt.

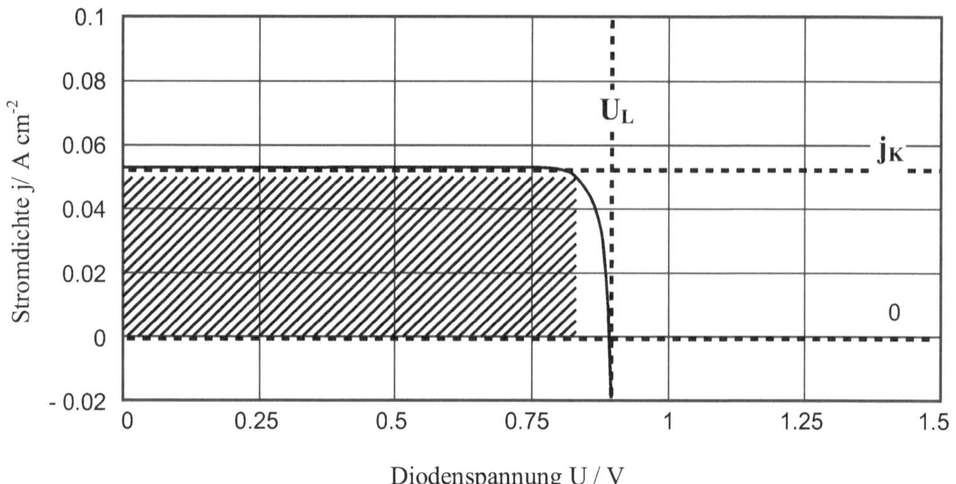

Abb. 4.7:   Stromdichte j in A/cm^2 als Funktion der Spannung U in V nach dem Diodenmodell von
W. Shockley und H.J. Queisser /Sho61/ in der Formulierung von A. De Voss /Vos92/
für Silizium mit ΔW=1.1eV. Die Geraden für Leerlaufspannung U$_L$ und Kurzschluss-
Stromdichte j$_K$ sind eingezeichnet, ebenfalls schraffiert das der Fläche nach größte
einbeschreibbare Rechteck, das die maximal gewandelte solare Bestrahlungsstärke mit
dem Wirkungsgrad η_{max}=30,6% repräsentiert. Als Leerlaufspannung liest man U$_L$=0,9V
und als Kurzschlussstromdichte j$_K$=0,054A/cm^2 ab. Auch ein Sättigungssperrstrom der
Dichte j$_0$=1,00·10^{-17} A/cm^2 lässt sich formal errechnen. Die angegebenen Werte für U$_L$,
j$_K$ und j$_0$ müssen als die äußersten Grenzen dieser Parameter gelten, die praktisch nicht
erreicht werden können. Realistischere Werte werden in Kap. 5.3 abgeschätzt.

Die Werte des inzwischen erreichten Wandlungswirkungsgrades von Labor-Solarzellen aus
Silizium im unkonzentrierten Sonnenlicht belaufen sich inzwischen auf *(25 ... 26) %*, wie
weiter unten dargestellt wird (Kap.5).

5. Monokristalline Silizium-Solarzellen

Als erstes praktisches Beispiel der technischen Realisierung eines photovoltaischen Bauelementes werden Solarzellen aus monokristallinem Silizium (c-Si) diskutiert. Dieses Material ist gut geeignet, weil seine Bandlücke von etwa 1,1 eV nahe dem Optimum für die Wandlung der Solarstrahlung (siehe Kap. 3) liegt und seine Technologie aus der Mikroelektronik bestens erforscht ist. Silizium ist in großen Mengen verfügbar und ungiftig.

Derzeit werden rund 30 % aller Solarzellen aus monokristallinem Silizium hergestellt; rund 60 % aus polykristallinem Silizium (poly-Si), auf dessen Materialeigenschaften im 6. Kapitel eingegangen werden wird. Aus amorphem Silizium bestehen rund 5% der Solarzellen (Kap. 8). Alle anderen Materialien wie Galliumarsenid (Kap. 7) und CIS-Materialien (Kap. 9.2) decken die restlichen 5 % der Industrie-Solarzellen ab.

Wir diskutieren zunächst Aufbau und Funktion und die daraus resultierenden elektrischen Eigenschaften der c-Si-Solarzellen. Anschließend wird auf die praktischen Aspekte der Materialherstellung (Kristallzüchtung) und Bauelement-Präparation eingegangen. Dann wird ein Prozess vorgestellt, mit dem Hochleistungs-Solarzellen gebaut wurden. Zum Abschluss wird das Strahlungsrisiko der im Weltraum eingesetzten Bauelemente behandelt.

5.1 Diskussion der spektralen Empfindlichkeit

Unter Zuhilfenahme der im vorangehenden Kapitel vorgestellten und in Anhang A.2 errechneten Zusammenhänge (Gl. A2.11) sollen zunächst die Konzentrationsprofile der photogenerierten Überschussminoritätsladungsträger in der Basis diskutiert werden

$$
\Delta n(x) =
$$

$$
n_{p0}\left(e^{U/U_T}-1\right)\cdot\frac{\dfrac{D_n}{L_n}\cosh\dfrac{d_{ba}-x}{L_n}+s_n\cdot\sinh\dfrac{d_{ba}-x}{L_n}}{\dfrac{D_n}{L_n}\cosh\dfrac{d_{ba}}{L_n}+s_n\cdot\sinh\dfrac{d_{ba}}{L_n}}+\frac{G_0(\lambda)\cdot\tau_n}{1-\alpha(\lambda)^2 L_n^2}\cdot e^{-\alpha(\lambda)\cdot d_{em}}
$$

$$
\cdot\left[e^{-\alpha(\lambda)\cdot x}+\frac{\left(D_n\cdot\alpha(\lambda)-s_n\right)\cdot e^{-\alpha(\lambda)\cdot d_{ba}}\cdot\sinh\dfrac{x}{L_n}-\dfrac{D_n}{L_n}\cosh\dfrac{d_{ba}-x}{L_n}-s_n\cdot\sinh\dfrac{d_{ba}-x}{L_n}}{\dfrac{D_n}{L_n}\cosh\dfrac{d_{ba}}{L_n}+s_n\cdot\sinh\dfrac{d_{ba}}{L_n}}\right].
$$

$$\tag{5.1}$$

Die Gleichung für die Löcher im Emitter ist analog aufgebaut. Beide Gleichungen enthalten sowohl die Diffusionslänge L_n bzw. L_p als auch die Lebensdauer τ_n bzw. τ_p von Elektronen bzw. Löchern als wichtige sich unterscheidende Größen. Im Produkt $G_0(\lambda)\cdot\tau$ erkennt man die gegenläufige Wirkung der optischen Generation und der Rekombination, die in gegenseitiger Wechselwirkung eine stationäre Überschussminoritätsladungsträgerdichte erzeugen. Die beiden ortsabhängigen Ausdrücke in den Klammern können maximal den Betrag Eins annehmen. Die Kompliziertheit des Ausdruckes ist in der Abhängigkeit von der Geometrie und der Oberflächenrekombination begründet.

Wegen des geringen Absorptionskoeffizienten von kristallinem Silizium müssen Solarzellen aus diesem Material relativ dick (100 - 200 µm) sein, um das eingestrahlte Licht vollständig zu absorbieren, falls keine zusätzlichen Maßnahmen ergriffen werden. Die generierten Ladungsträger müssen durch Diffusion tief aus den weitgehend feldfreien Bahngebieten zur Trennung an den np-Übergang herangeführt werden. Der Emitter wird dabei sehr dünn gehalten, um Verluste durch Rekombination an der Oberfläche gering zu halten. Die Basis wird vom p-Typ gewählt, um die besseren Diffusionseigenschaften der Elektronen ($L_n \gg L_p$) auszunutzen. Tabelle 5.1 gibt Auskunft über typische Zahlenwerte wichtiger Parameter in einer c-Si-Solarzelle.

c-Silizium	n-Emitter	p-Basis
Dotierung	$N_D \approx 10^{19}...10^{20}$ cm-3	$N_A \approx 10^{15}...10^{16}$ cm-3
Diffusionslänge der Minoritätsträger	$L_p \leq 1$ µm	$L_n \approx 50...2000$ µm
Lebensdauer der Minoritätsträger	$\tau_p \leq 0,01...0,1$ µs	$\tau_n \approx 1...10^3$ µs

Tab. 5.1:   Standardannahmen zur c-Si-Solarzelle.

Wir wollen nun die mit unterschiedlichen Wellenlängen λ erzeugten Überschussladungsträgerprofile der Elektronen $\Delta n(x) = n(x) - n_p(x)$ in der als unendlich tief angenommenen Basis ($d_{ba}/L_n \rightarrow \infty$) diskutieren. In der Abb. 5.1 sind nach Gl. 5.1 berechnete Profile für eine geringe ($L_n = 50$ µm, Abb. 5.1a) und eine mittlere ($L_n = 150$ µm, Abb. 5.1b) Diffusionslänge über dem Ort bis zur Dicke einer konventionellen Si-Solarzelle von 400 µm dargestellt. Die monochromatische Bestrahlungsstärke ist in allen Rechnungen ($\lambda = 300 .. 1050$ nm) konstant ($E_S = 100$ mW/cm^2) angesetzt worden. Entsprechend Gl. 5.1 gilt die Kurzschlussbedingung $U = 0$, wodurch die Überschussdichte $\Delta n(x=0)$ am np-Übergang stets auf Null zurückgeht.

Alle Verläufe sind durch ein ausgeprägtes Maximum in der Basis mit Abfall zum np-Übergang und zur Rückseite gekennzeichnet. Bei größerer Diffusionslänge verschiebt sich das Maximum tiefer in die Basis, gleichzeitig wird der Gradient in Richtung np-Übergang steiler (man beachte die unterschiedlichen Maßstäbe beider Abbildungen!). Beide Sachverhalte bringen zum Ausdruck, dass mit wachsender Diffusionslänge mehr Ladungsträger tiefer aus dem Volumen eingesammelt werden können, was zu einer Erhöhung des Photostromes führt. Dieses Anwachsen kommt besonders stark für größere Wellenlängen zum Ausdruck, da diese mehr Ladungsträger tief im Volumen generieren. Die Gradienten sind für kleine Wellenlängen am steilsten, bis die Eindringtiefe des Lichtes (umgekehrt proportional zum Absorptionskoeffizienten) die Diffusionslänge überschreitet, was zur Folge hat, dass nicht mehr alle Elektronen eingesammelt werden, sondern merkliche Rekombinationsverluste auftreten. Besonders hohe Δn-Werte beobachtet man für die Kombinationen (die $\alpha(\lambda)$-Werte entstammen Abb. 3.6)

Abb. 5.1a:	$L_n = 50$ µm,	$\lambda = 900$ nm	mit $\alpha = 8 \cdot 10^2$ cm^{-1},
Abb. 5.1b:	$L_n = 150$ µm,	$\lambda = 1050$ nm	mit $\alpha = 50$ cm^{-1}.

Innerhalb des Ladungsträgerprofiles der Gl. 5.1 gelten für beide Parameter-Kombinationen Produktwerte $\alpha \cdot L_n \approx 1$. Mit gleichen Überlegungen wie beim homogenen Halbleitermaterial zu Gl. 3.33 kann man zeigen, dass für $\alpha \cdot L_n = 1$ das Profil $\Delta n(x)$ die höchsten Werte annimmt, d.h. ein ausgeprägtes Maximum bildet. Da jedoch der Ladungsträger-Gradient am np-Übergang und nicht etwa das Ladungsträger-Maximum den Photostrom bestimmt (s. Gln. 4.7 und 4.16), sind hohe Maxima nicht wünschenswert, weil sie lediglich die Rekombinationsverluste vergrößern.

Nun betrachten wir den Photostrom $j_{n,phot}(\lambda)$ innerhalb der Gl. 4.10 und erhalten

$$j_{n,phot}(\lambda) = \frac{q \cdot L_n \, G_0(\lambda) \cdot e^{-\alpha(\lambda)\,d_{em}}}{1 + \alpha(\lambda) \cdot L_n} = \frac{q \cdot \Phi_{p0}(\lambda)}{A} \cdot e^{-\alpha(\lambda)\cdot d_{em}} \cdot \frac{\alpha(\lambda) \cdot L_n}{1 + \alpha(\lambda) \cdot L_n}$$

$$= \frac{q \cdot E_\lambda(\lambda) \cdot \lambda}{h \cdot c_0} \cdot e^{-\alpha(\lambda)\cdot d_{em}} \cdot \frac{\alpha(\lambda) \cdot L_n}{1 + \alpha(\lambda) \cdot L_n}. \qquad (5.2)$$

Wieder hängt der Ausdruck vom Produkt $\alpha \cdot L_n$ ab, aber anders als zuvor. Wenn $\alpha \cdot L_n > 1$ gilt (z.B. im blauen Bereich des Sonnenspektrums), verschwindet das Produkt $\alpha \cdot L_n$ aus der Gleichung. Im umgekehrten Fall $\alpha \cdot L_n < 1$ (IR-Bereich) wird der monochromatische Photostrom $j_{phot}(\lambda)$ um den Faktor $\alpha \cdot L_n$ kleiner als zuvor. Insofern sind für den Photostrom des np-Überganges die Verhältnisse anders als für die zuvor erörterten Profile der Überschussminoritätsträger, bei denen für $\alpha \cdot L_n \approx 1$ die Maximierung galt. Wir erhalten jetzt den höchsten Wert der spektralen Photostromdichte entsprechend Gl. 5.2 mit $\alpha \cdot L_n > 1$ bei

$$j_{max}(\lambda) = j_{n,phot}(\lambda)\Big|_{\alpha(\lambda)\cdot L_n \gg 1}$$

$$\approx \frac{q \cdot \Phi_{p0}(\lambda)}{A} \cdot e^{-\alpha(\lambda)\cdot d_{em}} = \frac{q \cdot E_\lambda(\lambda) \cdot \lambda}{h \cdot c_0} \cdot e^{-\alpha(\lambda)\cdot d_{em}} \qquad (5.3)$$

vorausgesetzt, die monochromatische Photonenstromdichte $\Phi_{p0}(\lambda)$ bleibt für die verglichenen Wellenlängen λ konstant.

Zusammenfassend lässt sich feststellen, dass man die höchsten spektralen Photoströme erhält, wenn der *Absorptionskoeffizient* α **und** die *Minoritätsträger-Diffusionslänge* L_n groß sind. Ein sinnvoller Wert für den Absorptionskoeffizienten leitet sich von dem Vergleich zwischen *mittlerer Eindringtiefe* α^{-1} des Lichtes und der Basisdicke d_{ba} ab. Wenn die Solarzellendicke größer ist als der reziproke Wert des Absorptionskoeffizienten, wird das Licht wirksam absorbiert; wenn die Diffusionslänge größer ist als die Solarzellendicke, dann werden auch die meisten lichterzeugten Ladungsträger gesammelt. Dabei sollte man weiter beachten, dass die Emitterdicke d_{em} so klein wie möglich bleibt (Faktor $e^{-\alpha \cdot dem}$ in Gl. 5.3), damit sich der Absorptionsprozess vor allem nahe der Raumladungszone in der Basis abspielt (kleine mittlere Eindringtiefe) und die weiter im Basisvolumen erzeugten Überschussladungsträger ebenfalls in Folge einer großen Diffusionslänge L_n zur Raumladungszone diffundieren können. Damit bezieht man sich auf die relativ niedrigen Überschussladungsträgerprofile der Abb. 5.1a und b, z.B. für $\lambda = 700$ nm und kleiner, die zum rückwärtigen Basiskontakt sehr flach auslaufen, aber bei $x = 0$ einen steilen Gradienten aufweisen, der einen hohen Photostrom speist. Insofern muss nochmals betont werden, dass bei Niedrig-Injektion der Photostrom über steile (Diffusions-) Gradienten Überschussladungsträger zur Raumladungszone abführt und nicht etwa als Maximum belässt. Es ist wichtig, nicht nur Überschussladungsträgerprofile innerhalb der Basis aufzubauen, sondern sie auch zum np-Übergang herandiffundieren zu lassen, wo sie innerhalb der Raumladungszone dann getrennt werden. Gelingen Andiffusion und Trennung nicht, so fallen die Überschussladungsträger der photovoltaisch nutzlosen Rekombination zum Opfer. Erzeugt man hohe Maxima (Abb. 5.1a bei $\lambda = 900$ nm), so bedient man zusätzlich die unerwünschte Rekombination am rückwärtigen Basiskontakt.

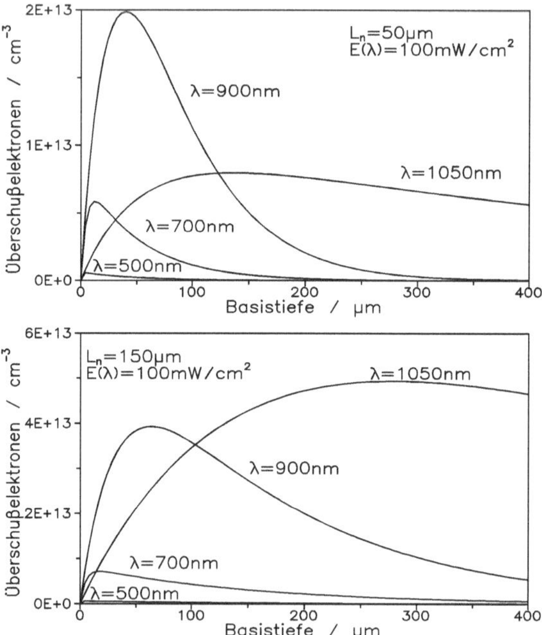

Abb. 5.1:   np-c-Si-Solarzelle/Grundmodell: Profile von monochromatisch angeregten Überschussdichten $\Delta n(x)$ der Elektronen in der Solarzellen-Basis für Kurzschluss ($U = 0$) und zwei unterschiedliche Diffusionslängen L_n.

Teilt man den Betrag der Photostromdichte $j_{photo}(\lambda)$ einer Solarzelle, die mit der Bestrahlungsstärke $E(\lambda)$ beleuchtet wird, durch $E(\lambda)$, so entsteht z.B. für den Basisanteil der np-Solarzelle (s. Gl. 5.2) die (absolute) *spektrale Empfindlichkeit*

$$S_{Basis} = \frac{j_{n,phot}(\lambda)}{E_\lambda(\lambda)} = \frac{q\,\lambda\,e^{-\alpha\cdot d_{em}}}{h\,c_0} \cdot \frac{\alpha\,L_n}{1+\alpha\,L_n} \; . \tag{5.4}$$

Gemessen wird die spektrale Empfindlichkeit, indem die Kurzschluss-Photostromdichte $j_{phot}(\lambda)$ als Folge einer schmalbandigen ($\Delta\lambda \approx 20...50$ nm) Beleuchtung der spektralen Strahlungsleistungsdichte E_λ gemessen wird; man erhält S in den Einheiten A/W (s. Abschnitt 4.2.4 und Tafel S. 72). Aber man misst nicht nur den Basis-Anteil, sondern zusätzlich auch den Anteil des Emitters, also insgesamt den experimentellen Wert

$$S_{\exp}(\lambda) = \frac{j_{phot}(\lambda)}{E_\lambda(\lambda)} \; . \tag{5.5}$$

Durch Vergleich von gemessenen und gerechneten Kurven lassen sich Einflussparameter wie die Minoritätsträger-Diffusionslänge L_n in der Basis oder die Emitterdicke d_{em} ermitteln. Bei den Messkurven wird innerhalb der Photostromdichte das Reflexionsvermögen $R(\lambda)$ mit berücksichtigt und muss bei der Auswertung entsprechend in Rechnung gestellt werden.

Die Abb. 5.2 – 5.4 zeigen gerechnete Verläufe der spektralen Empfindlichkeit. Die Anteile von Basis und Emitter sind getrennt gezeigt. Die Diffusionslänge L_n wurde zwischen den Werten 10 µm und 250 µm variiert. Je größer L_n wird, um so weiter verschiebt sich das Maximum S_{max} der spektralen Empfindlichkeit in den infraroten Bereich. Als wichtigster Bauelementparameter erweist sich die Diffusionslänge der Minoritätsladungsträger in der Basis (Abb. 5.4 links). Sie sollte die Basisdicke übertreffen. Auch die Emitterdicke ist in Abhängigkeit von der Oberflächenpassivierung von großer Bedeutung. Ein möglichst geringer Wert ist sinnvoll. Der Emitter darf so dünn werden, dass er lediglich aus Raumladungszone besteht, also bei hoher Dotierungskonzentration nur 0,1 ... 0,2 µm misst.

Die Messkurven (Abb. 5.5) sind jeweils auf den Maximalwert S_{max} normiert. Sie zeigen Gruppen von „blauen" und „violetten" np-Si-Solarzellen. Der gemessene $R(\lambda)$-Verlauf ist ebenfalls angegeben. Anpassungen durch Simulationsrechnung sind durch Kreise bezeichnet. Die auf den Maximalwert S_{max} normierten Verläufe werden im Gegensatz zur absoluten spektralen Empfindlichkeit der Gl. 5.4 und 5.5 als relative spektrale Empfindlichkeit bezeichnet

$$S_{rel}(\lambda) = \frac{S(\lambda)}{S_{max}} \quad (\leq 1) \; . \tag{5.6}$$

Die Verläufe zeigen den Einfluss von unterschiedlichen reflexionsmindernden Oberflächenvergütungen (Antireflexionsschichten, ARC, engl.: *anti reflective coating*) auf die spektrale Empfindlichkeit gleichartiger Solarzellen.

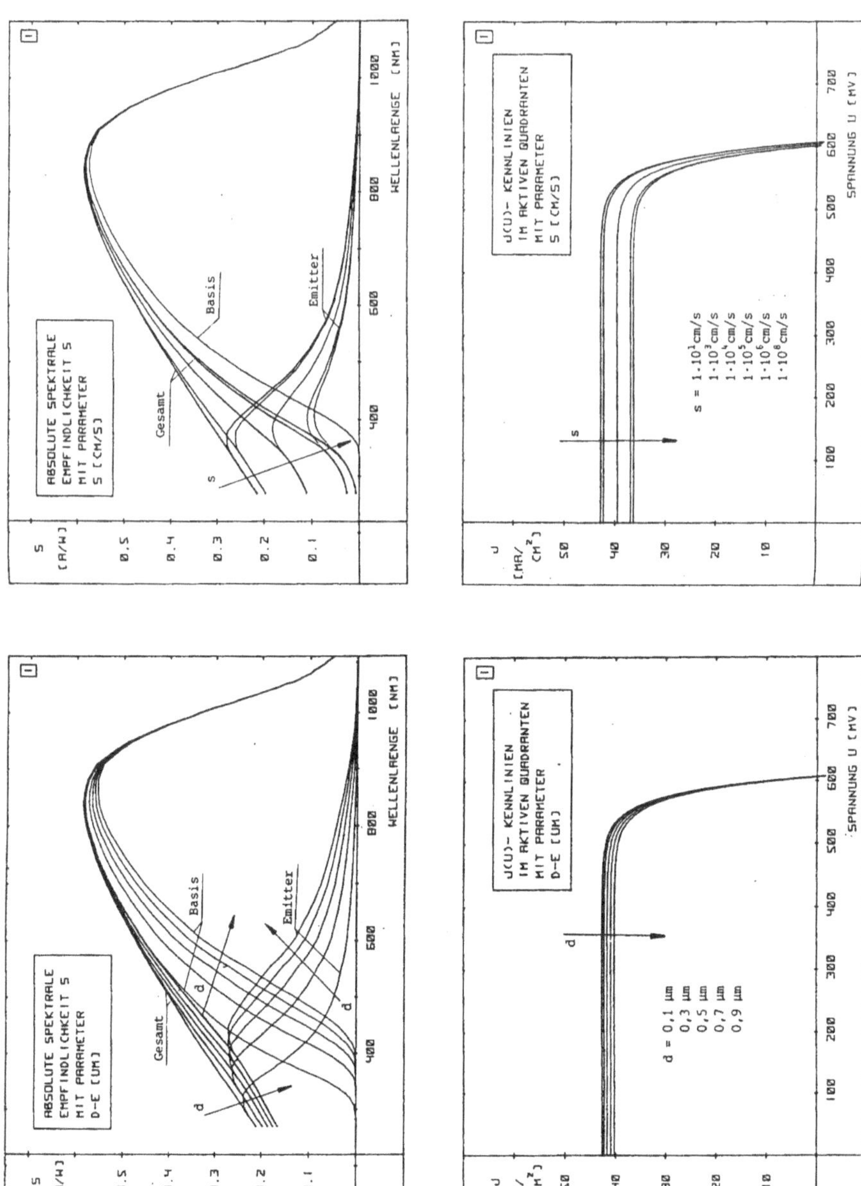

Abb. 5.2:   Simulierte Generator-Kennlinien und spektrale Empfindlichkeiten von np-Si-Solarzellen: Variation der Emitter-Parameter d_{em} und s /Sch82/

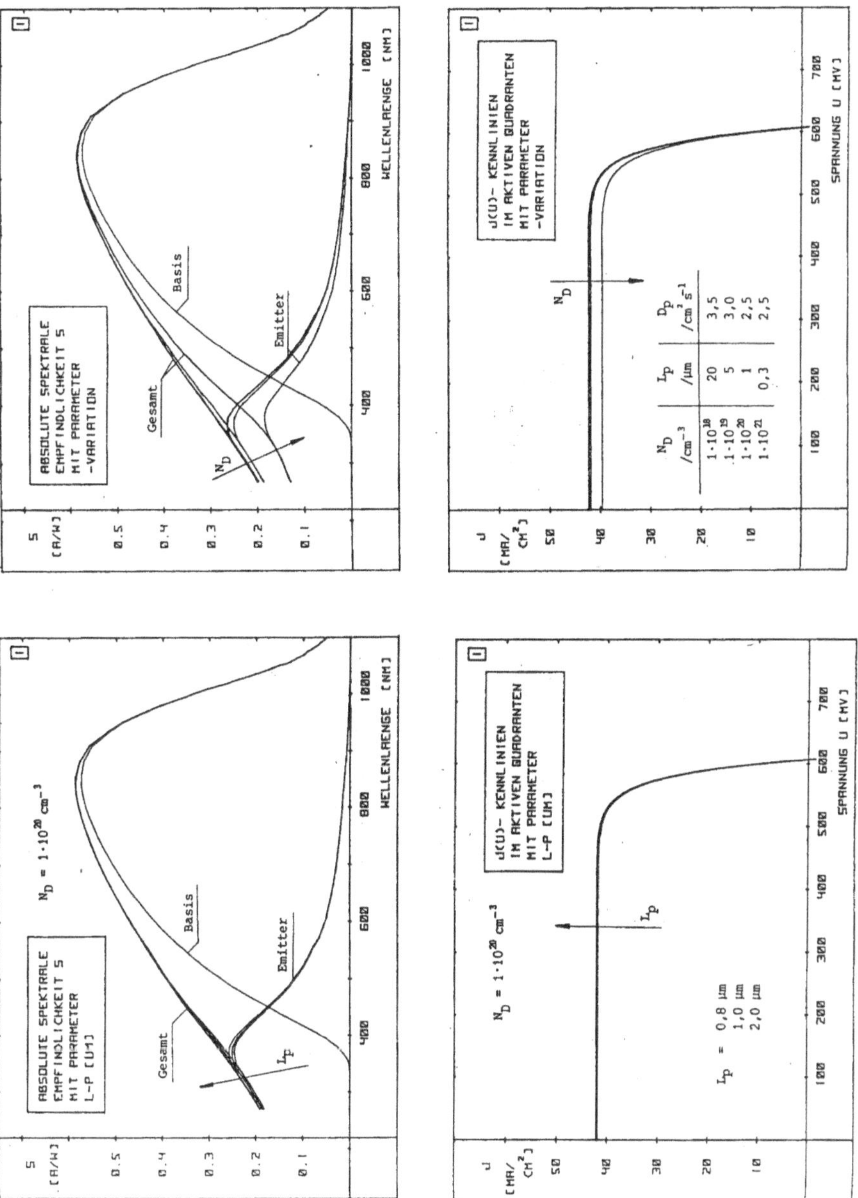

Abb. 5.3:   Simulierte Generator-Kennlinien und spektrale Empfindlichkeiten von np-Si-Solarzellen: Variation der Emitter-Parameter L_p und N_D /Sch82/

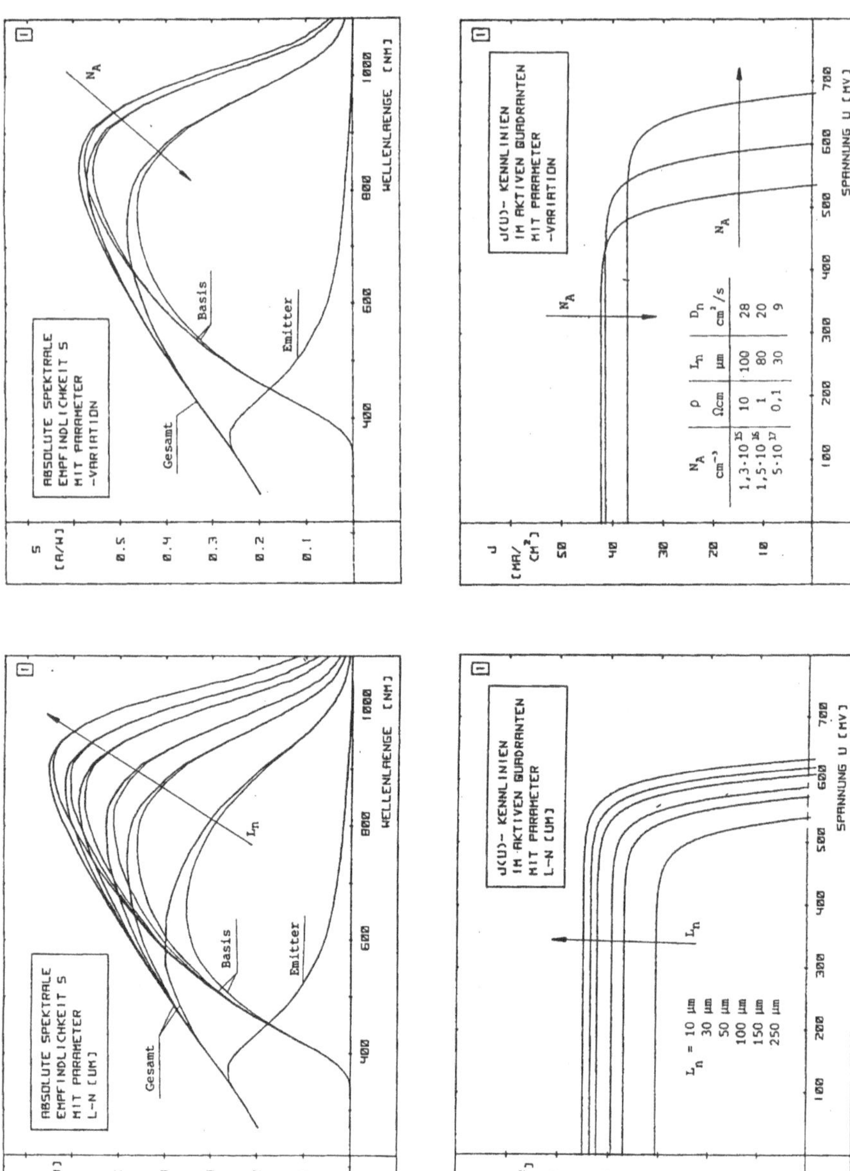

Abb. 5.4:   Simulierte Generator-Kennlinien und spektrale Empfindlichkeiten von np-Si-
Solarzellen: Variation der Basisparameter L_n und N_A /Sch82/.

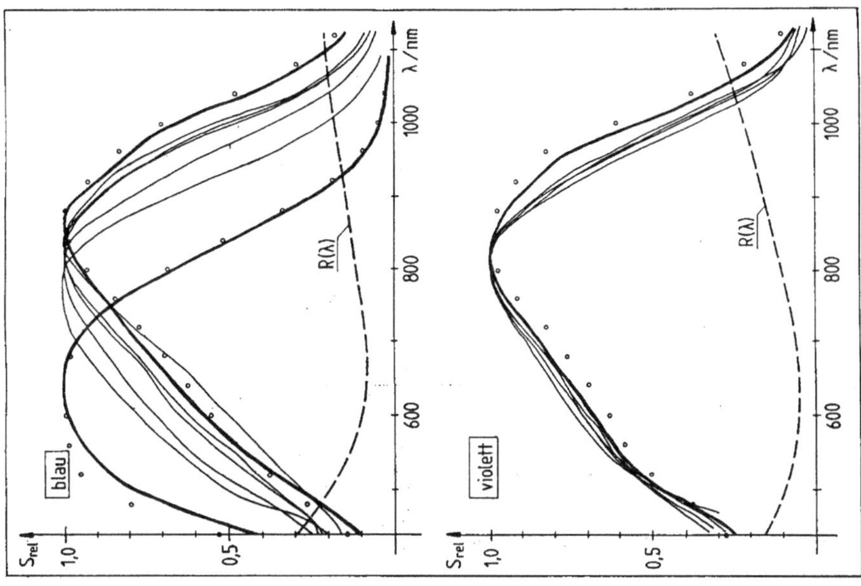

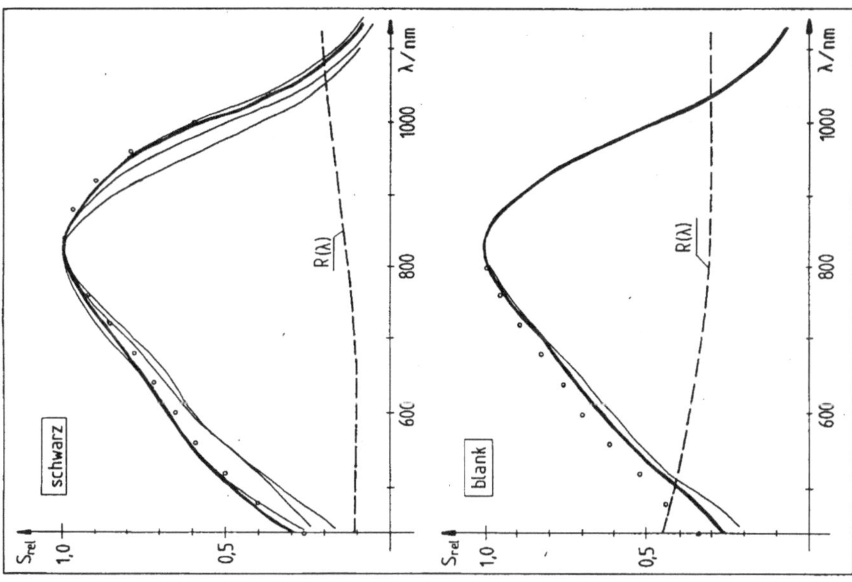

Abb. 5.5: Gemessene spektrale Empfindlichkeiten von np-Si-Solarzellen mit unterschiedlichem Farbeindruck durch Reflexion an der Oberfläche. a: schwarz, b: glänzend, c: blau, d: violett /Sch82/.

Messung der spektralen Empfindlichkeit

Ein einfacher Messaufbau zur Bestimmung der spektralen Empfindlichkeit und des spektralen Reflexionsvermögens ist schematisiert in der Abbildung dargestellt. Die Wendel einer Halogenlampe wird durch eine Konvexlinse auf den Eintrittsspalt eines Monochromators abgebildet. Über einen Umlenkspiegel und einen Kollimatorspiegel wird paralleles Licht auf ein rückseitig verspiegeltes Prisma gestrahlt. Das spektral zerlegte Licht wird von einem Abbildungshohlspiegel in der Horizontalen so fokussiert, dass nur ein enges Wellenlängenbündel den Monochromator durch den Austrittsspalt verlassen kann. Eine weitere Konvexlinse dient als Kollimator für die gleichmäßige Ausleuchtung der zu vermessenden Solarzelle, die sich in einem geschwärzten und gegen Fremdlicht abgedichteten Kasten auf einem thermostatisierten Probenhalter befindet.

Die Linsenoptik ist aus dispersionsarmem Kronglas realisiert. Als Material für das Prisma werden stärker brechende Gläser (Quarz, Suprasil) benutzt. In automatisierten Messaufbauten werden vor allem wegen ihrer linearen Dispersion Gitterprismen bevorzugt.

Das Messobjekt wird für die Bestimmung der spektralen Empfindlichkeit senkrecht zur optischen Achse aufgestellt und relativ zu einer Referenzsolarzelle aus Silizium vermessen, die entweder zeitlich versetzt an gleichem Ort oder durch Auskopplung eines Teils der Strahlung über einen Strahlteiler zeitgleich neben dem Messobjekt vermessen wird. Als Messsignal dient der Kurzschlussstrom. Durch Vergleich der spektralen Kurzschlussströme der Mess- mit denen einer kalibrierten Solarzelle kann die unbekannte Bestrahlungsstärke eliminiert und die spektrale Empfindlichkeit des Messobjektes bestimmt werden.

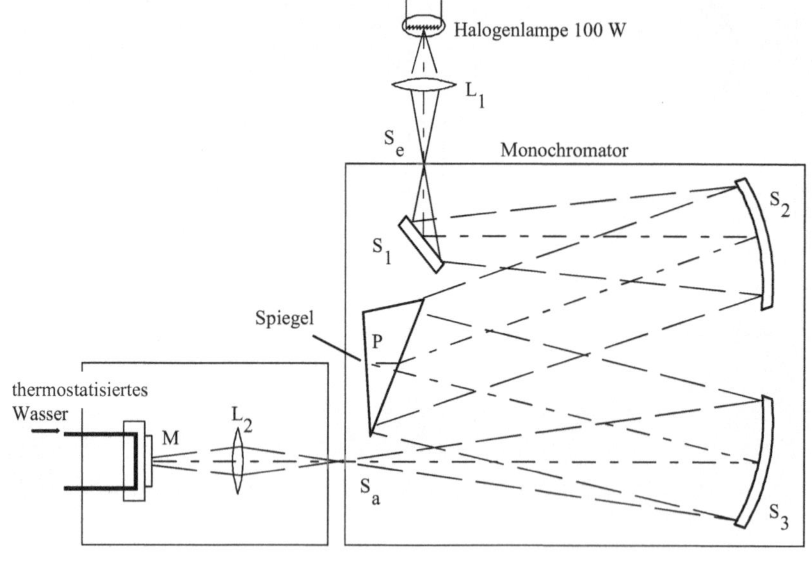

5.2 Temperaturverhalten der Generatoreigenschaften

Die Generator-Kennlinie und die technischen Parameter einer Solarzelle werden zumeist nur unter Standard-Testbedingungen (AM1,5$_{\text{global}}$, 100 mW/cm^2, 25 °C) charakterisiert. Bei praktischen Anwendungen außerhalb des Labors stellen sich diese Werte allerdings nur selten ein. Die eingestrahlte Energie bewirkt eine Erwärmung, die an wolkenlosen Tagen oder in südlichen Ländern die Temperatur der Bauelemente auf über 70 °C ansteigen lässt. Die Temperaturabhängigkeit vieler Halbleitereigenschaften führt zu auffallenden Abweichungen der Generatoreigenschaften von den unter idealisierten Bedingungen gewonnenen Erwartungswerten. Die wesentlichen Ursachen und Wirkungen sollen hier für die kristalline np-Silizium-Solarzelle aufgezeigt werden. Nach dem in Kapitel 4 aufgestellten Modell ergibt sich die Kurzschlussstromdichte zu

$$j_k = j(U = 0, E) = j_0 \cdot (e^0 - 1) - j_{phot}(E) = -j_{phot}(E) \tag{5.7}$$

und die Leerlaufspannung zu

$$0 = j(U = U_L, E) = j_0 \cdot (e^{U_L/U_T} - 1) - j_{phot}(E)$$
$$\Rightarrow U_L \approx U_T \cdot \ln\left(\frac{j_{phot}(E)}{j_0}\right) \quad . \tag{5.8}$$

Aufgrund der geringen Emitterdicke und der hohen Emitter-Dotierungskonzentration können die in diesen Zusammenhängen bedeutsamen Ausdrücke der Photostromdichte und der Sperrsättigungsstromdichte in guter Näherung durch die jeweiligen Basisanteile

$$j_{phot}(E) = \frac{q\,\Phi_{p0}(\lambda)}{A} \cdot \frac{\alpha(\lambda)\,L_n}{1 + \alpha(\lambda)\,L_n} \quad \text{und} \quad j_0 = q\,n_i^2\,\frac{D_n}{L_n\,N_A} \tag{5.9}$$

beschrieben werden. Die temperaturabhängigen Größen im Photostrom sind der Absorptionskoeffizient $\alpha(\lambda)$ und die Diffusionslänge

$$L_n = \sqrt{D_n \cdot \tau_n} = \sqrt{\frac{kT}{q} \cdot \mu_n \cdot \tau_n} \quad . \tag{5.10}$$

Die Elektronenbeweglichkeit μ_n nimmt im interessierenden Bereich mit der Temperatur geringfügig ab, weil die Phononenstreuung im kristallinen Halbleitermaterial zunimmt. Dieser Effekt wird jedoch von der thermischen Energie kT überkompensiert, so dass L_n insgesamt geringfügig zunimmt. Vor allen nimmt aber der Bandabstand von Halbleitermaterialien mit steigender Temperatur ab, was eine Verschiebung der Absorptionskante zu größeren Wellenlängen bewirkt. Auf diese Weise können zusätzliche Photonen mit geringerer Energie vom Halbleitermaterial absorbiert werden. Die vergrößerte Diffusionslänge ermöglicht eine bessere Einsammlung von tief im Volumen der Solarzelle – also von langwelliger Strahlung – generierten Ladungsträgern. Beide Effekte führen zu einer Anhebung der spektralen Empfindlichkeit im „roten" Bereich des Spektrums kurz unterhalb der Absorptionskante und damit zu einer Photostromerhöhung. Der Temperaturkoeffizient des Photostromes

$$TK\{j_{phot}\} = \frac{1}{j_{phot}} \cdot \frac{\partial j_{phot}}{\partial T} \quad , \tag{5.11}$$

also die relative Änderung des Photostromes mit der Temperatur, liegt im Bereich einiger $10^{-4}\,K^{-1}$, d.h. eine Temperaturerhöhung um 50 K bewirkt einen Anstieg des Photostromes um etwa 2%. Der sich mit steigender Temperatur verringernde Bandabstand

$$\Delta W(T) = \Delta W_0 - \frac{a \cdot T^2}{b + T} \quad \text{mit} \quad \Delta W_0, a, b = const. \tag{5.12}$$

verursacht neben der Stromerhöhung gleichzeitig eine Erhöhung des Sperrsättigungs-stromes j_0 und eine Erniedrigung der Leerlaufspannung. Diese Abhängigkeiten sollen im Folgenden detailliert untersucht werden.

Material	ΔW_0 / eV	a / eV/K	b / K
Silizium	1,17	$4,73 \cdot 10^{-4}$	636
GaAs	1,52	$5,4 \cdot 10^{-4}$	204

Tab. 5.2: Parameter zur Berechnung des temperaturabhängigen Bandabstandes.

Zunächst wird wie für den Photostrom auch für ΔW ein Temperaturkoeffizient bestimmt

$$\begin{aligned}
TK\{\Delta W\} &= \frac{1}{\Delta W} \cdot \frac{\partial \Delta W}{\partial T} = \frac{1}{\dfrac{a \cdot T^2}{b + T} - \Delta W_0} \cdot \frac{2\,a\,b\,T + a\,T^2}{(b + T)^2} \\[2ex]
&= \frac{1}{b + T} \cdot \frac{1 + 2\,b/T}{1 - \Delta W_0 \dfrac{b + T}{a\,T^2}}
\end{aligned} \tag{5.13}$$

Für Silizium ergibt sich mit den Parametern aus Tab. 5.2 $TK\{\Delta W\} = -2,26 \cdot 10^{-4}\,K^{-1}$ für $T = 300$ K und $TK\{\Delta W\} = -2,49 \cdot 10^{-4}\,K^{-1}$ für $T = 350$ K. Der Einfluss von Bandabstand und thermischer Energie regelt über die BOLTZMANN-Statistik, wie viele Ladungsträger thermisch angeregt die Bandlücke überwinden können, und damit die Besetzung von Valenz- und Leitungsband mit freien Ladungsträgern. Eine starke Temperaturabhängigkeit bildet sich durch den Wert der Eigenleitungsdichte

$$n_i = \sqrt{N_L N_V} \cdot e^{-\Delta W / 2kT} \quad \text{mit} \quad N_{L,V} = 2 \left(\frac{2\pi \cdot m_{L,V} \cdot kT}{h^2} \right)^{3/2} \propto T^{3/2} \qquad (5.14)$$

ab, da ΔW in dessen Exponentialfunktion auftaucht. Für die Sperrsättigungsstromdichte

$$j_0(T) = n_i^2(T) \cdot \frac{\mu_n \cdot kT}{L_n \cdot N_A} \qquad (5.15)$$

ergibt sich unter Vernachlässigung der geringeren Temperaturabhängigkeiten von Beweglichkeit und Diffusionslänge und unter Voraussetzung einer vollständigen Ionisation der Störstellen ($N_A \neq f(T)$)

$$j_0(T) \propto T^4 \cdot e^{-\Delta W / kT} \quad . \qquad (5.16)$$

Ein numerischer Wert für n_i lässt sich entsprechend der Näherungsgleichung in Übungsaufgabe Ü 5.03 finden.

Der Temperaturkoeffizient wird von der Exponentialfunktion bestimmt und lautet

$$TK\{j_0\} = \frac{1}{j_0} \cdot \frac{\partial j_0}{\partial T} = \frac{4}{T} - \frac{\Delta W}{kT} \cdot \left(TK\{\Delta W\} - \frac{1}{T} \right) \quad . \qquad (5.17)$$

Für $T = 300$ K eingesetzt ergibt sich $TK\{j_0\} = 0{,}168$ K^{-1}. Während der Photostrom sich bei Erwärmung um 50 K nur um 2% änderte, ergibt sich im gleichen Temperaturintervall für den Dunkelstrom ein Anstieg um mehr als 3 Größenordnungen! Dieser Einfluss macht sich im Wert der Leerlaufspannung stark bemerkbar, da die Generator-Kennlinie aus der Dunkelkennlinie durch Superposition mit dem Photostrom erhalten wird. Eine Erhöhung des Dunkelstromes bewirkt eine Verschiebung des Schnittpunktes der Kennlinie mit der Abzisse in Richtung geringerer Spannung. Als Temperaturkoeffizient wird berechnet

$$TK\{U_L\} = \frac{1}{U_L} \cdot \frac{\partial U_L}{\partial T} = \frac{1}{T} + \frac{1}{\ln\left(\dfrac{j_{phot}}{j_0} \right)} \cdot \left(TK\{j_{phot}\} - TK\{j_0\} \right) \quad . \qquad (5.18)$$

Dieser Ausdruck wird von der Temperaturabhängigkeit des Dunkelstromes dominiert, die trotz des sehr kleinen Vorfaktors ($\approx 5 \cdot 10^{-2}$) die durch die thermische Energie vorgegebene Tendenz einer mit der Temperatur anwachsenden Leerlaufspannung mehr als kompensiert. Realistische Werte sind $TK\{U_L\} \approx -5 \cdot 10^{-3}$ K^{-1}. Damit nimmt die Leerlaufspannung mit steigender Temperatur sehr viel schneller ab, als der Photostrom zunimmt; insgesamt ergibt sich ein Absinken des Energiewandlungs-Wirkungsgrades mit steigender Temperatur, der im Feldversuch bei hoher Erwärmung bis zu 20% unter den Angaben aus dem unter Laborbedingungen aufgenommenen Datenblatt liegen kann.

5.3 Parameter einer optimierten c-Si-Solarzelle

Mit Hilfe der Gl. 5.3 lassen sich die wichtigsten Kenngrößen einer optimierten monokristallinen Silizium-Solarzelle abschätzen. Wir gehen dabei vom AM1,5-Spektrum (s. Anhang 3) aus und setzen die globale Bestrahlungsstärke $E = 100\ mW/cm^2$ an. Den Ergebnissen für den Grenzwirkungsgrad entsprechend (Kap. 4.6) wird solare Strahlungsleistung von Silizium-Dioden mit $\eta_{max} = 30,6\ \%$ in elektrische Leistung umgesetzt. Mit der Annahme ausschließlicher Wirksamkeit der p-Si-Basis und verschwindend dünnem n-Si-Emitter ($e^{-\alpha \cdot d_{em}} \approx 1$), ebenfalls vernachlässigbarer Reflexionsverluste, gilt für die *optimierte Photostromdichte* einer np-c-Si-Solarzelle

$$j_{phot,\ opt}\left(AM1,5\right)\cdot U_{L,opt}\cdot FF_{opt} = \eta_{opt}\cdot E \quad . \tag{5.19}$$

Die optimierte Leerlaufspannung kann nach Gl. 5.8

$$U_{L,opt} \approx U_T \cdot \ln\left(\frac{j_{phot,\ opt}\left(E\right)}{j_0}\right) \tag{5.20}$$

beschrieben werden. Für den optimierten Formfaktor FF_{opt} gilt Gl. 4.31. Zu dem Einfluss der Strahlungsleistungsdichte in $j_{phot,opt}(E)$ tritt hier derjenige der Sperrsättigungsstromdichte j_0, der sich aus Gl. 4.19 entnehmen lässt. Nehmen wir eine dicke Basis ($d_{ba}/L_n \rightarrow \infty$) und einen dünnen Emitter ($d_{em}/L_p \rightarrow 0$) sowie geringe Oberflächenrekombination ($s \rightarrow 0$) an, so verbleibt lediglich der Basisanteil des Elektronen-Diffusionsstromes

$$j_0 \approx q \cdot n_i^2 \cdot \frac{D_n}{L_n \cdot N_A} \quad . \tag{5.21}$$

Hierin erkennt man den direkten Einfluss der Basis-Dotierungskonzentration und des technologieabhängigen Parameters Diffusionslänge auf U_L. Die Diffusionskonstante darf in erster Näherung als konstant angenommen werden. Die Diffusionslänge ist nicht unabhängig von der Höhe der Dotierung. Nur für geringe Dotierungskonzentrationen ist eine große Diffusionslänge zu erwarten (s. Tab. 5.1). Es ist zur Abschätzung der optimierten Leerlaufspannung $U_{L,opt}$ für eine Grundtechnologie sinnvoll, in Gl. 5.21 ein Produkt $(L_n \cdot N_A)_{opt} \approx 5 \cdot 10^{14}\ cm^{-2}$ anzusetzen. Entsprechend erhält man nach numerischer Rechnung für $\eta_{max} = 30,6\%$ mit den 4 Gleichungen (4.31; 5.19; 5.20; 5.21)

$$j_{phot,\ opt} = 55\ mA/cm^2; \ U_{L,opt} = 0,65\,V; \ FF_{opt} = 0,84 \quad . \tag{5.22}$$

Die besten realisierten c-Si-Solarzellen einer Labortechnologie kommen dem abgeschätzten Wert von $j_{phot,opt}$ nahe. Beim Vergleich mit den Grenzwerten nach dem Modell der Dioden-Solarzelle (Kap. 4.6) erkennt man zwar weitgehende Übereinstimmung mit $j_{phot,opt}$, jedoch erhebliche Unterschiede bei den Werten für $U_{L,opt}$ und j_0 (s. auch Abb. 4.7 und Unterschrift).

Es gibt Möglichkeiten der Verbesserung, die z.B. im Anheben der Basisdotierung ohne gleichzeitige Verringerung der Diffusionslänge beruht. Durch technologische Zusatzmaßnahmen wie z.B. der Einbringung eines rückseitigen Hoch-Niedrig-Überganges (engl.: *back surface field* (BSF)) lassen sich L_n und N_A voneinander teilweise entkoppeln. Durch eine BSF-Technologie gelingt es, das $L_n \cdot N_A$-Produkt um ein bis zwei Größenordnungen zu erhöhen, was sich vor allem in Leerlaufspannungen im Bereich $U_L \approx 700$ mV zeigt und den Wirkungsgrad auf Werte bis zu $\eta = 27\%$ anheben könnte. Wenn reale Solarzellen noch unterhalb dieser Erwartungen bleiben, so liegt dies u.a. an den parasitären Widerständen R_S und R_P (Kap. 4.5) und an unvollkommener Absorption im Halbleitermaterial durch zu hohe Reflexionsverluste.

5.4 Kristallzüchtung

Die Herstellung von Si-Einkristallen für Zwecke der Photovoltaik erfordert einen Kompromiss zwischen der Forderung nach hoher Materialqualität und niedrigen Prozesskosten. Von technischer Bedeutung sind die Verfahren *Zonenziehen* und *Tiegelziehen*.

CZ-Silizium-Scheiben stammen von tiegelgezogenen Einkristallen nach dem CZOCHRALSKI-Verfahren (Abb. 5.6 links). Das Kristallwachstum beginnt mit dem Herausziehen eines Impfkristalles aus der Schmelze, die sich in einem Quarztiegel bei hoher Temperatur befindet. Neben einer axialen Veränderung der Dotierungskonzentration (engl.: *striations*), die zu axialen Schwankungen des spezifischen Widerstandes führt (insbesondere bei <111>-Orientierung des Kristallgitters, die <100>-Orientierung ist aufgrund des Wachstumsprozesses hierfür weniger anfällig), spielt der hohe Anteil des aus dem Quarztiegel gelösten Sauerstoffs ($N_O \geq 10^{17}\,\mathrm{cm}^{-3}$) eine wichtige Rolle für die Eigenschaften des CZ-Siliziums. Sauerstoff bildet bei langsamer Abkühlung eine Donator-Störstelle im Kristallgitter, die durch thermische Behandlung bei 650 °C und anschließendes schnelles Abkühlen (engl.: *quenching*) unterdrückt wird. Dabei entstehen mechanische Spannungen, eine Folge davon ist ein Netzwerk von Versetzungen, die sich zum Gettern von Verunreinigungen nutzen lassen, jedoch dabei die Minoritätsträger-Diffusionslänge herabsetzen. Als Getterung wird ein lokales Anreichern von Störstellen bezeichnet, welches deren Konzentration im Volumen verringert. In CZ-Silizium ist es möglich, die gesägten Scheiben zur Getterung von Störstellen auf der einen Seite einer Spezialbehandlung zu unterziehen, um an der abgewandten Seite die Minoritätsträger-Diffusionslänge zu erhöhen. Da jedoch Solarzellen keine planaren Strukturen sind, sondern die gesamte Scheibentiefe in den photovoltaischen Wandlungsprozess einbeziehen, sind hier keine Wirkungsgradverbesserungen zu erwarten. Andererseits erhöht der gelöste Sauerstoff die mechanische Stabilität von dünnen CZ-Silizium-Scheiben, was angesichts der meist großen Fläche (15×15 cm^2 bzw. $\varnothing$ 6"...8") für die Produktionsausbeute dünner Solarzellen von Bedeutung ist.

***FZ-Silizium*-Scheiben** (engl.: *floating zone* = Zonenziehen) stammen von polykristallinen Reinst-Silizium-Stäben, die durch ein Heizelement geführt werden und dabei induktiv innerhalb einer schmalen Zone aufgeschmolzen werden (Abb. 5.6 rechts). Sie hängen innerhalb eines Rezipienten in einer Schutzgasatmosphäre und wachsen entsprechend der kristallographischen Ausrichtung eines Impfkristalls. Sie bleiben wegen fehlender Berührung mit einer Gefäßwand weitgehend frei von Verunreinigungen. Durch wiederholtes Zonenreinigen lässt sich der anfängliche Fremdstoffgehalt entsprechend dem Vertei-lungskoeffizienten $k = C_s / C_l$ der Verunreinigung in fester und flüssiger Phase erheblich absenken. Für die wichtigsten Verunreingungen in Silizium gilt $k < 1$, so dass sich die Fremdstoffe an den Kristallenden stark anreichern, während das Volumen während des Zonenziehens gereinigt wird. Der spezifische Widerstand und die Minoritätsträger-Diffusionslänge von FZ-Silizium haben i. Allg. höhere Werte als in CZ-Material. Andererseits ist die mechanische Festigkeit von dünnen FZ-Scheiben geringer.

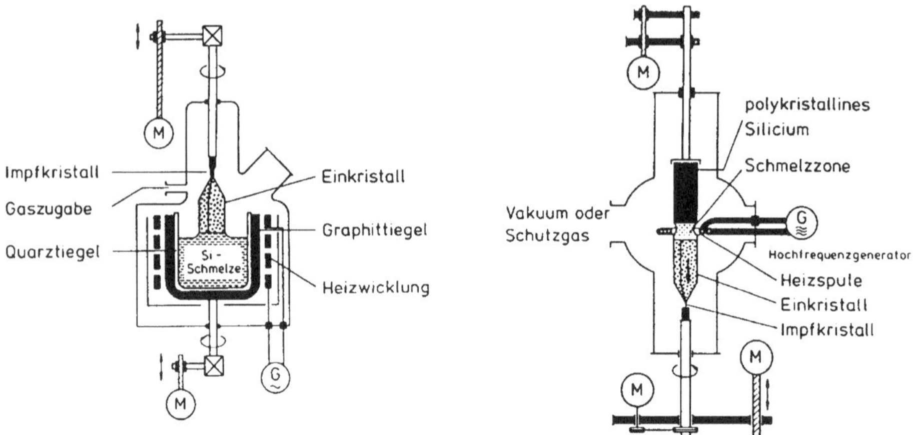

Abb. 5.6:   Herstellungsverfahren für monokristalline Silizium-Stäbe /Schu91/.

In der Praxis wählt man als Ausgangsmaterial für die industrielle Fertigung von Solarzellen der terrestrischen Photovoltaik <100>- CZ-Silizium, während teures FZ-Silizium den Hochleistungs-Solarzellen für Raumfahrtanwendungen vorbehalten bleibt (z.B. für die Energieversorgung von Nachrichtensatelliten). Allerdings werden auch mehr und mehr CZ-Raumfahrtzellen hergestellt. Aus dem Si-Einkristall werden mit der Innenloch- oder der Gatter-Säge Scheiben (engl.: *wafer*) einer Dicke von 0,2 bis 0,3 mm abgesägt, die die notwendige mechanische Stabilität bei der Produktion und der Montage bis zu 15 x 15 cm^2 oder $\varnothing = 6''...8''$ - Solarzellen gewährleistet.

Beim Innenlochsägen ist das Sägeblatt am Außenumfang eingespannt und sägt mit einer Schneide, die als Kreis nach innen gerichtet ist. Durch die Art der Einspannung wird die seitliche Schwingung des Sägeblattes sehr viel geringer als z. B. bei einer Kreissäge, deren Sägeblatt innen axial gelagert wird und deren Schneide am Außenumfang nach außen gerichtet ist. Auf diese Weise sind beim Innenlochsägen Verschnitt und Materialverlust geringer, und es lassen sich dünnere Scheiben schneiden. Noch günstiger ist die Verwendung von Gattersägen. Hier sägt gleichzeitig eine Anzahl Diamant-belegter Stahldrähte, die in Führungsrollen vor und hinter dem Sägegut gelagert sind.

Durch den Sägevorgang geht annähernd die gleiche Menge Reinst-Silizium als Sägestaub verloren, wie für die Solarzellen technisch genutzt werden kann: ein bedauerliches, aber für diese Zellen bis heute nicht vollständig abgestelltes Herstellungsdefizit. Abhilfe schafft hier z.B. das EFG-Verfahren des Folien-Ziehens (s. Abb. 6.7).

5.5 Präparation

Ausgangsmaterial:	CZ-Einkristall ($\varnothing$ 6"..8"; 2 m lang, <100>-Orientierung, 1...10 Ωcm, p-leitend (Bor).
1. Sägen:	Innenloch-Sägen von Scheiben: Dicke = 200...400 μm.
2. Läppen und Reinigen:	Schleifmittel Al_2O_3 (10 μm Körnung), Abtrag beiderseitig auf 180, 200 oder 250 μm Scheibendicke; Ätzen in KOH.
3. Implantation des rückseitigen pp^+-Überganges:	Bor-Implantation zur Erzeugung eines p^+-Bereiches im p-Grundmaterial für ein Rückseitenfeld (BSF) und den Kontaktbereich.
4. Emitter-Diffusion:	Aufbringung einer Diffusionsmaske auf der Rückseite, Phosphordiffusion im Quarzrohr ($PBr_3 + N_2$ bei 800 °C, Diffusionstiefe 0,1 μm bis 0,2 μm).
5. Metallisierung:	Rückseite: Al ganzflächig im Vakuum aufgedampft, Vorderseite: Fingerstruktur, Ti/Pd/Ag im Vakuum aufgedampft, Einsintern bei 400 °C.
6. Optische Vergütung:	(= ARC, engl.: _anti-reflective coating_) TiO_x (1 $\leq$ x $\leq$ 2) oder Ta_2O_5 aufgesputtert im Vakuum, Einsintern bei 400 °C.
7. Trennen der Zellen:	„Vereinzeln": Raumfahrtzellen: $2 \cdot 4$ cm^2, $4 \cdot 6$ cm^2.
8. Testen der Einzelzellen:	Visuell: ARC-Inhomogenitäten, mechanisch: Kontakthaftung, optoelektronisch: I(U)-Kennlinie bei AM0 bzw. AM1,5-Bestrahlung.
9. String- und Modulaufbau:	Zell-Auswahl für String (I_K), String-Auswahl für Module (U_L), Elektroschweißung der Verbinder, Deckglas-Klebung und Aufbringung auf Träger, Blitzlicht-Prüfung der Module.

Produkt:	Module aus n^+pp^+-c-Si-Solarzellen,
	Diffusionslänge L_n > 200 μm bei Zellendicke $d_{SZ} \approx$ 180 μm,
	Wirkungsgrad η_{AM0}(T = 28°C) $\geq$ 15%,
	Strahlungstest (e / 10^{15} cm^{-2}, 1 MeV): η / $\eta_0 \geq$ 0,70 ,
	Hochleistungs-Solarzellen für individuell konzipierte Satellitengeneratoren (1..20 kW).

Bemerkung zur BSF-Implantation (Schritt 3):

Die zusätzliche Rückseiten-Implantation eines isotypen pp^+-Überganges erzeugt eine zusätzliche Raumladung, an der die Überschusselektronen elektrisch ins Volumen zurückgetrieben („reflektiert") werden (Abb. 5.7), was zu einer scheinbaren Erhöhung der Diffusionslänge und damit zu einer scheinbaren Erniedrigung der Rückseiten-Oberflächenrekombinationsgeschwindigkeit führt. Durch die größere Dotierungskonzentration wird das Fermi-Niveau näher an die Bandkante geführt, wodurch zusätzlich die Leerlaufspannung anwachsen kann. Außerdem wird durch die p^+-Dotierung unter der Metallisierung leichter ohmsches Kontaktverhalten erzielt /God73/.

Abschließend zeigt die Abb. 5.9 Messergebnisse einer strahlungsresistenten np-c-Si-Raumfahrt-Solarzelle: links die spektrale Empfindlichkeit S = f(λ), rechts die Generator-Kennlinie I(U) für das AM0-Spektrum mit dem Punkt maximaler Leistungsabgabe („P_{max}"). (*Zur Problematik der Strahlenresistenz s. Kap. 5.7*). Die Messungen wurden an einer 4 cm²-Solarzelle durchgeführt, der ermittelte Wirkungsgrad beträgt η = 14,1%, der Füllfaktor FF = 71,6% und der optimale Lastwiderstand R_L = 2,8 Ω.

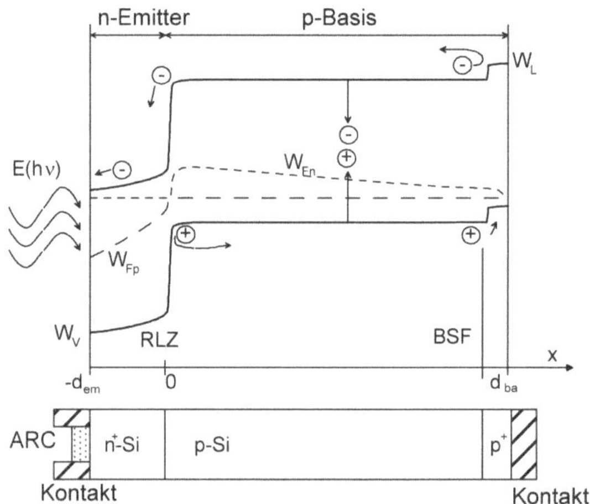

Abb. 5.7:   Bändermodell einer Solarzelle mit Rückseitenfeld.

Abb. 5.8 zeigt ein typisches Datenblatt von monokristallinen CZ-Solarzellen für den terrestrischen Einsatz.

Bosch Solar Cell M 3BB | Bosch Solar Energy

Monokristallines hochohmiges CZ-Silizium

Produkteigenschaften	
Abmessungen	**156 mm x 156 mm** (±0,5 mm) pseudoquadratisch
Diagonale	205 mm ±1 mm
mittlere Dicke	**200 µm** (±40 µm) / **180 µm** (±30 µm)
Vorderseitenkontakte (−)	**3 x 1,5 mm Busbar** (Silber), texturiert, Siliziumnitrid-Antireflexbeschichtung
Rückseitenkontakte (+)	**3 x 4 mm Busbar** (Silber), geschlossenes Aluminium BSF
Dunkel-Rückwärtsstrom	I_{sw} < 1,5 A @ −12V

Elektrische Daten:

Leistungs-klasse	Effizienz [%]	Pmpp* [W]	Vmpp* [mV]	Impp* [mA]	Voc* [mV]	Isc* [mA]
4,19	17,27–17,47	4,19	520	8 070	617	8 650
4,14	17,07–17,27	4,14	514	8 011	609	8 595
4,09	16,87–17,07	4,09	509	8 000	607	8 584
4,04	16,67–16,87	4,04	507	7 969	605	8 567
3,99	16,47–16,67	3,99	504	7 933	603	8 527
3,94	16,26–16,47	3,94	503	7 853	599	8 430
3,89	16,06–16,26	3,89	499	7 821	596	8 403
3,85	15,86–16,06	3,85	496	7 757	596	8 377
3,80	15,66–15,86	3,80	495	7 675	597	8 349
3,75	15,45–15,66	3,75	493	7 610	598	8 342

Die elektrischen Daten gelten bei Standard-Test-Bedingungen (STC): 1000 W/m², AM 1,5; 25 °C; Toleranz P: ±1,5% rel. **

Temperaturkoeffizienten: α (I_{sc}): +0,03%/K   β (V_{oc}): −0,37%/K   γ (P_{mpp}): −0,51%/K

Lagerbedingungen:
▸ vor Staub geschützt bei Raumtemperatur trocken lagern

Verarbeitungsempfehlungen:
▸ Lötverbinder
  – verzinnte Kupferbänder
  – 2,0 mm x 0,15 mm
  – Beschichtung: 10–15 µm

Schwachlichtverhalten:

Intensität [W/m²]	Vmpp [%]	Impp [%]
1000	0,0	0
800	0,0	−20
700	0,0	−30
600	−0,9	−40
400	−2,1	−60
300	−2,9	−70
200	−5,1	−80
100	−8,7	−90

Die elektrischen Daten gelten bei 25 °C und AM 1,5.

* Diese elektr. Kenngrößen sind typische Mittelwerte aus historischen Produktionsdaten. Die Bosch Solar Energy AG übernimmt keine Garantie für die Genauigkeit dieser Daten bei zukünftigen Fertigungschargen.

** Der Wert der Toleranz bezieht sich auf eine Referenzzelle, welche durch das Fraunhofer ISE in Freiburg kalibriert wurde.

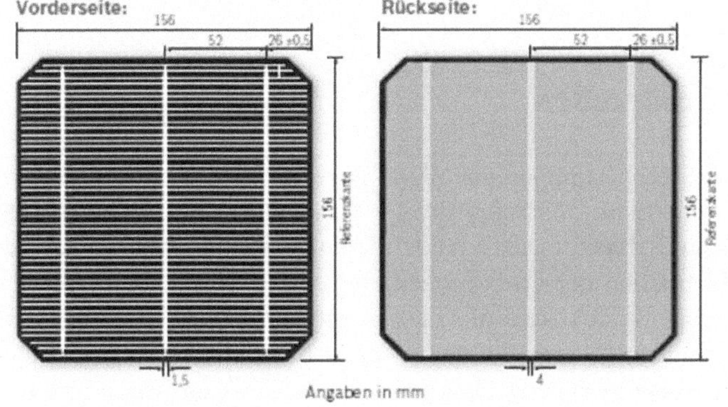

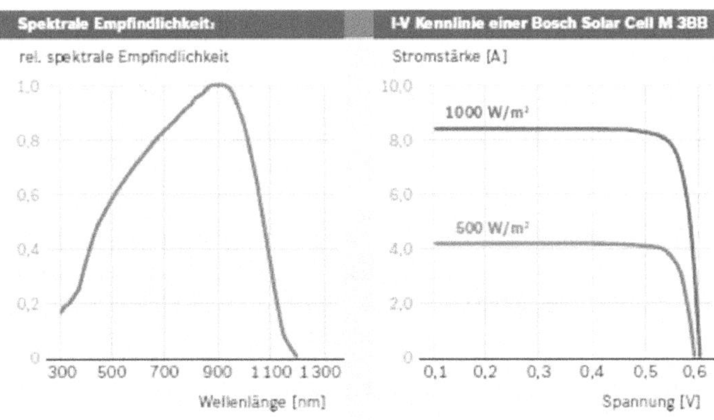

Abb. 5.8:
Datenblatt der Silizium-Solarzelle M 3BB für terrestrische Verwendung aus hochohmigem monokristallinem CZ-Material Bosch Solar Energy AG, Erfurt

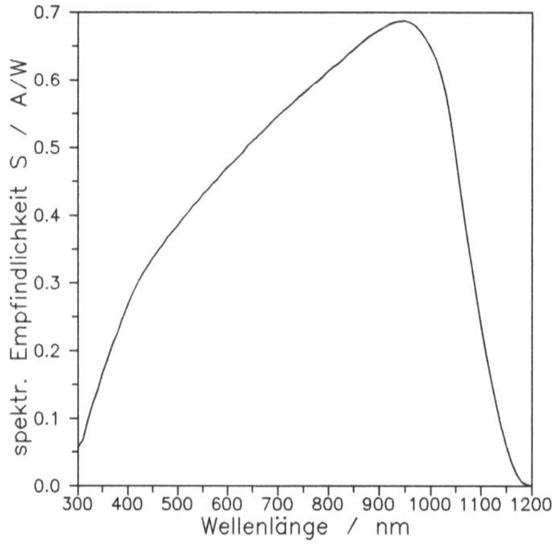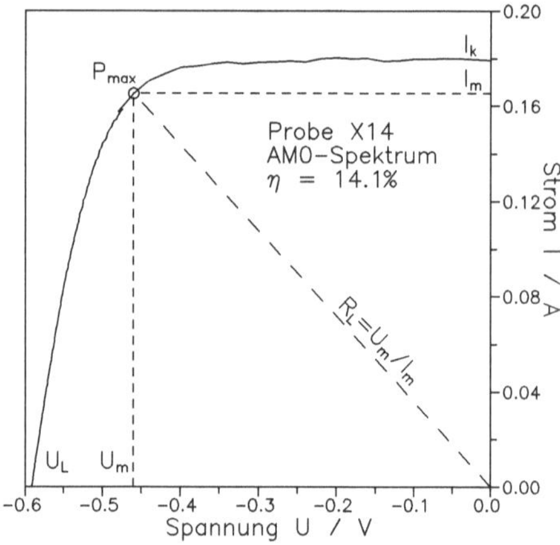

Abb. 5.9:   Messdaten einer np-Raumfahrt-Solarzelle bei T = 25°C (Fläche A = 4 cm^2).
               links: Spektrale Empfindlichkeit S = f(λ),
               rechts: Generator-Kennlinie I = f(U) bei simulierter AM0-Bestrahlung
               (136,7 mW/cm^2).

5.6 Hochleistungs-Solarzellen

Wie in Kap. 4 herausgearbeitet, bestimmen die Werte des Absorptionskoeffizienten $\alpha(\lambda)$ im Bereich des Sonnenspektrums und diejenigen der Diffusionslänge der Minoritätsträger im Bereich der absorbierenden Schicht (also i. Allg. diejenige der Elektronen L_n) bzw. ihr Produkt $\alpha \cdot L_n$ (Gl. 5.2) die Qualität der Energiewandlung. Wenn $\alpha \cdot L_n > 1$ gilt, verschwindet die Abhängigkeit von diesem Produkt und die Photostromdichte wird maximal. Beim c-Si lässt sich die Absorptionskante $\alpha(\lambda)$ des Halbleiters nicht beeinflussen, ebenso wenig lässt sich die Minoritätsträger-Diffusionslänge L_n über gewisse Grenzen steigern.

Ein wichtiger Kunstgriff ist dann, den Weg der Lichtstrahlen innerhalb einer dünneren Probe zu verlängern (engl.: *light trapping*). Dies gelingt durch *Texturierung* der Oberfläche (Anätzen oder Laser-Furchen), wodurch die Lichtstrahlen stets unter einem flachen Winkel in die Solarzelle hineingebrochen werden und der zunächst reflektierte Anteil noch eine zweite Chance bekommt, in die Solarzelle zu gelangen (Abb. 5.10). Die Solarzellen-Rückseite kann ebenso strukturiert oder aufgeraut werden, um im Bauelement nicht-absorbiertes Licht in die Zelle zurück zu reflektieren.

Durch die Anätzung oder Furchung der Oberfläche wächst i. Allg. die Oberflächen- rekombination. Da sich die Absorption der unter flachem Winkel eintretenden Strahlen nun oberflächennäher abspielt, sollte die Oberflächenrekombinationsgeschwindigkeit an der Vorder- und Rückseite so gering wie möglich sein, unabhängig davon, ob ein sehr flacher oder tief ausgedehnter Emitter existiert.

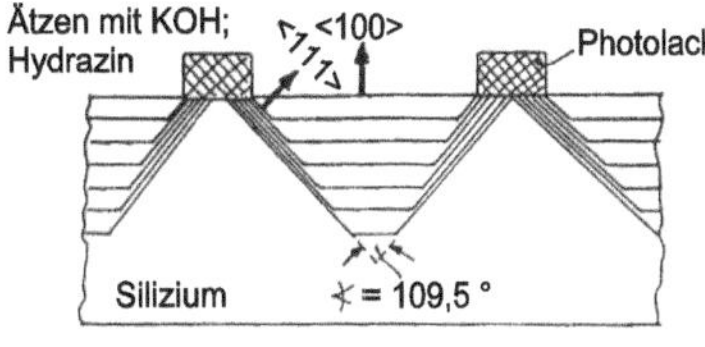

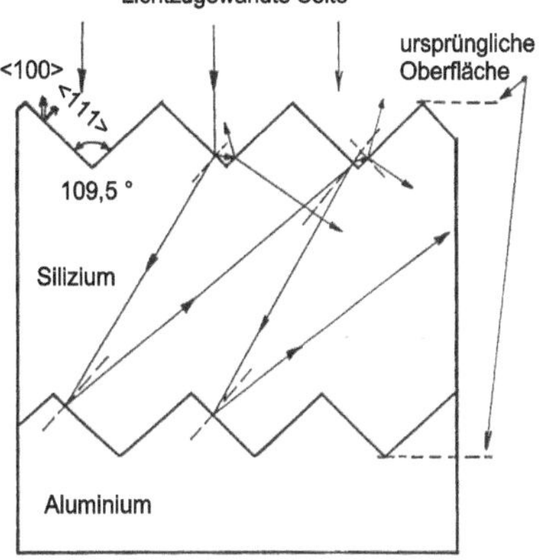

Abb. 5.10: <u>oben</u>: Erzeugung von Lichtfallen durch anisotropes Ätzen einer <100>-Si-Oberfläche mit KOH oder Hydrazin. Darstellung des schrittweisen Abtrags von Silizium in unterschiedlicher Dicke für die beiden angegebenen Kristallrichtungen mit dem Ergebnis der Bildung von Furchen. Der Ätzabtrag entspricht der Besetzung der Kristallebenen durch Silizium-Atome: er ist langsam für die dicht-besetzte <111>-Ebene und schnell für die weniger dicht besetzte <100>-Ebene.
<u>unten</u>: Schematisierte Funktion der Lichtfallen durch eingeätzte Oberflächenfurchen (engl.: *grooves*).

Indem wir uns mit der geschichtlichen Entwicklung der Hochleistungs-Solarzellen aus Silizium beschäftigen, gewinnen wir Verständnis für Arbeitsschritte, die heute selbstverständlich sind.

Seit Mitte der achtziger Jahre wurden von Arbeitsgruppen aus New South Wales (Australien) und Stanford (Kalifornien) Hochleistungs-c-Si-Solarzellen vorgestellt, die die weiter oben genannten Forderungen erfüllen, weil deren Bauelement-Oberflächen konsequent im Sinne der Mikroelektronik bearbeitet werden. Allerdings trieben die dabei angewandten teuren Prozessschritte (Photolithographie, Strukturätzen mit nachfolgender thermischer Oxidation u.a.) die Kosten der Solarzellen in die Höhe. Andererseits entstanden so wichtige Einsichten über neuartige „abgemagerte" Prozessschritte, die sich kostengünstig im industriellen Produktionsablauf realisieren ließen.

Die erste Solarzelle dieser Art war die australische µg-PESC-Solarzelle (<u>*microgrooved* *p*assivated *e*mitter *s*olar *c*ell</u>, Abb. 5.11). Diese Solarzelle war mit einem Laser gefurcht und oxidiert worden und enthielt eine p^+-BSF-Schicht.

Eine Weiterentwicklung war die Single-Sided Laser Grooved Buried Contact Solar Cell (Abb. 5.12). Die texturierten Vorder- und Rückseiten sind durch Anisotropie-Ätzen (z.B. in KOH) erzielt worden, die Laser-Furchung (20 µm breit, 60 µm tief) bezieht sich auf die Vorderseitenkontakte, die durch eine zusätzliche Diffusion (n^{++}) und durch Nickel- und Kupfer-Abscheidung elektrisch optimiert wurden. Der Schlusspunkt dieser Entwicklung ist die Double-Sided Laser Grooved Buried Contact Solar Cell, bei der der Rückseitenkontakt ebenfalls durch Laser-Furchung und Metall-Platierung optimiert wurde, einschließlich der

p^+-BSF-Schicht (Abb. 5.13). Hier werden Spitzenwirkungsgrade von $\eta_{AM1,5} = 24{,}8\%$ für c-Si erreicht.

Die Stanford-Gruppe stellte um 1985 eine c-Si-Hochleistungssolarzelle als Punkt-Kontakt-Bauelement vor, bei dem beide Kontakte (für n^+-Emitter und p^+-Basis) auf der Rückseite wie Finger ineinandergreifen (engl.: *interdigitated contacts*) und so die rekombinationsempfindliche Vorderseite optimal zu passivieren gestatten (Abb. 5.14). Mit einer KOH-Texturierung und thermischer Oxidation erzielte man mit dünnem ($\approx 150\,\mu m$) hochohmigen FZ-n-Si-Material im konzentrierten Sonnenlicht $\eta_{(100\,x\,AM1,5)} = 27{,}5\%$, im einfachen Sonnenlicht $\eta_{AM1,5} = 22{,}2\%$. Bemerkenswert niedrig liegen die angegebenen Rekombinationsparameter: $\tau > 1{,}5$ ms und s < 8 cm/s.

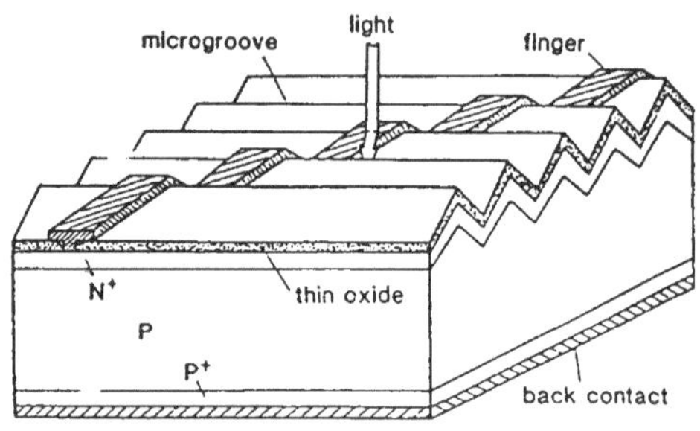

Abb. 5.11:   µg-PESC-Solarzelle /Gre85/, ηAM1,5 = 21,5%.

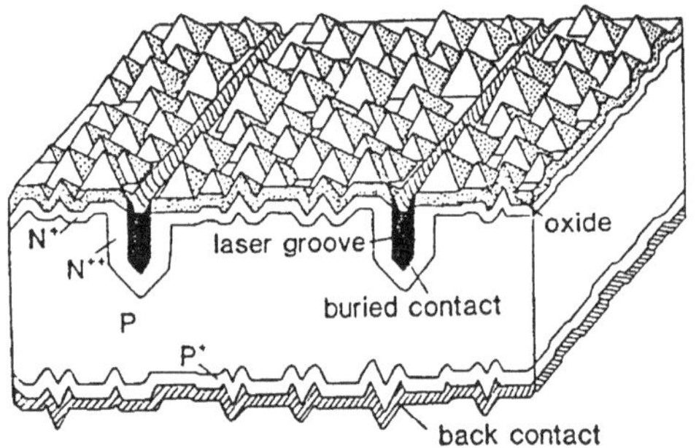

Abb. 5.12:   Single-sided laser grooved buried contact Solarzelle /Gre87/, ηAM1,5 = 19,4%.

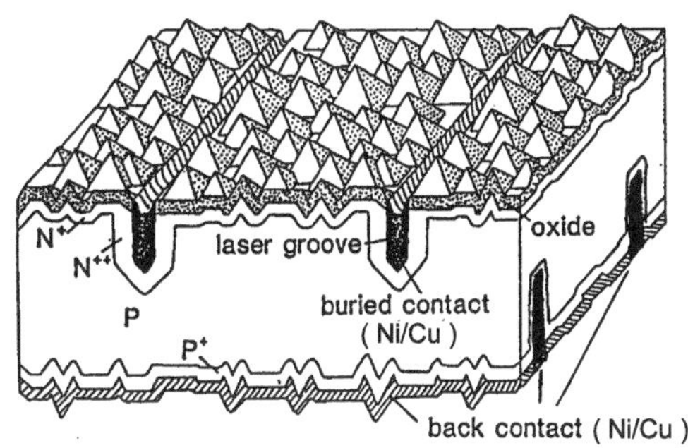

Abb. 5.13:   Double-sided laser grooved buried contact Solarzelle /Gre90/, ηAM1,5 = 23,5%.

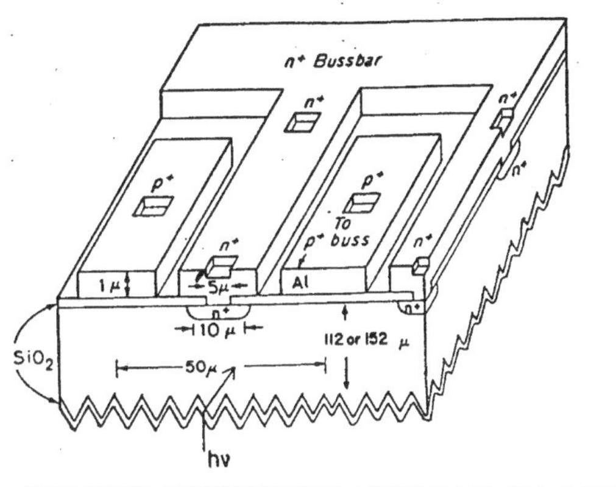

Abb. 5.14:   Punktkontakt-Hochleistungs-Solarzelle mit Fingerstruktur /Sin86/,
               η(100 x AM1,5) = 27,5%.

Die hier betrachteten Solarzellen erreichten höchste Wirkungsgrade nur unter erheblichem Aufwand. An solchen Bauelementen konnte man vor allem lernen. Für die meisten Anwendungen waren sie unwirtschaftlich. „Abmagerung" von aufwändigen Produktionsschritten blieb ständige Forderung.

Erheblicher Forschungsbedarf besteht auch noch weiter in Hinblick auf die Herstellung preiswerter und effizienter Solarzellen. Dabei geht es auch weiterhin um die Vermeidung aufwändiger Prozessschritte wie Hochtemperatur- und Vakuumprozesse und Photolithographie und um das Einsparen wertvollen Materials. Wenn es gelingt, durch Lichtfallen, Oberflächentexturierung, eingelagerte optische Streuzentren o.ä. die Strahlung in viel dünneren Schichten zu absorbieren, so kann die Dicke einer Silizium-Solarzelle auf etwa 20 μm reduziert werden. An die Volumenqualität des Materials können dann weit geringere Anforderungen gestellt werden. Beispielsweise lassen sich keramische Fremdsubstrate verwenden, auf denen dünne Silizium-Schichten abgeschieden werden /Ehr00/. Eine Diffusionslänge, welche die Basisdicke um das Zwei- bis Dreifache übertrifft, reicht vollkommen, um alle generierten Ladungsträger einzusammeln.. Nach Gl. 4.19 ist für eine dünne Basis zusätzlich eine Verringerung des Sperrsättigungsstromes zu erwarten. Eine daraus resultierende erhöhte Leerlaufspannung ist experimentell nachgewiesen /Kol93/.

5.7 Degradation der Solarzelleneigenschaften beim Einsatz im Weltraum (radiation damage)

Beim Einsatz im Weltraum erleiden die Solarzellen einer Satelliten-Energieversorgung im Laufe der Zeit eine Verschlechterung ihrer Betriebseigenschaften, die durch Elektronen und Protonen des Sonnenwindes verursacht wird (engl.: *radiation damage*). Infolge des erdmagnetischen Feldes werden die geladenen Teilchen eingefangen und führen ihren Energien entsprechend Kreisbewegungen um Magnetfeldlinien aus. Ihre Bahnen ähneln dabei Spiralen, mit weiten Kreisen und großer Steigung im Äquatorialbereich und engen Kreisen mit stetig verringerter Steigung bei der Annäherung an die Pole, bis im inhomogenen Magnetfeld der Polumgebung sie ihre Bewegung längs der Feldlinie umkehren (Magnetische Spiegelung) und sie dem anderen Pol zustreben. Beim Kontakt mit den obersten Stratosphären-Schichten geraten die Teilchen in Wechselwirkung mit Luftmolekülen, bei der sie jeweils Energie verlieren (Polarlichter), bis sie schließlich – nach durchschnittlich 30 Tagen – rekombinieren. Solare Elektronen im Energiebereich E ($0{,}05 \leq E/\text{MeV} \leq 4{,}00$) und Protonen ($0{,}1 \leq E/\text{MeV} \leq 4{,}00$) bilden dabei schalenförmige Gürtel der solaren Teilchen um die Erde (**Van Allen-Strahlungsgürtel**).

Die **Synchronbahn eines Erdsatelliten**, der über einem vorgegebenen Punkt der Erdoberfläche scheinbar stillsteht, verläuft in der Höhe von rund 36.000 km über dem Äquator und damit im Zentrum eines der Van Allen-Strahlungsgürtel. Durch die Wechsel-wirkung zwischen geladenen Teilchen und Satellitenmaterie können schwere Funktions-schädigungen in den elektronischen Komponenten auftreten. Dies gilt im besonderen Maße für die Solarzellen-Module, die nur in begrenzter Weise durch Deckgläser abgeschirmt werden können.

Man beobachtet zwei unterschiedliche Effekte der Wechselwirkung von Halbleitern mit hochenergetischer Strahlung. Zum einen erzeugen geladene hochenergetische Teilchen beim Durchgang durch Materie auf ihren Trajektorien Ladungen beiderlei Vorzeichens, die durch Rekombination mit typischen Zeitkonstanten wieder verschwinden (**transienter Ionisationseffekt**). Zum anderen versetzen hochenergetische Teilchen im Stoß Gitteratome auf Zwischengitterplätze und bilden damit *Frenkel-Defekte*, bei genügend hoher Energie sogar in Kaskadenform (**remanenter Versetzungseffekt**). Frenkel-Defekte können bei erhöhter Temperatur ($T \sim 700...800\ °C$) wieder ausgeheilt werden.

Transienter Ionisierungseffekt in Halbleiterbauelementen

Für Solarzellen sind die Auswirkungen der transienten Ionisierung beim Durchgang hochenergetischer Teilchen des Van Allen-Strahlungsgürtels von geringer Bedeutung: sie tragen in nicht messbarer Weise zum Photostrom der Solarzelle bei. Andere Halbleiterbauelemente jedoch, die für ihre Funktion wichtige Bereiche oberflächennah unter dielektrischen Siliziumdioxid-Schichten aufweisen, werden durch eine nicht-rekombinationsfähige Aufladung dieser Schichten erheblich in ihrer Funktion gestört. Dazu zählen alle Bauelemente der Silizium-Planartechnologie, insbesondere MOS-Bauelemente. Hier muss man mittels anderer Maßnahmen (*Strahlungshärtung*) das Strahlungsrisiko klein halten.

Remanenter Versetzungseffekt im Halbleitermaterial

Zusätzliche **Frenkel-Defekte** der Dichte $N_{Frenkel}$ erzeugen zusätzliche energetische Lagen im Bereich der Verbotenen Zone der Elektronenenergie, die bei nicht zu hoher Dichte $N_{Frenkel}$ die Diffusionslänge der Minoritätsladungsträger verkürzen, bei sehr hoher Dichte $N_{Frenkel}$ ($\sim$ Dotierung des Halbleiters) zusätzlich die Dotierung beeinflussen. Auf der Synchronbahn kommt es nach der Betriebszeit t und bei der Teilchen-Stromdichte φ (in Teilchenzahl cm^{-2} s^{-1}) ionisierender hochenergetischer Teilchen mit der akkumulierten Dosis $\varphi{\cdot}t$ i. Allg. lediglich zur Verkürzung der ursprünglichen Diffusionslänge L_0 nach der Gl. 5.23

$$\frac{1}{L^2(\varphi{\cdot}t)} = \frac{1}{L_0{}^2} + K_L \cdot \varphi \cdot t \tag{5.23}$$

wobei die **Schädigungskonstante der Diffusionslänge** K_L (in pro Teilchen) für unterschiedliche Halbleiter von der Dotierung abhängt. Für die Schädigungskonstante benutzt man Werte für Silizium unter Elektronenbestrahlung (E $\sim$ 1...2 MeV) von $K_L \sim 10^{-8}$ / Elektron und für Galliumarsenid von $K_L \sim 10^{-6}$ / Elektron. Die Protonen-Komponente der Strahlung kann man i. Allg. durch ein Deckglas entscheidend abschwächen.

Für Solarzellen wird vor allem dieser remanente Versetzungseffekt wichtig, weil sich durch ihn die Diffusionslänge der Minoritätsladungsträger verkürzt. Neben der Verringerung des Wandlungswirkungsgrades beobachtet man ebenfalls eine Verschiebung des Maximums der spektralen Empfindlichkeit zu kürzeren Wellenlängen. Für die Praxis zählt meist die Verringerung des Anfangswertes des Wandlungswirkungsgrades (**BOL-Wert**, engl.: *beginning of life*) auf seinen Missions-Endwert (**EOL**, engl.: *end of life*), und man wählt Solarzellen, deren EOL/BOL-Verhältnis während einer Satelliten-Mission mit einer Belastung von $\varphi{\cdot}t \leq 10^{15}$ cm^{-2} nicht unter 70% fällt (Abb. 5.16, *Electrical Data / Average Efficiency*). Für eine Lebensdauer von 8 bis 10 Jahren lässt sich dies mit Solarzellen aus III/V-Halbleitern am einfachsten erreichen.

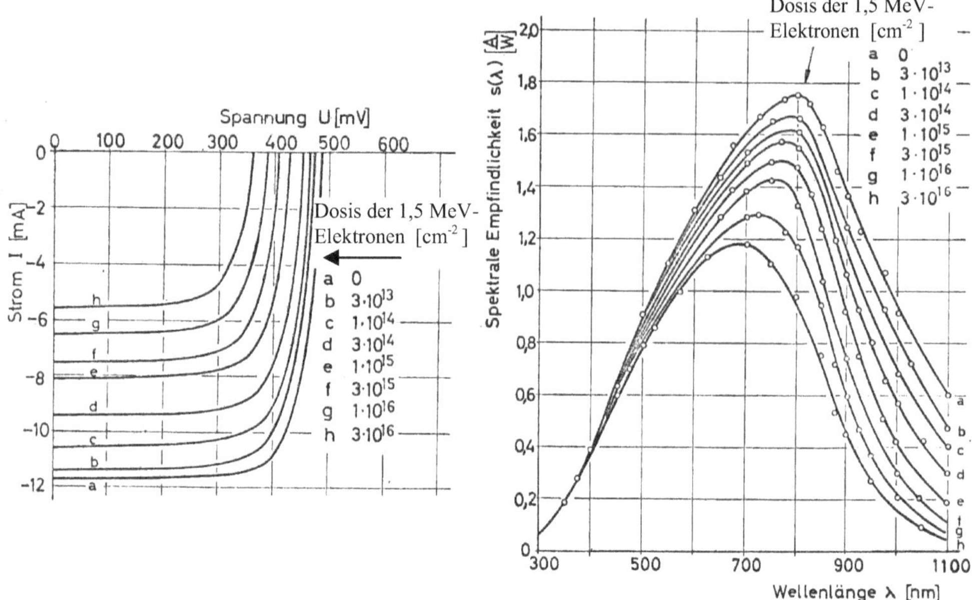

Abb. 5.15:   Veränderung der Generator-Kennlinie I(U) (links) und der spektralen Empfindlichkeit S(λ) (rechts) durch eine Bestrahlung mit hochenergetischen Elektronen (1,5 MeV) steigender Dosis. Beleuchtung mit geringer Bestrahlungsstärke von 10 mW/ cm^2 /Spe68/.

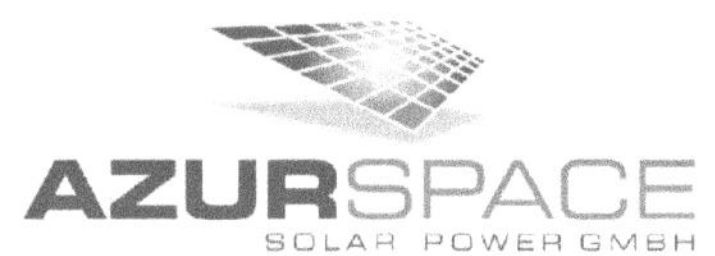

Cell Type: S 32
(with inverted pyramides)

Design and Mechanical Data

Base Material	CZ, <1-0-0>
AR-coating	TiO_x/Al_2O_3
Dimensions	74.0 x 31.9 mm ± 0.1 mm
Cell Area	23.61 cm²
Average Weight	≤ 32 mg/cm²
Epi-Wafer Thickness	130 ± 30 µm
Ag - Thickness	3 – 11 µm
Grid Design	Improved grid system with 3 contact pads
Resistivity	p (B) 2 ± 1 Ωcm
Shadow Protection	Integrated Zener by-pass diode Irev = 55 mA/cm² (1.2 Isc) @ Vrev = 5 – 6 V

Electrical Data

		BOL	3E14	1E15	3E15
Average Open Circuit V_{OC}	[mV]	628	0.914	0.888	0.851
Average Short Circuit J_{SC}	[mA/cm²]	45.8	0.882	0.846	0.758
Voltage at max. Power V_{pmax}	[mV]	528	0.912	0.885	0.844
Current at max. Power J_{pmax}	[mA/cm²]	22.9	0.799	0.741	0.639
Average Efficiency ηbare	[%]	16.9	0.799	0.741	0.639

Test Conditions: AMO Spectrum ; Light Intensity E = 135.3 mW/cm²; Cell Temperature T_c = 28°C

Standard: CNES 01-23MV1

BOL measurement accuracy: ± 1.5 % relative

Temperature Gradients

Open Circuit Voltage dV_{oc}/dT	[mV/°C]	- 2.02	- 2.14	- 2.17	- 2.20
Short Circuit Current dJ_{sc}/dT	[mA/cm²/°C]	0.030	0.045	0.055	0.059
Voltage at max. Power dV_{mp}/dT	[mV/°C]	- 2.07	- 2.22	- 2.19	- 2.25
Current at max. Power dJ_{mp}/dT	[mA/cm²/°C]	0.004	0.023	0.027	0.035

Threshold Values

Absorptivity	≤ 0.78 (CMX 100 AR/IRR)
Pulltest	> 5 N at 45° welding test (with 35 µm Ag stripes)
Status	Qualified

Abb. 5.16:   Datenblatt der Silizium-Dünnschicht-Solarzelle S32 für die Raumfahrt (mit Ätzung invertierter Pyramiden zur Minderung der optischen Reflexion an der Oberfläche) AZUR SPACE Solar Power GmbH Heilbronn

6. Polykristalline Silizium-Solarzellen

Silizium als Werkstoff für mikroelektronische und leistungselektronische Bauelemente wird mit hoher Reinheit als einkristallines EGS-Material (electronic grade silicon) hergestellt. Während für Chips und Thyristoren die Herstellungskosten des Siliziums keine große Rolle spielen, bilden sie für Solarzellen, deren gewandelte elektrische Leistung proportional zur bestrahlten Fläche ist, einen beträchtlichen Teil der Gesamtkosten. Ebenfalls spielt die zur Herstellung aufgewendete Energie eine wichtige Rolle unter dem Gesichtspunkt: wie lange müssen Solarzellen im Sonnenlicht arbeiten, um die zu ihrer Herstellung aufgewendete Energie wieder zu gewinnen? Diese Überlegungen führen zur energetischen *Amortisations-* oder *Erntezeit* (s. Tafel in Kap. 6.2). Bei den kristallinen Solarzellen aus Wafern kommt weiter hinzu, dass die mechanische Stabilität der Zelle (Vermeidung von Bruch bei der industriellen Produktion) über die Zellendicke (> 0,2 mm) eingestellt wird. Deshalb hat man neuartige, an den spezifischen Bedürfnissen der Photovoltaik-Fabrikation ausgerichtete Verfahren entwickelt, um die Herstellung auch dünner Solarzellen bruchfrei ablaufen zu lassen. Beim multikristallinen Silizium lässt man eine Minderung von wichtigen Parametern (Fremdstoffgehalt und einwandfreies Kristallwachstum) in kalkulierter Weise zu. Freilich muss man in diesem Fall für das SGS-Material (solar grade silicon) einen etwas verringerten Energiewandlungs-Wirkungsgrad in Kauf nehmen, der von der durch Fremdstoffe und Gitterunregelmäßigkeiten sehr empfindlich beeinträchtigten Minoritätsträger-Diffusionslänge (s. Kap. 5) herrührt. Wir stellen zunächst die Raffination und die typischen Silizium-Technologien zusammen, um uns über den Aufwand für den Massenartikel polykristalline Silizium-Solarzelle Rechenschaft zu geben.

6.1 Aufbereitung des Ausgangsmaterials zum SGS-Silizium

Quarzit und Sand stehen als Ausgangsmaterial für die Silizium-Raffination weltweit zur Verfügung: mehr als ein Viertel der Erdkruste besteht aus SiO_2. Allerdings bedarf es erheblichen Aufwandes, nicht zuletzt an Energie, um Silizium in der gewünschten Reinheit zu gewinnen (s.Tafel in Kap.6.2).

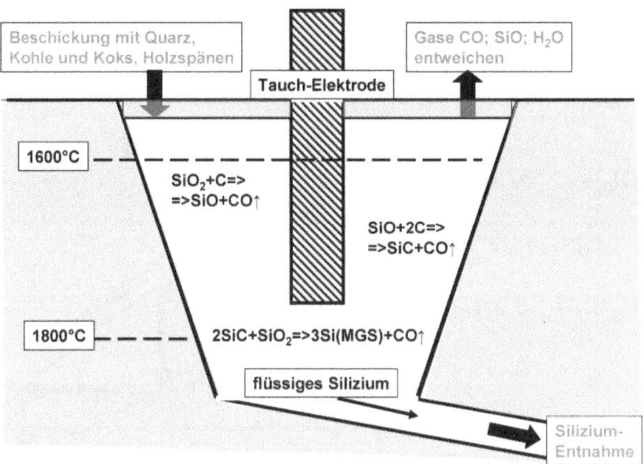

Abb. 6.1:   Elektrischer Lichtbogen-Ofen mit Graphit-Wandung und Graphit-Elektrode sowie eingesetzter Ofenfüllung. Die Temperatur-Zonen mit vorherrschender Reaktion zur Reduktion des SiO_2 sind eingezeichnet.

Man beginnt mit der *carbothermischen Reduktion* des Ausgangsmaterials im elektrischen Lichtbogen-Ofen, in dem SiO_2 bei 1600 °C geschmolzen wird mit dem Zuschlag von Kohle, Koks und Holz (Abb. 6.1). Die Elementarreaktion

$$SiO_2 + 2\ C + 14\ \text{kWh/kg-Si} \rightarrow Si + 2\ CO \uparrow \tag{6.1}$$

führt zu MGS-Silizium (<u>m</u>etal <u>g</u>rade <u>s</u>ilicon) mit 98% Reinheit von Fremdstoffen.

Der nächste Schritt zur Raffination des SGS-Siliziums ist die *Fraktionierte Destillation*. Dafür wird das MGS-Silizium gemahlen und heißer Salzsäure ausgesetzt. Dabei entstehen gasförmige Chlorsilane, die dem Verfahren der Fraktionierten Destillation unterworfen werden. In wohlgeordneter Reihenfolge absteigender Siedetemperatur können die einzelnen „*Fraktionen*" der Chlorsilane voneinander getrennt werden. Bei den Fraktionen handelt es sich im einzelnen um *$SiCl_4$ / Siliziumtetrachlorid* mit einem Siedepunkt von 57,6 °C, *$SiHCl_3$ / Trichlorsilan* mit einem Siedepunkt von 31,8 C, *SiH_2Cl_2 / Dichlorsilan* mit einem Siedepunkt von 8,3 °C, *SiH_3Cl / Monochlorsilan* mit einem Siedepunkt von -30,4 °C und *SiH_4 / Silan* mit einem Siedepunkt von -112,3 °C. Die Destillation der Chlorsilane richtet sich nach dem *Siedediagramm* (Abb. 6.2), das mit dem Gemisch aller gasförmigen Silizium-Verbindungen und Verunreinigungen (d.h. mit einer Temperatur > 57,6 °C) beginnt und beim reinen SGS-SiH_4-Gas enden kann (also bei einer Destillationstemperatur von < -30,4 °C und anschließender Erwärmung).

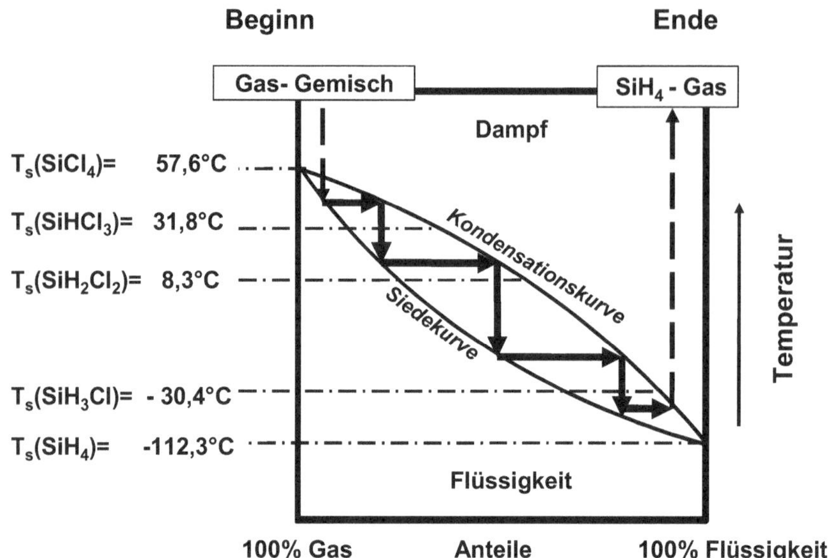

$T_s(SiCl_4)=$ 57,6°C
$T_s(SiHCl_3)=$ 31,8°C
$T_s(SiH_2Cl_2)=$ 8,3°C
$T_s(SiH_3Cl)=$ - 30,4°C
$T_s(SiH_4)=$ -112,3°C

Abb. 6.2:   Siedediagramm der Chlorsilane mit Siedetemperaturen T_S und Fraktionierte
             Destillation. Beginn mit dem gesamten Gasgemisch bei hoher Temperatur (T>57,6 °C),
             Ende nach ausreichender Zeit der Abkühlung des Gases unter T < -30,4 °C und
             Wiedererwärmung des verbliebenen gereinigten Silan-Gases.

Fraktionierte Destillation wird großtechnisch durchgeführt in mehreren *Rektifizierkolonnen*
(jeweils für eine einzelne Temperatur zwischen zwei Siedepunkten) mit mehreren Böden. Die
Kolonnen haben meist erhebliche Größe, wie in einer Raffinerie zur Fraktionierten
Destillation von Erdöl. Abb. 6.2 zeigt im Siedediagramm den Ablauf einer vollständigen
Trennung der verschiedenen Chlorsilan-Fraktionen.

Meist beschränkt man sich auf die *Gewinnung von Trichlorsilan / TCS*. Abb. 6.3 stellt das
Prinzip zur Gewinnung von hochreinem Trichlorsilan mit zwei Rektifizier-Kolonnen vor.
Dabei nutzt man die beiden technisch bequemen Temperaturen 20 °C und 40 °C. Abb. 6.4
zeigt das Siedediagramm bei der Benutzung von zwei Kolonnen.

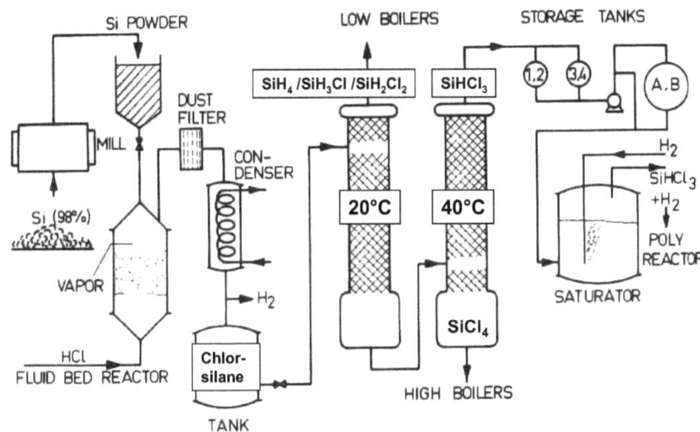

Abb. 6.3: Schema der Gewinnung von hochreinem Trichlorsilan mit zwei Rektifizier-Kolonnen bei 20 °C und 40 °C. (Quelle: Wacker Siltronic).

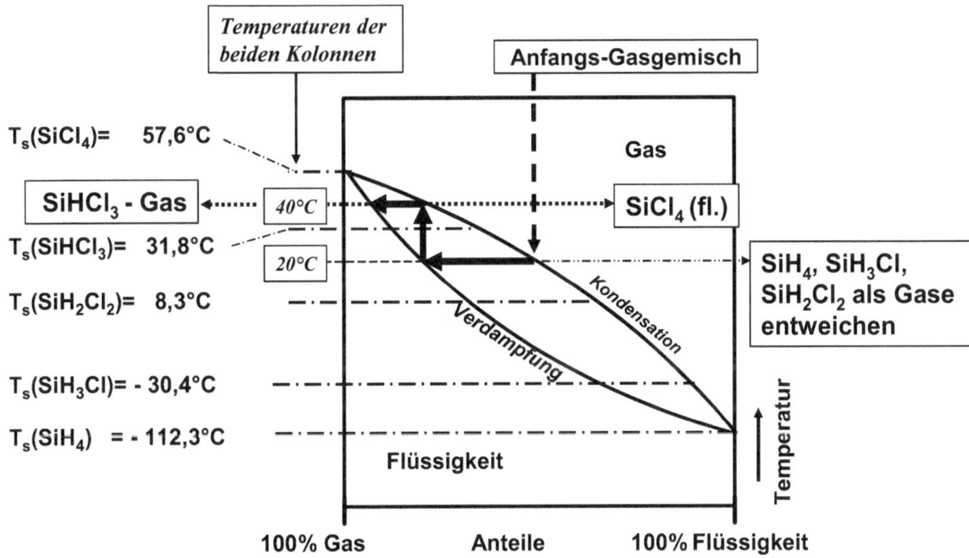

Abb. 6.4: Siedediagramm der Chlorsilane und Erzeugung von hochreinem Trichlorsilan SiHCl₃ (TCS) mit zwei Rektifizier-Kolonnen bei 20 °C und 40 °C .

Die einzelne *Fraktionier-* oder *Rektifizier-Kolonne* weist im Inneren zahlreiche Böden mit sogen. Destillations-Glocken auf (Abb. 6.5). Wenn ein Gasgemisch ungefähr in der Mitte der Kolonne bei dort auf konstanten Wert geregelter Temperatur eingeleitet wird, entweichen die gasförmigen Anteile durch die Glocken nach oben zum nächsten Boden und durchperlen dort das Kondensat. Sie veranlassen die leicht flüchtigen Anteile darin zur Verdunstung, was der Umgebung Wärme entzieht. Das Gleiche wiederholt sich auf dem nächsthöheren Boden. Auch hier sinkt die Temperatur. Dabei fließt jeweils Kondensat nach unten ab, auch über mehrere Etagen. – Nach der Gas-Zufuhr in der Mitte kondensieren sogleich die geringer flüchtigen Fraktionen und fließen ebenfalls nach unten ab, unter Erwärmung der Umgebung infolge der freiwerdenden Kondensationswärme. So entwickelt sich ein Temperatur-Gefälle von unten nach oben entsprechend der eingeregelten Temperatur am Einlass (hier 40 °C) und entsprechend der Menge des Gasdurchflusses. Man erreicht eine vielfache Durchströmung aller Böden der Kolonne mit der Wirkung nahezu vollständiger Trennung der Fraktionen.

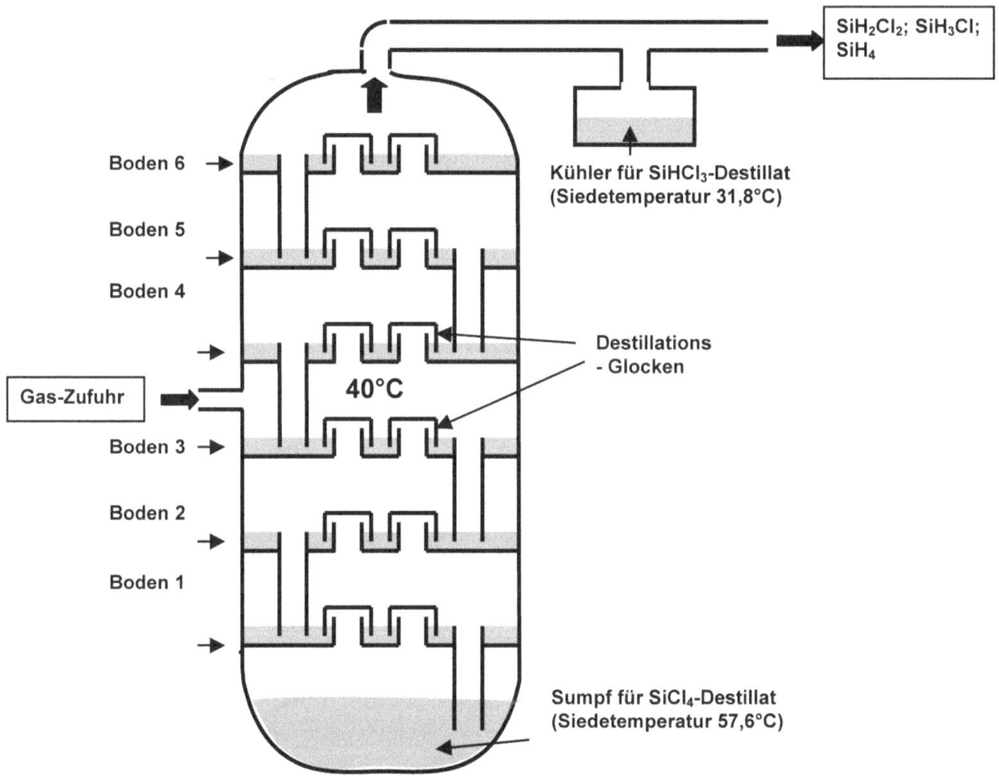

Abb. 6.5:   Rektifizier-Kolonne zur Fraktionierten Destillation von Silizium-Trichlorid / TSC hoher Reinheit mit 6 Böden bei 40 °C. Gas-Zufuhr ist ein Gemisch aller Chlorsilane.

Nach dem Siedediagramm (Abb. 6.4) sammeln sich die Dämpfe am Kopf über Boden 6, und im Kühler der Abgasleitung wird SiHCl$_3$ kondensiert (Abb. 6.5). Die anderen flüchtigen Silane können mittels Katalysatoren ebenfalls in TCS überführt werden. Unten im Sumpf unter Boden 1 sammeln sich flüssiges SiCl$_4$-Destillat sowie alle nichtflüchtigen Verunreinigungen. Alle flüchtigen Verunreinigungen werden zuvor in der 20 °C-Rektifizierkolonne abgedampft.

6.2 Neue Verfahren zur Raffination von Silizium
Wirbelschicht-Verfahren für SoG-Silizium sowie Abscheidung von UMG-Silizium aus einer Silizium-Aluminium-Schmelze im Vergleich zum EGS-Material
(**SoG**: engl. solar grade silicon; **UMG**: engl. upgraded metallurgical grade silicon)

Wegen des erheblich gestiegenen Silizium-Verbrauchs für Zwecke der Photovoltaik hat man nach neuen Wegen gesucht, um den Aufwand und insbesondere den Energie-Einsatz bei der Silizium-Raffination zu senken. So gibt es inzwischen einige neuartige Verfahren, um aus dem MGS-Silizium des Lichtbogenofens mit der Reinheit von 98% unter Umgehung des konventionellen Siemens-Verfahrens zur Herstellung von Werkstoff für die Chip-Herstellung unmittelbar UMG-Silizium für Solarzellen zu gewinnen.

Das bisher genutzte **Siemens-Verfahren** für das hochwertige Ausgangsmaterial der Chip-Fertigung verwendet dünne Siliziumstäbe, die in einer Gasatmosphäre aus Trichlorsilan und Wasserstoff geheizt werden. Aus dem Trichlorsilan ($SiHCl_3$, kurz „TCS" genannt) lagert sich dann nach und nach Silizium an den Stäben ab, die auf diese Weise zu dickeren Säulen aus polykristallinem Silizium wachsen. Diese Säulen werden zu Einkristallen der **EGS-Qualität** gezogen (*„Neun-Neuner*-Silizium", d.h. Silizium mit einem Reinheitsgrad von 99,999.999.9%), frei hängend, d.h. tiegelfrei mit u.U. mehrfachem Zonenreinigen als **FZ-Silizium** (engl. *float zone*) der höchsten Qualität für Bauelemente der Leistungselektronik wie Thyristoren und andere hochbelastbare Bauelemente (Abb.6.6 links außen). Für Anwendungen in der terrestrischen Photovoltaik werden die polykristallinen Stäbe zunächst zerkleinert, in einen Quarztiegel gefüllt und daraus zu **CZ-Silizium-Kristallen** gezogen („CZ" nach dem polnischen Erfinder *Jan Czochralski* benannt). Deshalb enthalten diese Kristalle höhere Anteile an Sauerstoff und Kohlenstoff (*„Sieben-Neuner-Silizium"* mit einem Reinheitsgrad von 99,999.99%) CZ-Silizium wird in der Chip-Industrie vielfach verwendet für Bauelemente aller Art und ist als **SoG-Silizium** ein wichtiges Ausgangsmaterial für Solarzellen (Abb.6.6 links zweite Säule).

Das neue **Wirbelschichtverfahren** von Wacker Polysilicon setzt dagegen auf einen kontinuierlichen Prozess der Werkstoff-Herstellung, der multikristallines Silizium in kleinen Körnchen von 0,3 bis 0,7 Millimeter Durchmesser liefert. Auch in diesem neuen Verfahren scheidet sich in einem Reaktor aus dem Trichlorsilan Silizium ab, allerdings an bereits vorhandenen kleinsten Silizium-Körnchen, die eine spezifisch größere Oberfläche haben als der Silizium-Stab des Siemens-Verfahrens. Das entstehende Granulat aus multikristallinem Silizium der **SoG-Qualität** mit einem Reinheitsgrad von ebenfalls 99,999.99% (*„Sieben-Neuner-Silizium"*) kann kontinuierlich aus dem Reaktor entnommen werden (Abb.6.6 links dritte Säule).

Das Wirbelschichtverfahren hat aus mehreren Gründen Potential, für solares Multi-Silizium wirtschaftlicher zu werden als die herkömmliche Prozedur. Erstens scheidet sich in derselben Zeit mehr Silizium an den Körnchen ab als im Siemens-Prozess am Si-Stab. Zweitens ist die benötigte elektrische Heizleistung geringer (ca.50% weniger). Weiterhin muss der Reaktor zur kontinuierlichen Entnahme nicht abgekühlt, geöffnet und neu beschickt werden. Ferner entfällt das aufwändige Brechen der Stäbe und schließlich eignet sich das Granulat auch besser für eine Weiterverarbeitung zu Gussblöcken (*ingots*) in der Kokille.

Die drei bislang vorgestellten Verfahren werden industriell breit genutzt. Ein neuartiges Verfahren in der Entwicklung ist dagegen die **Lösung des MGS-Silizium in flüssigem Aluminium und seine Abscheidung als feste Phase aus der Legierungs-Schmelze /Sol09/.** Im Gegensatz zu den Verfahren der Verdampfung und Kondensation flüssiger und gasförmiger Phasen der Chlorsilane benutzt man die Festkörper-Abscheidung des Siliziums aus der flüssigen Phase einer Si-Al-Legierung. Dabei arbeitet man mit einer Aluminium-Schmelze von ca. T=800°C, in der sich das MGS-Silizium bereits löst (und nicht erst als Rein-Silizium bei T=1414°C verflüssigt wird). Beim Abkühlen der flüssigen Al-Si-Legierung kristallisiert zunächst das Silizium aus, Die im MGS-Material vorhandenen Verunreinigungen (Bor, Phosphor, Kohlenstoff u.a.) bleiben infolge Segregation in der Schmelze gelöst. Man trennt sie vom Silizium durch Abgießen der Aluminium-Schmelze. Das verbleibende Silizium der **UMG-Qualität** mit einem Reinheitsgrad von 99,999.9% (*„Sechs-Neuner-Silizium"*) fällt in Form reiner Flocken an, die lediglich einen dünnen Überzug von Aluminium aufweisen (Abb.6.6 rechts). Das verbleibende Aluminium mit seinem hohen Silizium-Gehalt ist ebenfalls ein interessanter Werkstoff, weil seine metallische Härte gegenüber Rein-Aluminium erheblich steigt und es damit für viele Werkteile besonders geeignet ist (z.B. für Alu-Felgen von Autos).

Dieses Verfahren der Silizium-Abscheidung aus der Aluminium-Schmelze wird bei Fa. 6N Silicon Inc. in Kanada industriell erprobt. Während bei den konventionellen Verfahren der Herstellung von gesägtem Material beim **SoG-Silizium** mit einem Verbrauch von 200...300 kWh/kg an elektrischer Energie gerechnet wird, hofft man bei 6N Silicon mit weniger als 100 kWh/kg auszukommen, um mit dem Material eine „6N"-Reinheit zu erreichen: d.h. eine Qualität von *Sechs-Neuner-Silizium.* Der Gehalt der beiden Haupt-Störstellenarten Bor und Phosphor liegt dabei unter 0,000.1%. Diese Qualität wird als ausreichend für Gussblöcke (*ingots*) aus multikristallinem **UMG-Silizium** angesehen und ist bereits als Zumischung zum SoG-Silizium für UMG-Solarzellen erfolgreich erprobt worden.

Neben diesem wird eine Vielzahl anderer UMG-Verfahren industriell erprobt. Dabei werden Prozessschritte wie wiederholtes Aufschmelzen und Kristallisation, Abdampfen, Auslaugen sowie Elektronenstrahlbehandlungen und Plasma-Anwendungen genutzt. Ob sich eines dieser Verfahren durchsetzt, ist heute noch nicht absehbar, da zur Erreichung einer dem SOG-Silizium vergleichbar guten Ausbeute (Zellenleistung pro eingesetzter MGS-Menge) auch hier erheblicher Aufwand geleistet werden muss.

Material- und Energieaufwand für die Solarzellen-Herstellung aus Silizium

Man hat den Aufwand zu unterteilen in mehrere Abschnitte der Herstellung

1. in die Energie zur Raffination und Herstellung des hochreinen Ausgangsmaterials SOG-Silizium (~ solar grade silicon) mit einem Anteil an Verunreinigungen von $1:10^{-7}$) bezogen auf eine bestimmte Herstellungsmenge von z.B. 100 kg und

2. in die Energie für die Herstellung von Solarzellen bezogen auf eine bestimmte Solarzellenfläche, z.B. von 100 m^2.

1. Rohsilizium entsteht durch carbothermische Reduktion von Quarz und Sand als MGS-Silizium (~metallurgical grade silicon mit 98% Reinheit) im elektrischen Lichtbogenofen mit einem Energieaufwand von ca. 50 kWh/kg. Für die nachfolgende Raffination zum SGS-Silizium wird das zermahlene MGS-Material in heißer Salzsäure aufgelöst (ca. 50 kWh/kg) und dann Fraktionierter Destillation oder z.B. dem SiAl-Legierungsverfahren unterzogen (ca. 20...50 kWh/kg), die es als hochreines Chlorsilan-Gas verlässt. Für Solarzellen der meist benutzten Silizium-Qualität des multikristallinen Siliziums (mc-Si) folgt nun das Blockgießen (engl. *ingot casting*) mit Abkühlung und Verunreinigungs-Segregation im bis zuletzt flüssigen Blockkopf und Erstarrung in kolumnarer Blockstruktur als *SGS-Silizium* (ca. 50 kWh/kg). Als Summe erhält man bisher bis zu 200 kWh/kg, die sich jedoch meist erhöhen durch das Sägen der Blöcke zu Wafern von 15x15 cm^2, wobei bis zur gleichen Menge SGS-Silizium als Sägestaub verloren geht (übliche Waferdicke 0,2...0,3 mm; und bei einer Dicke von 0,2 mm erhält man aus 1 kg SGS-Si ungefähr 1m^2 Wafer). Insofern endet die Aufbereitung des Ausgangsmaterials beim SGS-Si-Wafer mit einem Energieaufwand von bis zu 300...400 kWh/kg bzw. 300...400 kWh/m^2 bei hier angenommenen ~ (35-50)% Materialverlust.

2. Die Solarzellenherstellung beginnt mit einer Wafer-Reinigung und benutzt wenige Hochtemperatur-Prozesse wie Wafer-Oxidation und –Nitridierung sowie die Herstellung des Emitters durch Diffusion. Die Siebdruckprozesse der Vergütungsschicht und der Kontakte beschränken sich auf kurze Formierungszeiten der aufgedruckten Schichten. Insgesamt sind hierfür insgesamt weitere ca. 50 kWh/kg anzusetzen.

3. Als Gesamtsumme ergibt sich eine Energie von bis zu **400** kWh/kg für das Silizium-Material bzw. von bis zu **450** kWh/m^2 für die Bauelemente, um damit bis zu 150 W solarer Leistung (von 1 kW/m^2 beim Standard AM1,5) mit im Handel verfügbaren Solarzellen (Wirkungsgrad ~ 15%) zu erzeugen. Beim Ansatz von ca. 1000 Sonnenstunden pro Jahr (deutscher Mittelwert, der nicht immer dem Standard AM1,5 entspricht) gewinnt man im Jahr mit 1 m^2 Silizium-Solarzellen bis zu 150 kWh solarer Energie. Als Erntezeit errechnet man mithin mit diesen Werten einen Zeitraum von ungefähr 3 Jahren zur Wiedergewinnung der bei der Solarzellenfertigung aufgewendeten Energie.

Die Abb. 6.6 zeigt im Vergleich zum konventionellen EGS-Monokristall-Verfahren (links) zwei Varianten des Block-Guss-Siliziums. In der Mitte wird der energieaufwendige Kristallzieh-Prozess durch den Blockguss des SGS-Si-Materials ersetzt. Rechts werden die Roh-Silane im Aluminium-Gegenstromverfahren gereinigt, das außerordentlich energiesparend hergestelltes blockgegossenes SGS-Material herzustellen gestattet.

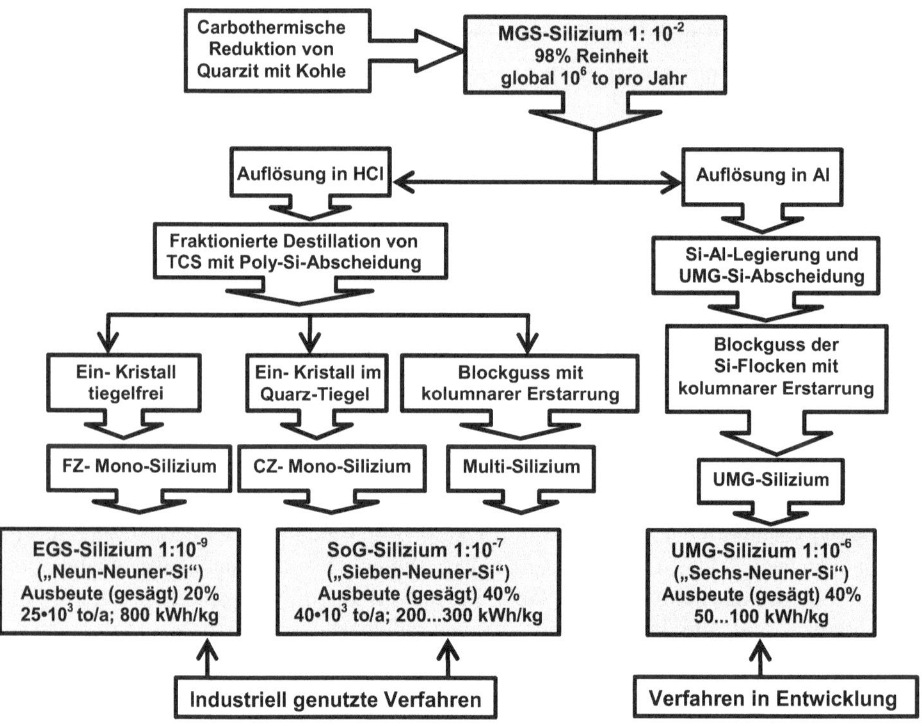

Abb. 6.6:   Material- und Energiebedarf verschiedener Herstellungsverfahren für Silizium.

Bei beiden Blockgussverfahren wird die Menge des Ausgangs-Siliziums lediglich auf ca. 40% (und nicht auf 20% wie beim Si-Monokristall-Verfahren) reduziert; der Energieaufwand für die Blockgussverfahren beträgt 25% bzw. ca. 10% im Vergleich mit den Monokristall- Zieh- und -Reinigungsverfahren (unabhängig davon, ob es um CZ- oder FZ-Silizium geht).

Neben dem Blockgussverfahren gibt es weitere Verfahren zur Fertigung von mc-Si-Material für Solarzellen wie das *EFG-Verfahren* (engl.: *edge-defined film-fed growth*), bei dem multikristalline Oktogon-Rohre durch eine Oktogon-Kapillare aus der Si-Schmelze gezogen werden (Abb. 6.7).

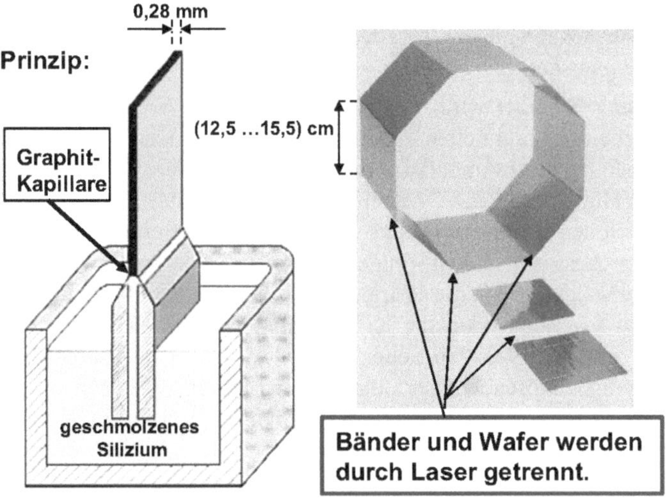

Abb. 6.7:   EFG-Verfahren zur Herstellung von Oktogon-Rohren aus multikristallinem Silizium. In einer achtseitigen Graphit-Kapillare steigt das flüssige Silizium, erstarrt als mc-Silizium im Kontakt mit kristallinen Keimen und wird mit langsamer Geschwindigkeit von 10 cm/min – geregelt zur Einhaltung einer vorgegebenen Dicke (z.B. von 0,28mm) – bis zur Länge von 5m aus der Schmelze gezogen. Gegenüber dem Blockguss-Verfahren ist der Sägeverschnitt beim Aufteilen zu Wafern sehr gering (~ 5%). (EFG ~ *edge-defined film-fed growth,* als Entwicklung der Fa. ASE Schott, Billerika, USA).

6.3 Kokillenguss-Verfahren für multikristalline Silizium-Blöcke (mc-Si)

Wenn man geschmolzenes Silizium in eine Gussform, in eine *Kokille*, abgießt und es langsam abkühlen lässt, erstarrt es zum Block (engl.: *ingot*) aus poly- oder multikristallinem Silizium (mc-Si) (Bemerkung zu *poly-kristallinem* oder *multi-kristallinem* Silizium: der Gebrauch der beiden Begriffe ist nicht einheitlich). Dieses Material besteht entsprechend den Erstarrungs- bedingungen aus unterschiedlich großen, zueinander zufallsgeordneten „Körnern", die jeweils einkristallinen Bereichen entsprechen. Die einzelnen Körner berühren mit ihren Korngrenzen die Nachbarkörner. Die *Korngrenze* bildet die Oberfläche des einzelnen mikrokristallinen Bereiches. Ähnlich der Oberfläche einer c-Si-Scheibe repräsentiert die Korngrenze eine Fläche beträchtlich höherer Rekombination als das Innere, das Volumen der Körner. Verarbeitet man nun dieses Halbleitermaterial zu Solarzellen, so lassen sich in ihnen die Voraussetzungen für eine wirkungsvolle Diffusion von Überschussladungsträgern zum np-Übergang nicht ohne weiteres erfüllen, weil an jeder überquerten Korngrenze, z.B. innerhalb der Solarzellen-Basis, ein beträchtlicher Anteil der Überschussladungsträger bereits rekombiniert. Deshalb ist es notwendig, die Erstarrungsbedingungen des gegossenen Siliziums so zu wählen, dass Überschussladungsträger auf ihrem Wege zur Raumladungs- zone keine Korngrenze überqueren müssen. Diese Bedingung lässt sich für das kolumnare multikristalline Silizium (engl.: *columnar* = in Säulen angeordnet) erfüllen (Abb. 6.8), in dem bereichsweise nebeneinander parallel angeordnet die mikrokristallinen Bereiche senkrecht zum np-Übergang stehen.

Das *kolumnare Silizium* wird durch Kokillenguss im Vakuum und eine besondere Verfahrenstechnik beim allmählichen Abkühlen hergestellt. Kernpunkt ist dabei, die Erstarrungsfront des Schmelzgutes möglichst eben innerhalb der Kokille von unten nach oben zu bewegen. Während man der Oberseite des Schmelzgutes Wärme zuführt, kühlt man gleichzeitig den Boden (und nach und nach auch die Seitenflächen) der Kokille, um den Wachstumsprozess der säulenförmigen Mikrokristallite von unten nach oben zu begünstigen. Dabei kommt es darauf an, die Wärmeabfuhr über Boden und Seitenflächen der Kokille so zu steuern, dass nur am Boden die Keimbildung der mikrokristallinen Bereiche einsetzt und nicht auch an der Kokillen-Seitenfläche (Abb. 6.9). Entsprechend den zur jeweiligen Verunreinigung gehörenden Verteilungskoeffizienten zwischen bereits erstarrter und noch flüssiger Phase findet man schließlich die meisten Verunreinigungen an der Oberseite des Gussblockes im zuletzt erstarrten Bereich, dem „Kopf", der von der weiteren Solarzellenherstellung ausgeschlossen, jedoch wieder aufgearbeitet wird. Allerdings betrifft der Reinigungsprozess durch *Segregation* nicht die Verunreinigungen Bor (B) und Kohlenstoff (C), wobei letzterer als nicht-dotierende, aber das Gitter verspannende und damit die Diffusionslänge herabsetzende Störstelle eingebaut wird.

Die Qualität des mc-Si-Materials prüft man nach Sägen und Anätzen anhand der Struktur der mikrokristallinen Kornbereiche: optimal ist eine parallel verlaufende kolumnare Struktur möglichst breiter mikrokristalliner Bereiche (Abb. 6.8). Für Solarzellen sägt man den Gussblock (bis zu 300 kg) mit einer Gatter-Draht-Säge senkrecht zur kolumnaren Ordnung in Scheiben (z.B. 15 x 15 x 0,03 cm^3) und verarbeitet die Scheiben zu np-Solarzellen. In der Wafer-Fläche der Solarzelle lassen sich dann die einzelnen mikrokristallinen Bereiche gut erkennen, weil die unterschiedlichen kristallographischen Richtungen im Material durch Säurebehandlung verschiedenartig angeätzt werden und danach auch auffallendes Licht unterschiedlich reflektieren (Abb. 6.10). Das Ausgangsmaterial ist durch die Bor-Verunreinigungen i. Allg. p-leitend.

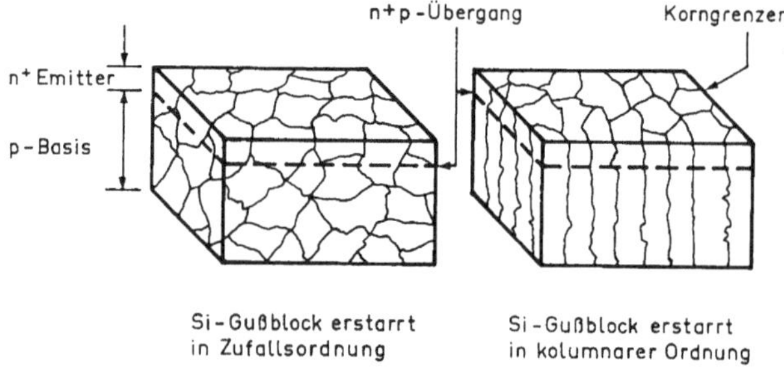

Abb. 6.8:   Si-Gussblock: links: in polykristalliner Zufallsordnung,
                                       rechts: kolumnar geordnet erstarrt, mit n+p-Übergang.

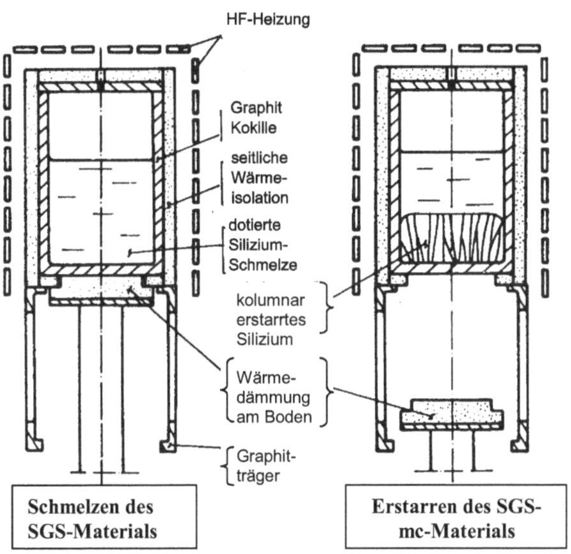

Abb. 6.9:   Gusstechnik für kolumnares poly-Silizium. links: Schmelze in der mit Graphit ausgekleideten Kokille, rechts: Nach Entfernen der Wärmedämmung am Kokillenboden wachsen säulenförmige Mikrokristallite von unten nach oben.

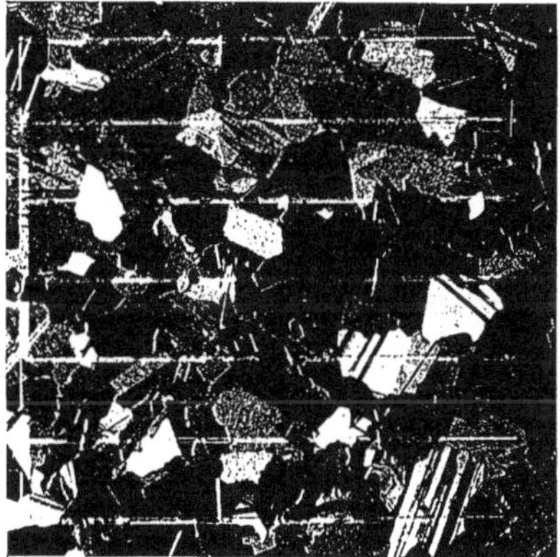

Abb. 6.10:   Vergrößerte Aufsicht auf eine mc-SILSO-Solarzelle 2 x 2 cm^2 (multikristallines Silizium: p-leitende Basis, n+-leitender Emitter) mit Vorderseitenkontakt (engl.: *gridfinger*). Die kolumnaren Mikrokristallite zeigen ihren Querschnitt. Die Hervorhebung von Bereichen unterschiedlicher kristallographischer Orientierung erfolgte durch anisotropes Ätzen in Kalilauge (KOH).

Je nach dem industriellen Herstellungsverfahren ist die mikrokristalline Struktur unterschiedlich. Die älteste Technologie ist das SILSO-Verfahren (Fa. WACKER/HELIOTRONIK). Heute gibt es u.a. das SEMIX-Verfahren (Fa. SOLARWORLD, USA) u.a. sowie das BAYSIX-Verfahren (Fa. BAYER) und daneben zahlreiche neuere Verfahren. Schließlich sei noch einmal das EFG-Verfahren zur Erzeugung von mc-Si-Oktogon-Rohren erwähnt.

6.4 Modell der Korngrenze im multikristallinen Silizium

Ein analytisches Modell der mc-Si-Solarzelle ist erheblich schwieriger aufzustellen als das des monokristallinen c-Si-Bauelementes. Dabei ist die größte Schwierigkeit, die Mitwirkung der Korngrenzen (engl.: *grain boundary*, abgekürzt: gb) angemessen zu beschreiben.

Die *Korngrenzen* stellen flächenhafte Kristallfehler dar. In den Korngrenzen endet die periodische Gitterordnung der monokristallinen Bereiche und stößt in ihnen, unter einem Zufallswinkel, auf diejenige des Nachbar-Mikrokristalliten (Abb. 6.11). Die aufeinanderstoßenden Kristallit-Orientierungen haben keine Vorzugsrichtungen, die Korngrenzen sind auch keine Ebenen. Ein Charakteristikum der Korngrenzen sind einmal die nichtabgesättigten Valenzen der Silizium-Atome in der gb-Fläche (die „baumelnden" Bindungen oder engl.: *dangling bonds*), zum anderen die fehlgeordnet-abgesättigten (verspannten) Valenzen von gb-Silizium-Atomen innerhalb und quer über die Korngrenze hinweg. Beide Fehlordnungen erzeugen zusätzliche Energiezustände im Energiebänder-Modell innerhalb der Verbotenen Zone des Siliziums. Man erhält wegen der Fülle unterschiedlicher gb-Zustände eine über der Energie kontinuierlich verteilte energetische Dichte. Die Mitwirkung der gb-Zustände am Ladungsträgergleichgewicht des Mikrokristalliten beschreibt man analog zu der Aktivität von energetischen Phasengrenzen-Zuständen (engl.: *interface-states*) der Silizium-Oberfläche im SiO_2/Si-System der MOS-Bauelemente. So unterscheidet man entsprechend ihrem Ladungszustand *Donator-* oder *Akzeptor-Zustände*, die hinsichtlich ihrer energetischen Lage im Verbotenen Band des Siliziums und derjenigen des Fermi-Niveaus als geladene Zustände (engl.: *trapping states*) oder als Rekombinationszustände charakterisiert werden können.

Die *gb-Zustände* im p-leitenden mc-Si-Material der Solarzellen-Basis sind meist als Donator-Zustände im Bereich der Verbotenen Zone identifiziert worden. Damit ist eine beträchtliche positive Ladung innerhalb der Korngrenze verbunden, weil die gb-Donator-Zustände oberhalb der Fermi-Energie ihr Elektron an das Leitungsband abgeben und als positiv ionisierte Atomrümpfe im Gitter verbleiben. Wegen der geringen Elektronenkonzentration in den angrenzenden p-Si-Bereichen diffundieren die freien Elektronen dorthin, bis sich ein Gleichgewicht aus Abdiffusion und Feldwirkung mit den ionisierten Donatoren einstellt. Aus Neutralitätsgründen tragen die beiderseitigen Randzonen benachbarter Kristallite eine gleich große Ladung umgekehrten Vorzeichens wie die RLZ (Abb. 6.12b). Im p-leitenden Bereich entsteht dadurch eine *Verarmungs- oder Inversions-Randschicht*, charakterisiert durch die *Korngrenzen-Bandverbiegung* Ψ_{gb} (Abb. 6.12a).

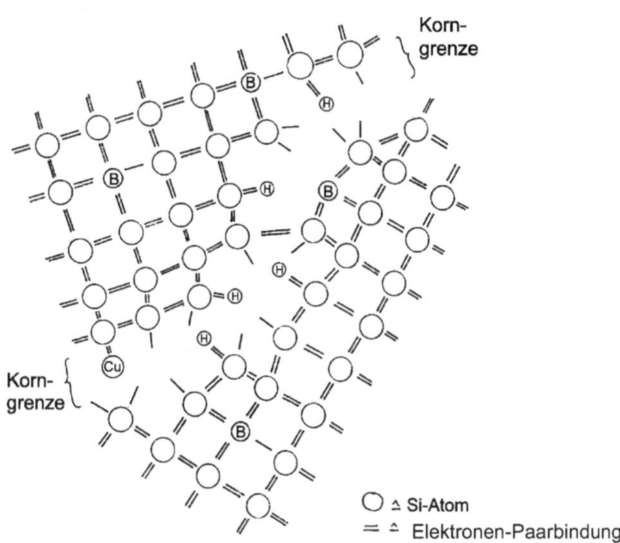

Abb. 6.11:   Physikalisches Modell einer Korngrenze im p-leitenden mc-Silizium. Man erkennt die
             Dotieratome des Bor im Inneren der beiden Mikrokristallite, ebenfalls die von
             Elektronenpaaren gebundenen Wasserstoffatome, schließlich ein Metallatom (z.B. Cu).

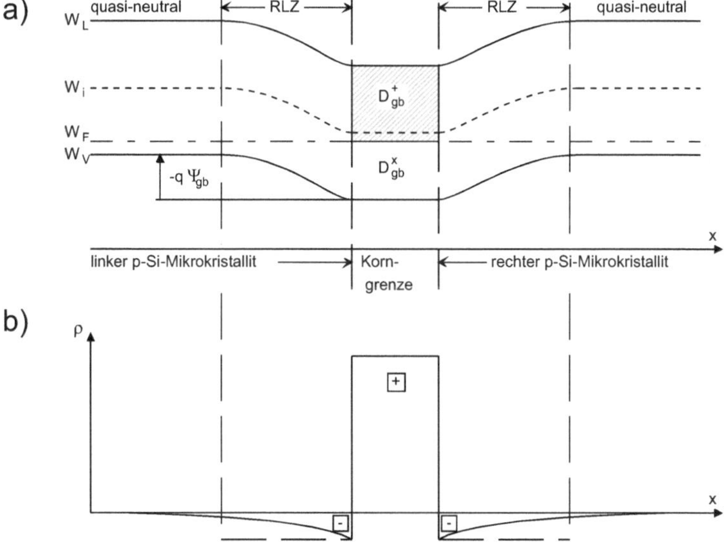

Abb. 6.12:   a) Energiebänder-Modell einer Verarmungskorngrenze (depletion-gb) zwischen zwei
                 p-Si-Mikrokristalliten mit gb-Donator-Zuständen und gb-Bandverbiegung Ψgb,
             b) Ladungsverteilung im Bereich der Verarmungskorngrenze.

Die Tatsache, dass überwiegend Donator-Zustände in der Korngrenze vorhanden sind, erklärt sich aus dem Elektronenmangel zur Erzielung einer neutralen Phasengrenze, die durch *Elektronenpaar-Bindungen* charakterisiert ist. Die wichtigste Abhilfe zur Reduzierung von gb-Donator-Zuständen ist die Diffusion von Wasserstoff entlang der Korngrenzen und der Einbau von H-Atomen an unabgesättigten Silizium-Valenzen (*Wasserstoff-Passivierung*). So werden Elektronenpaar-Bindungen auch innerhalb der Korngrenzen-Fläche (Abb. 6.11) erzeugt.

Die schädliche Wirkung der gb-Donatoren für Solarzellen zeigt sich bei optischer Injektion. Die Fermi-Energie der Elektronen W_{Fn} spaltet sich als *Quasi-Fermi-Energie* von der der Majoritätsträger Löcher W_{F0} ab (bei Niedrig-Injektion gilt $W_{Fp} = W_{F0}$) und verschiebt sich in Richtung Leitungsbandkante. Zwischen W_{Fn} und W_{F0} laden sich die Donatoren entsprechend der Fermi-Statistik um, indem sie Elektronen einfangen. Da aber eine sehr viel höhere Dichte freier Löcher stationär vorhanden ist, leitet die Donator-Umladung mit dem Einfang eines Elektrons meist eine anschließende Rekombination ein. Im Energiebänder-Modell (Abb. 6.12a) bedeutet dies, dass mit Berücksichtigung der gb-Donatoren-Ladung sich sowohl W_{Fn} als auch W_{Fp} der Mitte des Verbotenen Bandes nähern und damit die optimale Bedingung $n \approx p$ für Korngrenzen-Rekombination einstellen. Der resultierende Energiebänder-Verlauf begünstigt die Einsammlung der Minoritätsträger Elektronen aus den Randzonen der Kristallite und bewirkt dadurch die Ausbildung eines Konzentrationsgradienten in die Volumina der Kristallite hinein. Als Folge fließen zusätzliche Diffusionsströme, und es verstärkt sich die Rekombinationsrate an der Korngrenze.

Quantitativ lässt sich die Korngrenzen-Rekombination analog zu einer Halbleiteroberfläche durch die *Korngrenzen-Rekombinationsgeschwindigkeit* s_{gb} beschreiben, die einen Korngrenzen-Rekombinationsstrom j_{gb} charakterisiert, welcher wiederum durch einen Diffusionsstrom $j_{diff,n}$ von beiden Seiten der Korngrenze (also aus beiden angrenzenden Mikrokristalliten: Faktor 2 in Gl. 6.2!) bedient wird

$$j_{gb} = q \cdot s_{gb} \cdot \Delta n(y_{gb})$$

$$j_{diff,n} = 2q \cdot D_n \cdot \left. \frac{\partial \Delta n}{\partial y} \right|_{y_{gb}} . \qquad (6.2)$$

$$j_{gb} = j_{diff,n}$$

Es soll hier unterbleiben, die Korngrenzen-Rekombinationsgeschwindiqkeit s_{gb} quantitativ auf Eigenschaften der Korngrenzen-Zustände zurückzuführen.

6.4.1 Berechnung der spektralen Überschussladungsträgerdichte

Die kolumnare Struktur der mc-Si-Solarzelle ist erforderlich, weil die zur RLZ diffundierenden Überschussladungsträger (d.h. die Elektronen im quasi-neutralen p-Bahngebiet der np-Solarzelle) auf ihrem Weg keine Korngrenzen überqueren sollen. Durch Rekombination wird dort die Überschussdichte je nach der Höhe der *Korngrenzen-Rekombinationsgeschwindigkeit* s_{gb} ($10 \leq s_{gb} / \mathrm{cm/s} \leq 10^6$) auf Bruchteile reduziert. Insofern gehen wir von vornherein von der kolumnaren Solarzellen-Struktur (Abb. 6.8 rechts) aus und beschreiben das Bauelement durch die Parallelschaltung von mikrokristallinen Solarzellen, deren Oberfläche parallel zur Ladungsträger-Diffusion aus zusammenhängenden Korngrenzen-Flächen gebildet wird. Der durch die Emitterdotierung vorhandene n^+p-Übergang schneidet die Korngrenzen-Flächen senkrecht.

So entstehen miteinander verbundene RLZ-Bereiche unterschiedlicher Art (Abb. 6.13):

1.   zwischen n^+-Si-Emitter und p-Si-Basis: aufgrund der Dotierungsunterschiede erstreckt sich eine sehr flache RLZ in den n^+-Emitter und eine tiefere RLZ in die p-Basis.

2.   zwischen benachbarten p-Basis-Bereichen, die durch eine Verarmungskorngrenze (engl.: *depletion grain boundary*) voneinander getrennt sind. In diesem Fall bestimmt die Dichte der positiv geladenen gb-Donatoren D_{gb}^+, wie weit sich eine RLZ in die p-Basis hinein ausbildet. Am rückseitigen Kontakt ist die RLZ-Weite im p-Gebiet durch die Wirksamkeit einer p^+-Diffusion als BSF-Maßnahme (Abb. 5.7) verengt (engl.: *back surface field* ~ elektrisches Feld der Basis-Rückseite). Der **BSF-Bereich** wirkt durch die Erhöhung der Dotierung vor dem Rückseiten-Kontakt (als sog. *isotyper* Übergang oder engl.: *low-high-junction*) als Potentialwall gegenüber Elektronen und als niederohmiger Kontakt gegenüber Löchern (Abb. 5.7) /God73/.

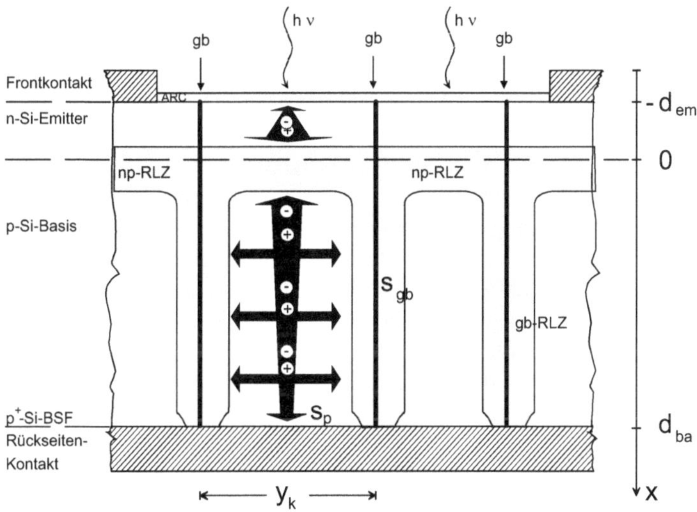

Abb. 6.13:   np-Solarzelle aus kolumnarem mc-Si-Material. Elektron-Loch-Paar-Diffusion in Basis und Emitter.

Wenn wir im p- und im n-leitenden Mikrokristalliten von Korngrenzen-Donator-Zuständen ausgehen, bildet sich lediglich im p-Basis-Bereich eine Verarmungskorngrenze, nicht aber im n-Emitter-Bereich. Während die elektrische Leitfähigkeit in beiden RLZ-Typen geringer ist als im quasi-neutralen Basis-Gebiet, sind die höher dotierten Emitterbereiche über alle mikrokristallinen Korngrenzen hinweg gut leitend miteinander verbunden. Dies ist sehr nützlich, da im Emitter der Strom über längere Strecken lateral den Kontaktstreifen zugeführt werden muss. So verbleibt als Aufgabe, die Mitwirkung der Verarmungskorngrenzen im Bereich der p-leitenden Solarzellen-Basis aus kolumnarem mc-Silizium beim Vorgang der photovoltaischen Ladungsträgertrennung zu beschreiben. Dieses Problem wird auf die Berechnung der Vorgänge in einem einzelnen Mikrokristalliten zurückgeführt.

Zur Beschreibung der Stromdichte-Spannungs-Kennlinie j (U, E) bei konstanter Bestrahlungsstärke E wollen wir auf das Superpositionsprinzip (Gl. 4.28) zurückgreifen, das für Niedrig-Injektion gut anwendbar ist

$$ j(U,E) = j_0 \left(e^{U/U_T} - 1 \right) - j_{phot}(E) . \tag{6.3} $$

Hier sind die unabhängigen Variablen die Spannung U und die Bestrahlungsstärke E. Da uns vorrangig die photovoltaische Wirksamkeit des mc-Si-Materials interessiert, beschränken wir uns auf die Errechnung der spannungsunabhängigen Photostromdichte, die wir innerhalb der Generator-Kennlinie als (negative) Kurzschlussstromdichte $-j_k$ messen. Zunächst berechnen wir die monochromatische Photostromdichte $j_{phot}(\lambda)$.

6.4.2 Zweidimensionales Randwertproblem der Photostromdichte eines einzelnen Mikrokristalliten

Wir betrachten einen einzelnen Mikrokristalliten (einzelnes „Korn") innerhalb der n^+p-mc-Si-Solarzelle und wählen die Geometrie der Abb. 6.13 / 6.14 mit der x-Achse parallel und der y-Achse senkrecht zu den kolumnaren Korngrenzen. Der Nullpunkt liegt für x auf der Mittelachse am RLZ-Rand der p-Basis, der infolge der Vereinfachung $w_p \to 0$ mit dem Ort des metallurgischen np-Überganges zusammenfällt. Positive x-Werte wachsen nach unten (in Richtung der p-Basis). Für y liegt der Nullpunkt in der Mittelachse der symmetrisch angenommenen Mikrokristallite, positive y-Werte nach rechts anwachsend. Wir nehmen bei der nachfolgenden Behandlung die bekannten, bereits in Kapitel 4 benutzten Vereinfachungen im Sinne des SHOCKLEY-Modelles an: 1. Niedrig-Injektion, 2. Quasi-Neutralität und zusätzlich 3. quantitative Beteiligung der Korngrenzen an der Trägerbilanz durch die Korngrenzen-Rekombinationsgeschwindigkeit s_{gb} über zwei Randbedingungen (RB3 und RB4).

So entsteht entsprechend Kapitel 4.2.1 aus dem Diffusionsanteil der zweidimensionalen Elektronen-Stromdichte und der stationären zweidimensionalen Elektronenbilanz

$$ \vec{j}_n(x,y,\lambda) = + q\,D_n \cdot grad\,n(\lambda) $$

$$ 0 = + \frac{1}{q} \cdot div\,\vec{j}_n(x,y,\lambda) + G(x,\lambda) - \frac{\Delta n(x,y,\lambda)}{\tau_n} \tag{6.4} $$

$$ mit\ G(x,\lambda) = G_0(\lambda) \cdot e^{-\alpha(\lambda)\cdot(x+d_{em})} $$

$$ und\ G_0(\lambda) = \left[1 - R(\lambda) \right] \cdot \alpha(\lambda) \cdot \Phi_{p,0}(\lambda) / A $$

die zweidimensionale Diffusions-Differentialgleichung der Elektronen-Überschusskonzentration Δn in der p-leitenden Basis des Mikrokristalliten

$$\frac{\partial^2 \Delta n}{\partial x^2} + \frac{\partial^2 \Delta n}{\partial y^2} - \frac{\Delta n}{L_n^2} = -\frac{G_0(\lambda)}{D_n} \cdot e^{-\alpha(\lambda) \cdot \left(x + d_{em}\right)} \quad ,$$

worin $\Delta n = \Delta n(x, y, \lambda) = n(x, y, \lambda) - n_p$

und $L_n^2 = D_n \cdot \tau_n$. (6.5)

Zur Lösung dieser inhomogenen partiellen Differentialgleichung 2. Ordnung mit den Variablen x und y werden vier Randbedingungen benötigt (Abb. 6.14):

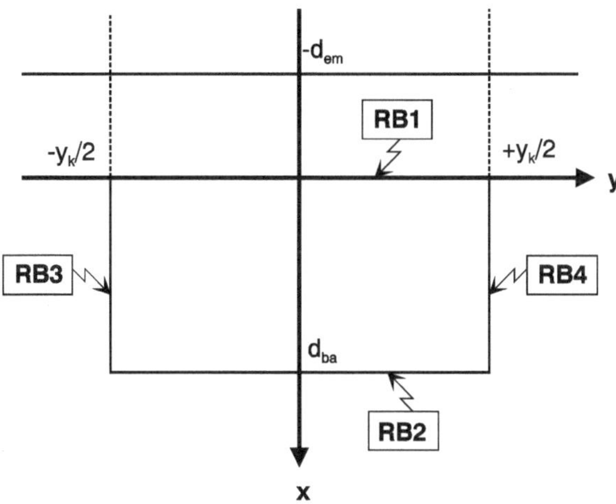

Abb. 6.14:   Randbedingungen des Randwertproblems und örtliche Zuordnung.

RB1: Δn (x=0, y) = 0,   Kurzschlussbedingung am RLZ-Rand bei x = 0,

RB2: Δn (x=d_{ba}, y) = 0,   Ohmscher Rückseitenkontakt bei x = d_{ba},

RB3: $+q\,D_n \cdot \left.\frac{\partial \Delta n}{\partial x}\right|_{y=-1/2\,y_k} = +\frac{1}{2}q\,s_{gb} \cdot \Delta n$, Korngrenze bei $y = -\frac{1}{2}\,y_k$ und

$$\text{RB4: } +q\,D_n \cdot \left.\frac{\partial\,\Delta n}{\partial x}\right|_{y=+1/2\,y_k} = -\frac{1}{2}\,q\,s_{gb}\cdot\Delta n \;\;,\text{ Korngrenze bei } y=+\frac{1}{2}\,y_k\;.$$

$$(6.6)$$

Zunächst macht man für den homogenen Teil der Differentialgleichung (d.h. den Teil links vom Gleichheitszeichen) einen Separationsansatz nach BERNOULLI

$$\Delta n = \Delta n(x,y,\lambda) = X(x,\lambda)\cdot Y(y,\lambda)\;.$$

$$(6.7)$$

Einsetzen in den homogenen Teil von Gl. 6.5 ergibt

$$\frac{\partial^2 X}{\partial x^2}\cdot Y + \frac{\partial^2 Y}{\partial y^2}\cdot X - \frac{X\cdot Y}{L_n^2} = 0$$

$$\frac{1}{X}\cdot\frac{\partial^2 X}{\partial x^2} + \frac{1}{Y}\cdot\frac{\partial^2 Y}{\partial y^2} - \frac{1}{L_n^2} = 0$$

$$(6.8)$$

Es muss wegen der Unabhängigkeit der beiden Teilfunktionen voneinander ihre Gleichheit mit der Konstanten c^2 gelten

$$\frac{1}{X}\frac{\partial^2 X}{\partial x^2} - \frac{1}{L_n^2} = -\frac{1}{Y}\frac{\partial^2 Y}{\partial y^2} = c^2\;,$$

$$(6.9)$$

so dass zwei gewöhnliche Differentialgleichungen 2. Ordnung entstehen

$$\frac{\partial^2 X}{\partial x^2} - c'^2\cdot X = 0 \quad\text{mit}\quad c'^2 = \left(\frac{1}{L_n^2}+c^2\right)\quad\text{für}\quad 0\le x\le d_{ba}$$

$$(6.10)$$

$$\text{und}\quad \frac{\partial^2 Y}{\partial y^2} + c^2\cdot Y = 0 \quad\text{für}\quad -\frac{1}{2}\,y_k \le y \le +\frac{1}{2}\,y_k\;.$$

$$(6.11)$$

Diese beiden Differentialgleichungen beschreiben zwei Eigenwertprobleme in den angegebenen Intervallen der Variablen x und y. Es handelt sich dabei um jeweils eine vom Parameter c bzw. c' abhängige Schar homogener Randwertprobleme. Diejenigen Werte c und c' sind zu bestimmen, für die das Randwertproblem nicht-triviale Lösungen, nämlich die Eigenwerte c_v und c'_v, aufweist.

Aus der Theorie der Eigenwertprobleme lässt sich zeigen, dass nicht-triviale Lösungen nur für $c^2 > 0$ und $c'^2 > 0$ existieren. Dafür gelten die entsprechenden Lösungsansätze

$$X(x) = A \cdot e^{+c' \cdot x} + B \cdot e^{-c' \cdot x} \ , \tag{6.12}$$

$$Y(y) = C \cdot \cos(c \cdot y) + D \cdot \sin(c \cdot y) \ . \tag{6.13}$$

Der Sinus-Term im Ansatz 6.13 würde bei $\pm 1/2\, y_k$ der Symmetrie des Problems bezüglich der y-Achse nicht Rechnung tragen, insofern gilt D = 0. Zur Bestimmung der Eigenwerte werden die RB3 und RB4 herangezogen und die transzendente Gleichung 6.14 formuliert

$$\left. \frac{\partial Y}{\partial y} \right|_{y = \pm 1/2\, y_k} = \mp\ C \cdot c_v \sin(1/2\, c_v\, y_k)$$

$$\pm D_n \cdot C \cdot c_v \sin(1/2\, c_v\, y_k) = \pm 1/2 \cdot s_{gb} \cdot C \cdot \cos(1/2\, c_v\, y_k) \tag{6.14}$$

$$\frac{2 D_n c_v}{s_{gb}} = \cot(1/2\, c_v\, y_k) \quad mit\ v \in N \ .$$

Für die Eigenwerte c_v und die angegebenen numerischen Werte gibt die Abb. 6.15 die graphische Lösung der Gl. 6.14 an. Man erkennt, dass die höheren Eigenwerte c_v sich immer besser durch die Werte annähern lassen

$$c_v \approx \frac{2\pi}{y_k} \cdot (v - 1) \ \ \text{mit}\ v > v_{grenz} = f(s_{gb}) \ . \tag{6.15}$$

Für geringe Werte s_{gb} gilt diese Näherung besser als für hohe Werte, da die Korngrenzen-Rekombinationsgeschwindigkeit die Steigung der Geraden in Abb. 6.15 bestimmt. Durch die Eigenwerte c_v in y-Richtung sind auch die Eigenwerte c'_v in x-Richtung entsprechend Gl. 6.10 festgelegt (L_v = effektive Diffusionslänge beim Eigenwert v)

$$c_v'^{\,2} = \left(\frac{1}{L_n^2} + c_v^2 \right) \equiv \frac{1}{L_v^2} \ , \tag{6.16}$$

$$X(x) = A \cdot e^{+c_v' \cdot x} + B \cdot e^{-c_v' \cdot x} \ . \tag{6.17}$$

Mit Hilfe einer partikulären Lösung wird der inhomogene Term in den Ansatz mit einbezogen (s. Anhang A.2). Die Konstanten A und B werden durch die Methode der Variation der Konstanten an die beiden restlichen Randbedingungen RB1 und RB2 angepasst. Wegen der Linearität der Diffusionsgleichung (Gl. 6.5) ist jede endliche Linearkombination von Lösungen wieder eine Lösung. So ergibt sich nach Zwischenrechnungen schließlich die Form

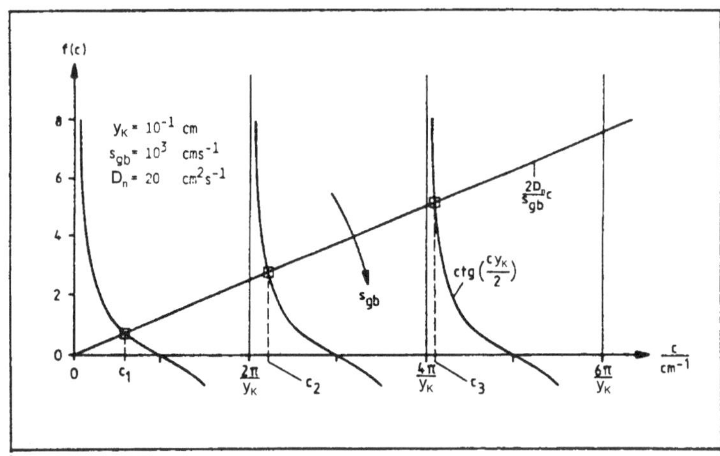

Abb. 6.15:   Graphische Lösung der transzendenten Eigenwertgleichung Gl. 6.14.

$$\Delta n(x,y,\lambda) = \sum_{v=1}^{\infty} n_v(x,y,\lambda)$$

$$= \sum_{v=1}^{\infty} \left[C_v \cdot \cos(c_v\, y) \cdot \left(A_v \cdot e^{+c_v'\cdot x} + B_v \cdot e^{-c_v'\cdot x} \right) \right] \tag{6.18}$$

und die allgemeine Lösung in orthogonalen Eigenfunktionen $\cos(c_v\cdot y)$ in y-Richtung mit der Eigenfunktion $f_v(x, y, \lambda)$ nach der Bestimmung von A_v und B_v

$$\Delta n(x,y,\lambda) = G_0(\lambda) \cdot \sum_{\nu=1}^{\infty} f_\nu(x,y,\lambda) \cdot \cos(c_\nu\, y)$$

$$mit \quad f_\nu(x,y,\lambda) = \frac{s_{gb}}{D_n^2} \cdot \frac{L_\nu^2}{c_\nu\left(1 - L_\nu^2 \cdot \alpha^2(\lambda)\right)} \cdot \left(\left[\frac{c_\nu\, y_k}{\sin(c_\nu\, y_k)} + 1\right] \cdot \sin\left(1/2\, c_\nu\, y_k\right)\right)^{-1}$$

$$\cdot \left(e^{-\alpha(\lambda)\cdot x} - e^{\alpha(\lambda)\cdot d_{ba}} \cdot \frac{\sinh\left((x + d_{em})/L_\nu\right)}{\sinh\left((d_{em} - d_{ba})/L_\nu\right)} + e^{\alpha(\lambda)\cdot d_{em}} \cdot \frac{\sinh\left((x + d_{ba})/L_\nu\right)}{\sinh\left((d_{em} - d_{ba})/L_\nu\right)}\right)$$

$$(6.19)$$

$$\text{sowie} \quad \frac{1}{L_\nu^2} = \frac{1}{L_n^2} + c_\nu^2 \quad mit \quad L_n^2 = D_n\, \tau_n \quad \text{und} \quad G_0(\lambda) = \left(1 - R(\lambda)\right) \cdot \alpha(\lambda) \cdot \varphi_{p,0}(\lambda)/A \; .$$

Die x-Abhängigkeit steckt in der dritten Zeile von Gl. 6.19 an drei Stellen, die denen der eindimensionalen Lösung von Gl. A2.11 entsprechen. Die Volumen-Diffusionslänge L_n ist stets größer als die neu definierte effektive Diffusionslänge L_ν. Numerisch konvergiert die Lösung so gut, dass in den meisten Fällen lediglich bis zur Laufzahl $\nu = 10$ summiert werden muss. Die vier Darstellungen der zweidimensionalen Verteilung der monochromatischen **Überschuss-Elektronenkonzentration** $\Delta n(x, y, \lambda)$ innerhalb der p-leitenden Basis des n^+p-Mikrokristalliten (Abb. 6.16) zeigen die Einflüsse der Korngrenzen-Rekombination ($s_{gb} = 10^4\,\text{cm/s}$) für unterschiedliche Wellenlängen optischer Anregung bei gleichbleibender monochromatischer Strahlungsleistungsdichte $E(\lambda) = 100\,\text{mW/cm}^2$. Neben der Ausbildung des Maximums längs der x-Achse (für blaues Licht näher an der RLZ als für infrarotes Licht) erkennt man die Absenkung zu beiden Korngrenzen hin.

6.5 Bewertung von spektraler Empfindlichkeit und Photostromdichte

Die spektrale Empfindlichkeit der Solarzellen-Basis lässt sich entsprechend der Definition Gl. 4.22 mit Gl. 6.19 errechnen. Hierbei wird wieder angenommen, dass die gesamte Basis aus parallel geschalteten kolumnaren Mikrokristalliten besteht, deren Diffusionsstrom über die Körnerbreite y_k gemittelt wird

$$S_{Basis}(\lambda) = \frac{j_{phot,Basis}(\lambda)}{E_0(\lambda)} \quad mit \quad j_{phot,Basis}(\lambda) = \frac{1}{y_k} \cdot \int_{-y_k/2}^{y_k/2} q \cdot D_n \cdot \left.\frac{\partial \Delta n}{\partial x}\right|_{x=0} dy \; . \quad (6.20)$$

Man erhält als Zwischenergebnis

$$j_{phot}(\lambda) = \sum_{\nu=1}^{\infty} j_{phot,\nu}(\lambda)$$

$$mit \quad j_{phot,\nu}(\lambda) = \frac{q}{y_k} \cdot G_0(\lambda)\, \frac{s_{gb}}{D_n} \cdot \frac{2\,L_\nu^2}{c_\nu\left(1 - L_\nu^2\,\alpha^2(\lambda)\right)} \cdot \left\{ \frac{c_\nu\, y_k}{\sin(c_\nu\, y_k)} + 1\right\}^{-1} \cdot$$

$$\left\{ \frac{e^{\alpha(\lambda)\cdot d_{em}}}{L_\nu\,\tanh\!\left(\dfrac{d_{em}-d_{ba}}{L_\nu}\right)} - \frac{e^{\alpha(\lambda)\cdot d_{ba}}}{L_\nu\,\sinh\!\left(\dfrac{d_{em}-d_{ba}}{L_\nu}\right)} - \alpha(\lambda)\,e^{\alpha(\lambda)\cdot d_{em}} \right\}.$$

$$(6.21)$$

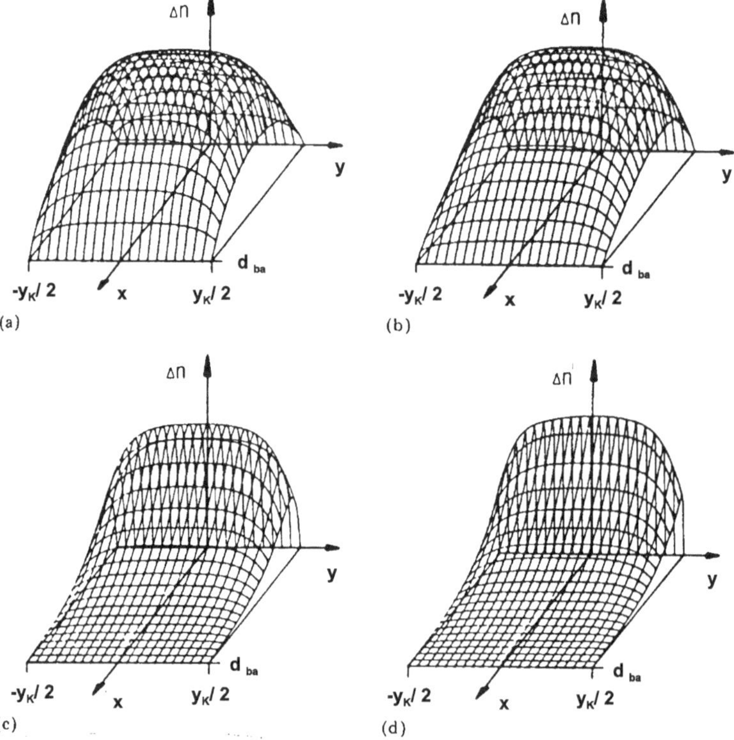

Abb. 6.16:   Minoritätsträgerprofile in der p-leitenden Basis einer Solarzelle aus einem einzelnen
              Mikrokristalliten im mc-Si-Material für den Kurzschlussfall bei monochromatischer
              Beleuchtung   (a: $\lambda = 1100$ nm, b: $\lambda = 1050$ nm, c: $\lambda = 820$ nm,
              d: $\lambda = 520$ nm)   /Böh84/.

Wichtig ist, dass für $s_{gb} \rightarrow 0$, $d_{em} \rightarrow 0$ und $d_{ba} \rightarrow -\infty$ der umfangreiche Ausdruck der zwei-dimensionalen Beschreibung Gl. 6.21 in denjenigen der eindimensionalen Beschreibung Gl. 4.9 übergeht

$$j_{phot}\,(\lambda, s_{gb} \rightarrow 0,\ d_{em} \rightarrow 0,\ d_{ba} \rightarrow -\infty) = \frac{q \cdot \Phi_{p0}(\lambda)}{A} \cdot \frac{\alpha(\lambda)\,L_n}{1+\alpha(\lambda)\,L_n}\ . \qquad (6.22)$$

(Anmerkung: die Eigenwerte c_v und die effektive Diffusionslänge L_v sind Funktionen von s_{gb} entsprechend Gl. 6.6 und 6.19, insofern verschwindet Gl. 6.22 nicht bei $s_{gb} \rightarrow 0$!)

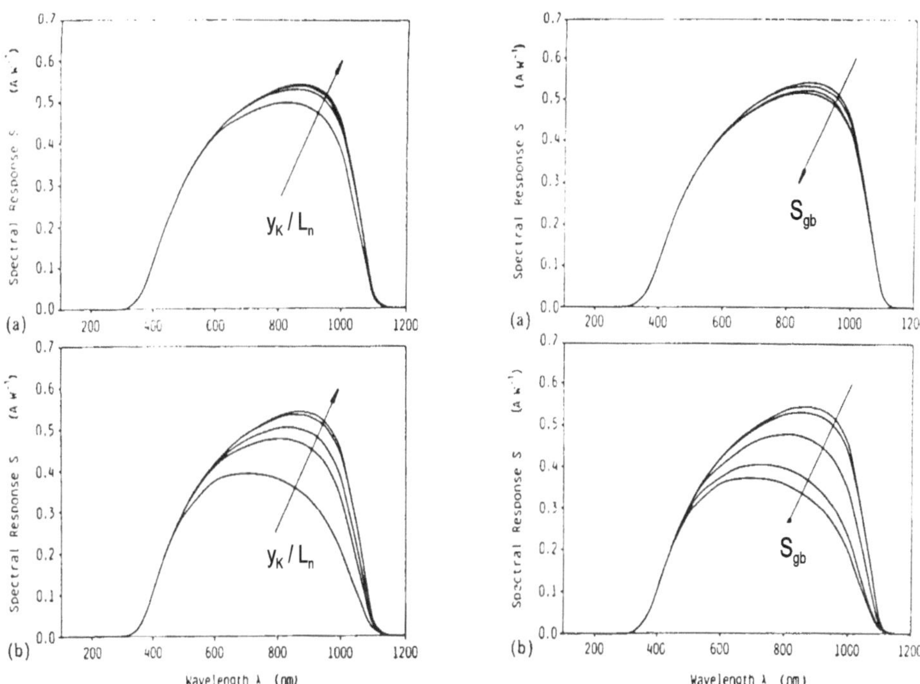

Abb. 6.17:   Spektrale Empfindlichkeit $S_{Basis}(\lambda)$ eines Mikrokristalliten aus mc-Si-Material. Erklärungen im Text /Böh84/.

Die Abb. 6.17 zeigt errechnete Verläufe der spektralen Empfindlichkeit $S(\lambda)$, <u>links</u> für Werte 0; 0,2; 1,0; 2,0 und ∞ des Verhältnisses von Körnerbreite y_k zur Elektronendiffusionslänge L_n (oben für $s_{gb} = 10^3$cm/s, unten für $s_{gb} = 10^4$cm/s), <u>rechts</u> für Werte 0; 10^4; 10^5, 10^6 cm/s der Korngrenzen-Rekombinationsgeschwindigkeiten s_{gb} (oben für $y_k/L_n = 10$, unten für $y_k/L_n = 1$). Mit dem AMx-Sonnenspektrum lässt sich die *integrale Photostromdichte* (aus dem Basisbereich) errechnen (s. auch Kap. 4.3)

$$j_{phot}(AMx) = \int\limits_{AMx} S(\lambda)\,E_\lambda(\lambda)\,d\lambda\,, \tag{6.23}$$

ebenso die *integrale AMx-Empfindlichkeit* der betrachteten Solarzelle

$$S(AMx) = j_{phot}(AMx) \;/\; E(AMx)\,. \tag{6.24}$$

Diese Rechnungen können wegen des nicht geschlossen vorliegenden Verlaufes der Sonnenspektren E(AMx) nur numerisch durchgeführt werden. Die Auswirkungen der Korngrenzen-Aktivität auf die integrale AMx-Empfindlichkeit S(AMx) von kolumnaren np-mc-Si-Solarzellen sollen anhand der Abb. 6.18 gezeigt werden, in der über der Korngrenzen-Rekombinationsgeschwindigkeit s_{gb} unterschiedliche S(AMx)-Verläufe aufgetragen sind: einmal für Material mit groben (durchgezogen) und einmal mit feinen (gestrichelt) kolumnaren Körnern. Bei groben Körnern wird die Empfindlichkeit nur gering reduziert, falls die Korngrenzen-Rekombination hoch ist; bei feinen Körnern kann sie jedoch sehr stark absinken, wenn s_{gb} hohe Werte annimmt.

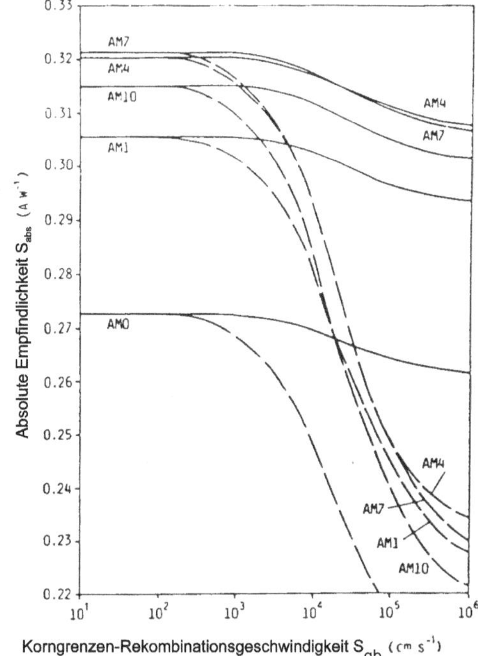

Abb. 6.18:   Absolute Empfindlichkeit von Mikrokristallit-Solarzellen im mc-Silizium in
                 Abhängigkeit von der Korngrenzen-Rekombinationsgeschwindigkeit für
                 unterschiedliche Sonnenspektren AMx. Große Körner: durchgezogene Linie, kleine
                 Körner gestrichelte Linie /Böh84/.

Aus Abb. 6.17 und 6.18 kann gefolgert werden, dass das Maß der Passivierung (z.B. durch H_2-Behandlung) der Korngrenze und der Minoritätsträger-Diffusionslänge angepasst sein sollte. Da wir aus Kap.5.1 wissen, dass die Minoritätsträger-Diffusionslänge so groß wie möglich sein sollte, um einen hohen Photostrom zu gewährleisten (also z.B. $L_n > 200$ μm), muss der Solarzellenhersteller entweder genügend grobkörniges poly-Silizium verwenden (SILSO-Material: $y_k \approx 2...8$ mm) oder aber die Korngrenzen-Rekombination herabsetzen ($s_{gb} < 10^3$ cm/s). In der Praxis bemüht man sich erfolgreich um beide Aspekte, so dass der Wirkungsgrad von mc-Si-Solarzellen z.T. nur wenig (2...4% (absolut) bei Industrieprodukten) unter demjenigen monokristalliner c-Si-Solarzellen liegt. Abb. 6.21 zeigt eine moderne Industrie-Solarzelle (Fa. Q-Cells Thalheim).

6.6 Präparation

Ausgangsmaterial:	kolumnar-erstarrter Gussblock (50 x 50 x 40 cm^3), 0,5...5 Ωcm, p-leitend (Bor), SoG-Qualität.
1. Sägen:	Gattersägen mit Drähten für ca. 10...20 Scheiben gleichzeitig, Scheibendicke 200...300 μm bei 15 x 15 cm^2 Wafern.
2. Reinigen:	Ätzen in HCl / HNO$_3$.
3. Emitter-Diffusion:	Sprüh-Belegung einer Phosphor-Emulsion, Diffusion im Durchlauf-Ofen (Diffusionstiefe 0,3...0,5 μm).
4. Korngrenzen-Passivierung:	Behandlung der Scheiben bei T = 300 °C im Wasserstoffplasma (1 h).
5. Optische Vergütungsschicht:	Plasma-Abscheidung einer SiN_x - oder Si_3N_4-Schicht und Einsintern.
6. Metallisierungen:	Siebdruck-Belegung (Rückseite Ag/Al-Paste, Vorderseite Ag-Paste) und Einsintern im Durchlauf-Ofen.
7. Testen und Zellenauswahl:	Klassifizierung nach I(U)-Kennlinie am Solarsimulator (AM1,5).
8. String- und Modulaufbau:	Verbindung der klassifizierten Solarzellen zu Strings (I_K), der Strings zu Modulen (U_L) durch aufgelötete Verbinder.
Produkt:	Module aus n^+p-mc-Si-Solarzellen mit einer Diffusionslänge $L_n > 100$ μm bei der Zellendicke $d_{SZ} > 200$ μm, Wirkungsgrad $\eta_{AM1,5}(T = 25$ °C$) = 15\text{-}17\%$, Standardmodule mit Leistungen von 20 W_p, 30 W_p, 40 W_p (Index p ~ „*peak watt*": Leistung bei optimaler Leistungsanpassung und AM1,5-Bestrahlung).

1.   Bemerkungen zu den Siebdruckverfahren des Schrittes 5:

Siebdruckverfahren bringen dünne Schichten in Pastenform auf die mc-Si-Wafer auf und härten sie im Durchlaufofen aus (Abb. 6.19). Sie ersetzen die diskontinuierlichen Verfahren des Aufdampfens von dünnen Schichten im Vakuum durch die z. T. kontinuierlich ablaufenden Verfahren des Einsinterns (bei 650...750 °C) unter Schutzgas (Stickstoff N_2 mit 3% Sauerstoff O_2). Beim Siebdruckverfahren wurden teure und aufwendige Arbeitsmaterialien wie das Kontaktsilber durch Al-Ag-Kombinationen ersetzt, ARC wird mit LPCVD abgeschieden (LPCVD, engl. *low pressure chemical vapour deposition*; chemische Niederdruck-Abscheidung).

2.   Bemerkung zu der *Korngrenzen-Passivierung* in Schritt 4

Die Korngrenzen sind Flächen erhöhter Oberflächenrekombination durch die Wirksamkeit von unabgesättigten Silizium-Valenzen. Das beschriebene Verfahren der Wasserstoffbehandlung diffundiert die gut beweglichen H-Atome in den Korngrenzen und führt sie an die Plätze unabgesättigter Si-Valenzen, mit denen das einzelne H-Atom eine kovalente Bindung eingehen kann, die die Korngrenzen-Rekombination erniedrigt, jedoch nicht vollständig unterdrückt.

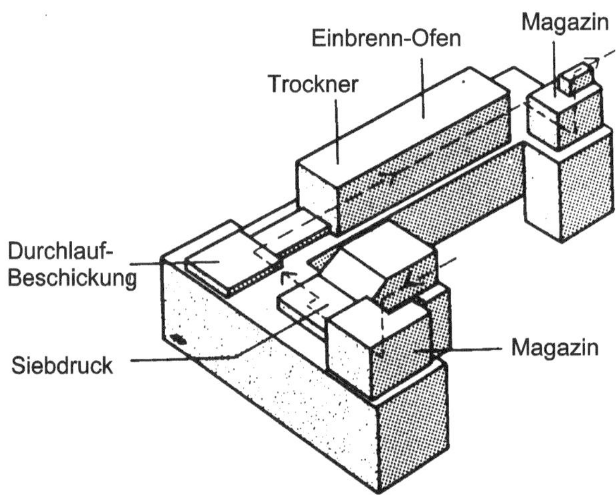

Abb. 6.19:   Siebdruckverfahren für Solarzellen. Aus Magazinen werden Scheiben in der Siebdruck-Einheit beschichtet, dann die aufgebrachten Pasten im Trockner und Einbrennofen verfestigt /Ras82/.

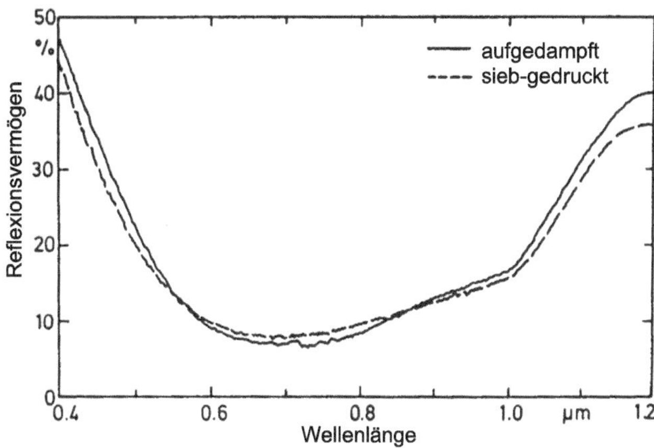

Abb. 6.20:   Vergleich einer aufgedampften und einer siebgedruckten ARC-Schicht auf einer mc-Si-Solarzelle /Ras82/.

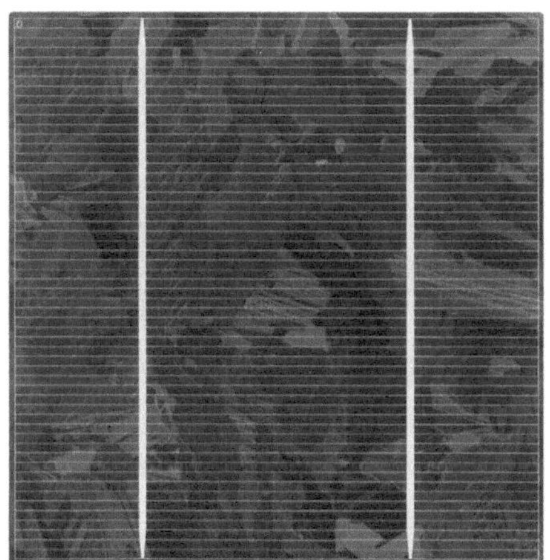

Abb. 6.21:   Standard-Solarzelle aus gegossenem mc-Silizium (Fa. Q-Cells Thalheim), (Fläche 15x15 cm^2; Wirkungsgrad η=15% mit Streifenkontakten);
links: Vorderseite (man erkennt deutlich die verschieden getönten mikrokristallinen Bereiche), rechts: Rückseite

MECHANICAL DATA AND DESIGN

Product	Multicrystalline silicon solar cell
Format	210 mm x 210 mm +/- 0.5 mm
Average thickness	300 µm/270 µm +/- 40 µm
Front (-)	3 x 2 mm bus bars (silver), acid textured surface, blue anti-reflecting coating (silicon nitride)
Back (+)	3 x 4.5 mm wide soldering pads (silver/aluminium), back surface field (aluminium)

ELECTRICAL DATA

	Q8TT3-1410		Q8TT3-1440		Q8TT3-1460		Q8TT3-1480		Q8TT3-1500	
Current at 0.5 V	≥12.14	A	≥12.52	A	≥12.74	A	≥12.88	A	≥13.05	A
Ø Isc	13.78	A	14.00	A	14.04	A	14.10	A	14.17	A
Ø Uoc	601	mV	602	mV	603	mV	604	mV	606	mV
Ø Pmax	6.22	W	6.35	W	6.44	W	6.53	W	6.62	W
Ø Efficiency	14.1	%	14.4	%	14.6	%	14.8	%	15.0	%

	Q8TT3-1520		Q8TT3-1540		Q8TT3-1560		Q8TT3-1580	
Current at 0.5 V	≥13.21	A	≥13.39	A	≥13.52	A	≥13.70	A
Ø Isc	14.26	A	14.34	A	14.43	A	14.62	A
Ø Uoc	608	mV	610	mV	611	mV	611	mV
Ø Pmax	6.70	W	6.79	W	6.88	W	6.97	W
Ø Efficiency	15.2	%	15.4	%	15.6	%	15.8	%

All data at standard testing conditions: STC = 1000 W/m², AM 1.5, 25 °C, Pmax: +/- 1.5 % rel., Efficiency: +/- 0.2 % abs.

Abb. 6.22: Auszüge aus dem Datenblatt der Hochleistungs-Solarzelle Q8TT3 aus multikristallinem Silizium der Fa. Q-Cells Thalheim mit der Fläche von 210x210mm² und Wirkungsgraden bis η = 15,8%.

7. Solarzellen aus Verbindungshalbleitern

Verbindungshalbleiter sind als *binäres Material* aus zwei Halbleitern der Gruppen III und V des Periodischen Systems der Elemente (wie z.B. GaAs, InP) oder der Gruppen II und VI (wie z.B. CdS, ZnSe) zusammengesetzt. *Ternäres* und *quaternäres Material* besteht aus drei und vier Komponenten. Ternär ist z.B. der Verbindungshalbleiter AlGaAs, quaternär ist z.B. AlGaAsP.

Man erkennt hierbei, dass sich die Valenzelektronen der Kationen und Anionen jeweils zu Achterschalen für die *kovalente Bindung der Halbleiter* ergänzen müssen. Als Beispiel soll GaAs dienen, das als Halbleiter die kovalente Bindung der Komponenten mit jeweils 4 Außenelektronen der Konfiguration s^1p^3 braucht, die aus 5 s^2p^3-Elektronen beim Arsen und 3 s^2p^1-Elektronen beim Gallium entsteht. Für Arsen gilt: es gibt als Element mit 5 Außenelektronen der Konfiguration $4s^2p^3$ ein Elektron ab, ist damit positiv geladen und wird zum *Kation*; für Gallium gilt: es nimmt als Element mit 3 Außenelektronen der Konfiguration 4s2p1 ein Elektron auf, ist damit negativ geladen und wird zum *Anion*. Bei CdS gibt Schwefel mit 6 Außenelektronen sogar 2 davon ab an Cadmium mit lediglich 2 Außenelektronen, das damit auch 4 Außenelektronen hat. So erkennt man, dass neben der kovalenten Halbleiterbindung z.T. erhebliche *Anteile ionischer Bindung* bei den Verbindungen wie CdS vorliegen. Nur Element-Halbleiter wie Si und Ge sind von Anteilen ionischer Bindung frei.

Schließlich sei erwähnt, dass es auch *Misch-Halbleiter* aus allen Gruppen II, III, IV, V und VI geben kann, so lange die notwendige kovalente Bindung für die elektronische Halbleitung zustande kommt. Als Beispiele seien die Halbleiter-Materialien $ZnGeP_2$ und $CdSiAs_2$ angeführt für Kombinationen der Gruppen II/IV/V, ebenso $CuInSe_2$ und $AgGaS_2$ für die Gruppen I/III/VI.

Wegen der industriellen Bedeutung werden Solarzellen aus III/V-Halbleitern ausführlich behandelt. II/VI-Halbleiter werden im Kap. 9 als Solarzellenkonzepte der Zukunft betrachtet.

7.1 Vergleich der Solarzellenmaterialien Silizium und Galliumarsenid

Das im Kap. 4 entwickelte Grundmodell der Solarzellen ist auch auf kristallines Galliumarsenid (GaAs) anwendbar, wenn bestimmte Eigenschaften, die von denen des kristallinen Siliziums abweichen, berücksichtigt werden. Nahezu alle diese abweichenden Eigenschaften lassen sich von einem grundlegenden Unterschied zwischen Si und GaAs ableiten: GaAs ist ein *direktes*, Si dagegen ein *indirektes Halbleitermaterial* (s. Abb. 3.2). Daraufhin verläuft der Absorptionskoeffizient $\alpha(\lambda)$ des GaAs über der Wellenlänge sehr viel steiler als beim c-Si (s. Abb. 3.6). Während der Anstieg zwischen Bandkanten-Wellenlänge (Beginn der Volumenabsorption mit $\alpha = 10\ \mathrm{cm}^{-1}$) und dem Wert $\alpha = 10^4\ \mathrm{cm}^{-1}$ (Oberflächenabsorption mit der Lichteindringtiefe

$\alpha^{-1} = 1\ \mu m$) für Silizium im Intervall $1{,}1\ \mu m > \lambda > 0{,}50\ \mu m$ liegt, so gilt beim GaAs entsprechend $0{,}88\ \mu m > \lambda > 0{,}78\ \mu m$. Im Bereich des Maximums des terrestrischen Standardspektrums AM1,5 bei $\lambda_{max} \approx 480\ nm$ ist der Absorptionskoeffizient des GaAs um eine Größenordnung größer als der des Si. Zusammengefasst bedeutet dies, dass man beim Silizium mehr als um den Faktor 10 dickere Materialschichten benötigt, um einen vergleichbaren Anteil der solaren Strahlungsleistung zu absorbieren, als in GaAs. Vergleichbare Dicken sind beim Silizium $20...50\ \mu m$ und beim GaAs $1...3\ \mu m$.

Daraus geht hervor, dass im Silizium fern vom np-Übergang erzeugte Elektron-Loch-Paare herandiffundieren müssen, um im Feldgebiet des np-Überganges getrennt zu werden. Dabei kommt es vor allem auf die (Volumen-) Diffusionslänge der Minoritätsträger (d.h. der Elektronen in der p-Basis) an. Sie sollte mindestens der Basistiefe vergleichbar sein: $L_n \approx d_{SZ}$ (s. Kap. 4.2.4). In GaAs hingegen entstehen die Elektron-Loch-Paare oberflächennah und werden dort erfolgreich getrennt, wenn sie nicht zuvor an der Halbleiteroberfläche rekombinieren. Beim GaAs kommt es also stärker auf den Wert der _Oberflächenrekombinationsgeschwindigkeit_ (ORG) an, deren Einfluss im Emitter der np-Si-Solarzelle (s. Abb. 5.2, rechts oben) sich für Werte $s > 10^4\ cm/s$ deutlich abzeichnet. Die Rekombinationsverluste durch schlecht passivierte Oberflächen sind in GaAs-Solarzellen deutlich größer.

7.2 Konzept der GaAs-Solarzelle mit AlGaAs-Fensterschicht

Wegen des sehr großen Absorptionskoeffizienten muss die GaAs-Oberfläche sorgfältig passiviert werden, um die Oberflächenrekombination zu reduzieren. Die Erfahrung zeigt, dass ohne Passivierungsmaßnahmen für die ORG $s > 10^5\ cm/s$ gilt. Eine entsprechend gute Oberflächenpassivierung, wie sie für Si durch eine SiO_2-Schicht erreicht wird, erzielt man beim GaAs durch Aufbringen einer gitterangepassten transparenten _Fensterschicht_ aus dem ternären Halbleitermaterial AlGaAs auf das GaAs-Substrat. Gitterangepasst bedeutet, dass die Fensterschicht das Kristallgitter des GaAs mit annähernd konstanter Gitterkonstante periodisch nach außen hin fortsetzt. Nach erfolgreicher Passivierung der Oberfläche ($s < 10^4\ cm/s$) sollte ein pn-Bauelement eine wirkungsvolle Solarzelle ergeben, weil die mit höheren Werten für den Diffusionskoeffizienten D_n bzw. die Beweglichkeit μ_n ausgestatteten Elektronen als Minoritätsladungsträger im Emitter den photovoltaischen Ablauf dominieren. Da aber der Unterschied zwischen $\mu_n > \mu_p$ für GaAs größer als eine Dekade ist (s. Abb. 7.2), bleibt zunächst offen, ob nicht bei entsprechender Wahl von Geometrie und Dotierungen auch das komplementäre np-Bauelement einen guten Wirkungsgrad verspricht. Die Entscheidung fällt unter dem Gesichtspunkt der Technologie für die pn-GaAs-Solarzelle mit AlGaAs-Fensterschicht (Abb. 7.1), wie wir später sehen werden.

Wir beschreiben in unserem pn-Modell eine GaAs-Solarzelle mit p-Emitter und n-Basis unter einer $Al_xGa_{1-x}As$-Passivierungsschicht (mit dem Aluminium-Anteil x und dem Gallium-Anteil $(1-x)$ an den 3-wertigen Atomen innerhalb der Verbindung mit dem 5-wertigen Arsen) und unter einer brechzahlangepassten Antireflexionsschicht (ARC) aus dem leicht verfügbaren SiO$_2$ oder aus dem wegen seiner höheren Brechzahl besser geeigneten Si$_3$N$_4$. Wir vergleichen sie mit dem komplementären np-Modell.

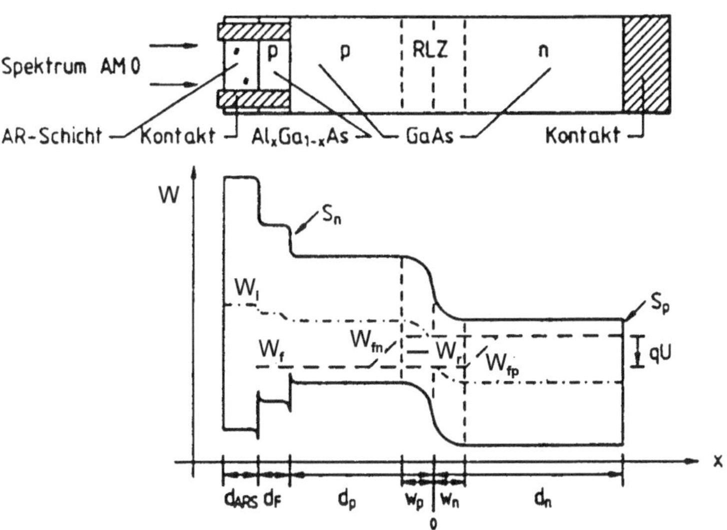

Abb. 7.1: Modell einer pn-GaAs-Solarzelle unter einer Al$_x$Ga$_{1-x}$As-Fensterschicht mit ARC-Vergütung.

7.3 Modellrechnung zur AlGaAs/GaAs-Solarzelle

Für die Modellrechnung können wir sämtliche Gleichungen des Kapitel 4 verwenden, mit einer Erweiterung, die beim GaAs vor allem im Hinblick auf die Dunkelkennlinie eine Rolle spielt, der *Raumladungszonenrekombination*. Der Bandabstand von GaAs ($\Delta W_{GaAs} = 1{,}42$ eV bei T=300K) liegt deutlich höher als der des Si ($\Delta W_{Si} = 1{,}1$ eV). Folglich stehen im eigenleitendem (undotierten) GaAs sehr viel weniger freie Ladungsträger zur Verfügung, was sich im Wert der Eigenleitungsdichte n$_i$ ausdrückt

$$n_i = \sqrt{N_V N_L} \cdot e^{-\dfrac{\Delta W}{2 \cdot kT}} \ . \tag{7.1}$$

Abweichend wirken die gegenüber Silizium geringeren effektiven Zustandsdichten im Leitungs- und Valenzband N$_{L,V}$ (N$_{L,GaAs} = 4{,}7 \cdot 10^{17}$ cm^{-3}; N$_{V,GaAs} = 7{,}0 \cdot 10^{18}$ cm^{-3}). Für Zimmertemperatur (T = 300 K) gelten die Zahlenwerte n$_{i,GaAs} = 1{,}79 \cdot 10^6$ cm^{-3} und n$_{i,Si} = 1{,}0 \cdot 10^{10}$ cm^{-3}. Dies hat zur Folge, dass in GaAs die Bedeutung des zu n$_i^2$ proportionalen Sättigungsstromes j$_0$ aus Neutralbereichen nach SHOCKLEY (Gl. 4.19) gegenüber anderen Strommechanismen zurückgeht. Nunmehr darf der Stromfluss durch Rekombination in der Raumladungszone nicht mehr vernachlässigt werden, da dieser nur linear von n$_i$ abhängt

$$j_{RLZ}(U) = \frac{q \cdot n_i}{2\,\tau_{\mathit{eff}}} \; w_{RLZ}(U) \cdot \frac{U_T}{U_D - U} \cdot e^{U/2U_T} \cdot \frac{\pi}{2}$$

$$\text{mit } \; w_{RLZ}(U) = \sqrt{\frac{2\,\varepsilon_0\varepsilon_{GaAs}}{q}\left(\frac{1}{N_D} + \frac{1}{N_A}\right)(U_D - U)}$$

$$\text{für } \; 0 < U < U_D\text{, wobei } \varepsilon_{GaAs} = 13,1. \tag{7.2}$$

Dieser Stromanteil macht sich durch seinen geringeren Anstieg in der halblogarithmischen Darstellung der Strom-Spannungs-Kennlinie bemerkbar

$$\log(j_{RLZ}(U)) \; \sim \; \frac{U}{2U_T}, \tag{7.3}$$

wenn man von anderen unerheblichen Spannungseinflüssen in w_{RLZ} absieht. Eine Folge des zusätzlichen Rekombinationsstromes ist eine (geringfügige) Verringerung des Füllfaktors und der Leerlaufspannung von Solarzellen mit hohem Bandabstand.

Vorgaben für ein Rechenmodell sind als elektrische Parameter die Abhängigkeit der Beweglichkeiten und der Diffusionslängen von der Dotierung (Abb. 7.2/7.3). Die Brechungsindizes n und Extinktionskoeffizienten κ des betrachteten Materialsystems (Abb. 7.4) charakterisieren innerhalb der komplexen Brechzahl

$$N(\lambda) = n(\lambda) \; - \; i \cdot \kappa(\lambda) \tag{7.4}$$

Brechung und Absorption monochromatischer Strahlung. Dabei ist κ über den Zusammenhang

$$\alpha = \frac{4\pi \cdot \kappa}{\lambda} \tag{7.5}$$

mit dem Absorptionskoeffizienten α verbunden. Der Absorptionskoeffizient (Abb. 7.8) ist über das Quadrat der elektrischen Feldstärke, d.h. durch die innerhalb absorbierender Materie von der Oberfläche ins Innere abnehmende Strahlungsleistungsdichte definiert

$$\mathbf{E}(x,t) = \mathbf{E}_0 \cdot e^{i(\omega \cdot t - k \cdot x)} = \mathbf{E}_0 \cdot e^{i(\omega \cdot t - N \cdot k_0 \cdot x)}$$

$$\mathbf{E}^2(x,t) = \mathbf{E}_0^2 \cdot e^{2i(\omega \cdot t - n \cdot k_0 \cdot x)} \cdot e^{-2 \cdot \kappa \cdot k_0 \cdot x} \tag{7.6}$$

$$= \mathrm{P}_0 \cdot e^{2i(\omega \cdot t - n \cdot k_0 \cdot x)} \cdot e^{-\alpha \cdot x}$$

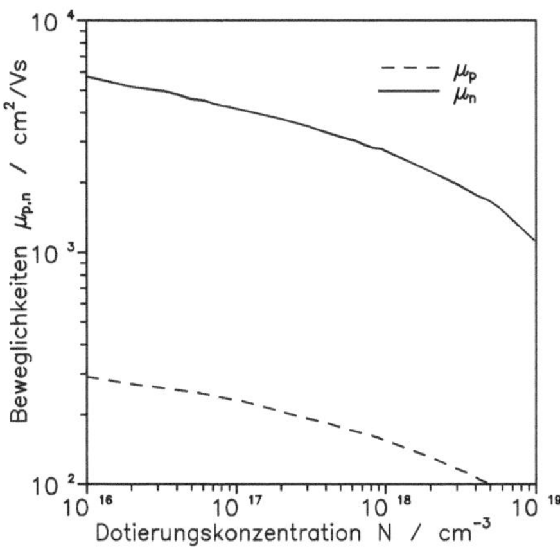

Abb. 7.2:   Driftbeweglichkeit der
             Elektronen und Löcher
             in GaAs /Cas78/.

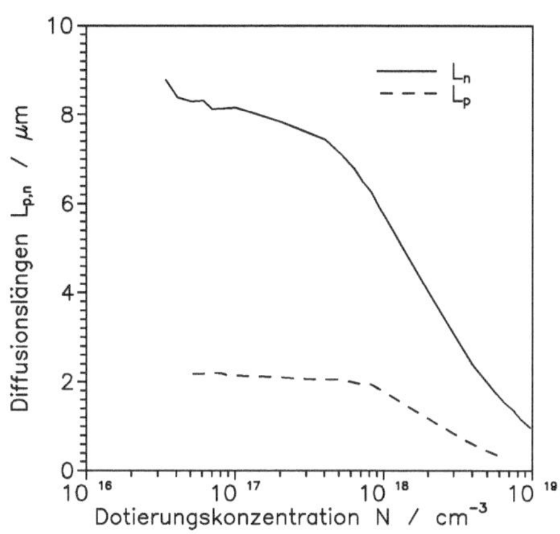

Abb. 7.3:   Diffusionslänge der
             Elektronen und Löcher
             in GaAs /Cas73/.

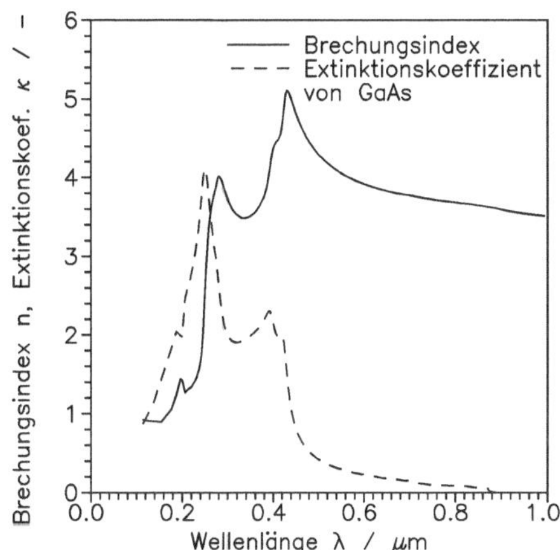

Abb. 7.4:   Brechungsindex und
             Extinktionskoeffizient
             von GaAs /Pal85/.

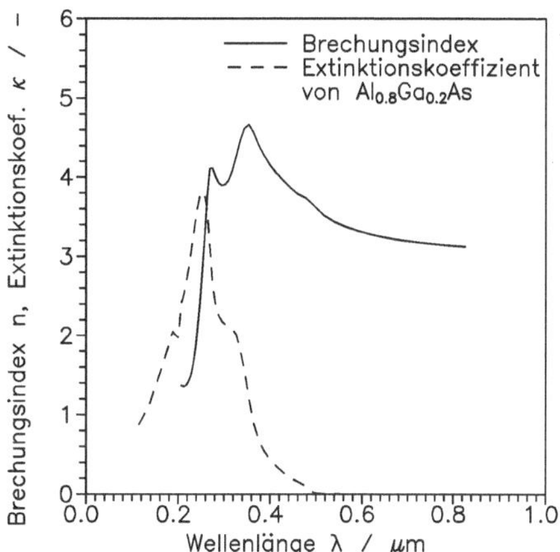

Abb. 7.5:   Brechungsindex und
             Extinktionskoeffizient
             von Al $_{0,8}$ Ga $_{0,2}$ As /Asp86/.

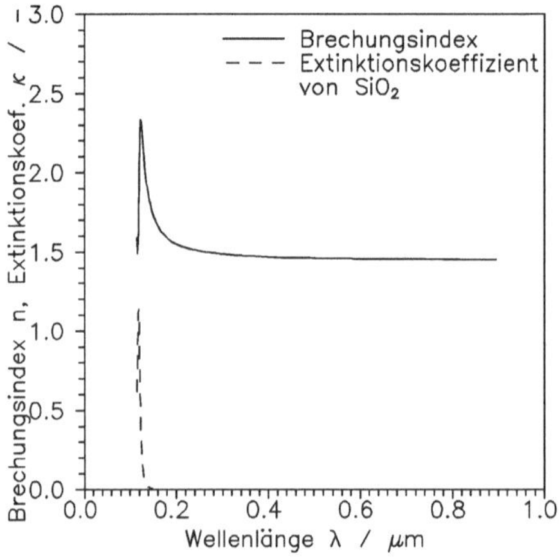

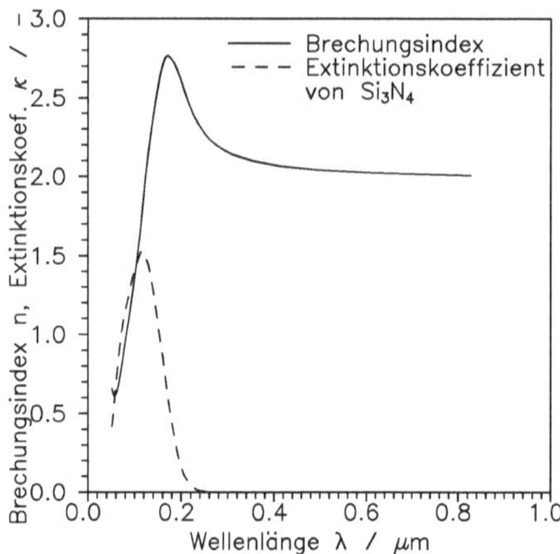

Abb. 7.6:　　Brechungsindex und Extinktionskoeffizient von SiO_2 /Pal85/.

Abb. 7.7:　　Brechungsindex und Extinktionskoeffizient von Si_3N_4 /Pal85/.

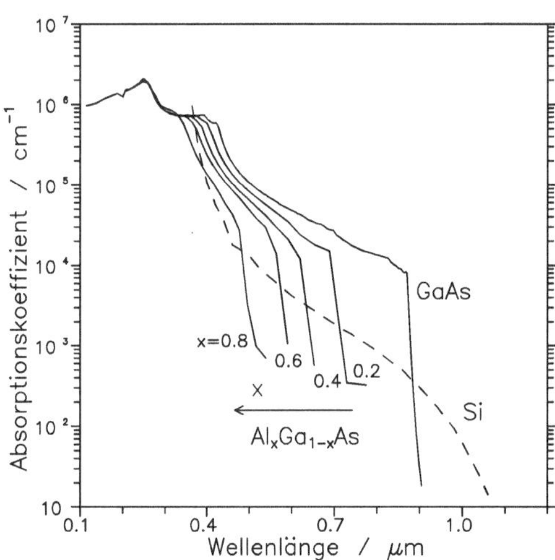

Abb. 7.8:　　Absorptionskoeffizienten des ternären Kristallsystems Al_xGa_{1-x} As sowie von GaAs und Si im Vergleich

Für die $Al_xGa_{1-x}As$-Fensterschicht muss der x-Anteil in Rechnung gesetzt werden. Beim Absorptionskoeffizienten α (Abb. 7.8) bemerkt man den Übergang vom direkten Halbleiter GaAs zum indirekten AlAs bei $x \approx 0.45$ (s. Abb.7.17). Für n und κ bei $x = 0,8$ zeigt Abb. 7.5 die Verhältnisse. Schließlich zeigen Abb. 7.6 und 7.7 Brechungsindex $n(\lambda)$ und Extinktionskoeffizient $\kappa(\lambda)$ für die beiden Antireflexionsschicht-Materialien SiO_2 und Si_3N_4.

Die Simulationsrechnungen entsprechend dem Grundmodell (Kap. 4) berücksichtigen zwei Oberflächenrekombinationsgeschwindigkeiten s_n und s_p, die sich z.B. beim pn-Modell auf die p-Emitter-Oberfläche und die n-Basis-Rückseitenkontakt-Fläche beziehen. Emitter- und Basis-Anteil $j_{phot,Emitter}$ und $j_{phot,Basis}$ entsprechen beide der Form Gl. 4.21. So ergeben sich Darstellungen des Zellenwirkungsgrades η bei AM0-Einstrahlung über der Emitter- und der Basisdicke d_{em} und d_{ba} unter Annahme fester Werte für die Emitter- und die Basisdotierung, die unter technologischen Gesichtspunkten aus Optimierungsrechnungen gewählt wurden. Bei der np-Solarzelle (Abb. 7.9 links) beobachtet man, dass eine hohe Oberflächenrekombination ($s_p > 10^4$ cm/s) den Wirkungsgrad verringert, wiederum hohe Rekombination an der Rückseite s_n für Basisdicken größer als 10 μm keine Bedeutung mehr hat. Die optimale Emitterdicke für eine passivierte Oberfläche ($s_p \leq 10^4$ cm/s) ist kleiner als 0,3 μm. Für die komplementäre pn-Solarzelle (Abb. 7.9 rechts) liegt der entsprechende Wert der optimalen Emitterdicke bei 0,3...2,0 μm. Die Darstellungen der Ladungsträgerprofile mit und ohne Beleuchtung gibt Abb. 7.10. Die spektrale Empfindlichkeit beider Solarzellen-Konfigurationen zeigen die Abb. 7.11a/b. Die np-Solarzelle erweist sich als basis-aktiv, die pn-Solarzelle als emitter-aktiv im Hinblick auf wesentliche Beiträge zum spektralen Photostrom.

Da die absoluten Wirkungsgrade beider Zellen nahezu gleich sind ($\eta_{np} = 26,6\%$, $\eta_{pn} = 26,5\%$), ist unter dem Gesichtspunkt der Technologie eine Entscheidung zwischen beiden komplementären Strukturen zu fällen. Die konventionelle Flüssigphasen-Epitaxie (LPE; engl.: _liquid-phase epitaxy_) der GaAs-Solarzellen ist nicht in der Lage, geringere Schichtdicken als 0,1 μm gezielt einzustellen. Erst aufwendigere Verfahren der Dünnschicht-Technologie, wie Gasphasen-Epitaxie (MOCVD, engl.: _metal organic chemical vapour deposition_) oder Molekularstrahl-Epitaxie (MBE, engl.: _molecular beam epitaxy_) können gezielt und reproduzierbar Schichtdicken kleiner als 0,1 μm einstellen. Wir beabsichtigen hier, zunächst den konventionellen LPE-Herstellungsablauf zu betrachten. Deshalb entscheiden wir uns für das hinsichtlich der Schichtdicken unkritischere $p-Al_xGa_{1-x}As/$ p-GaAs/n-GaAs-Bauelement zur weiteren Betrachtung (Abb. 7.11 rechts).

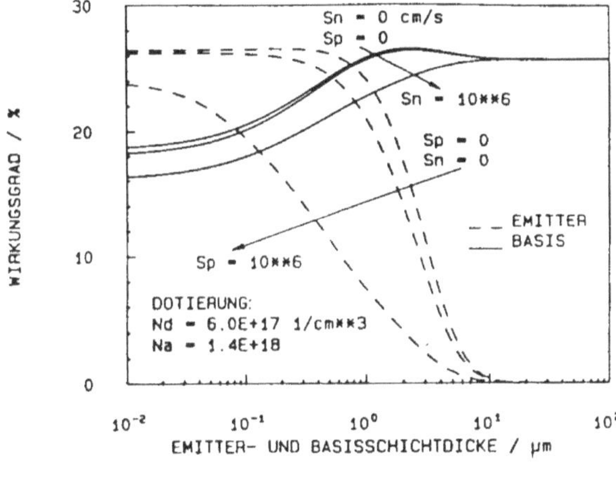

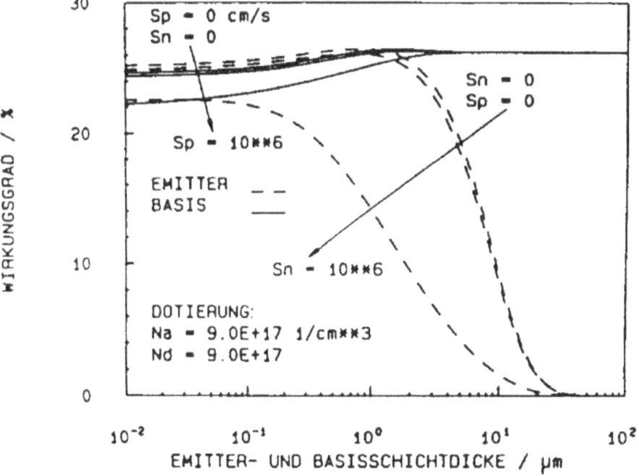

Abb. 7.9:
Wirkungsgrad in Abhängigkeit
von der Emitter- und Basisdicke
für verschiedene Oberflächenrekombinationsgeschwindigkeiten
der idealen GaAs-Solarzelle.
<u>oben</u>: np-Struktur
<u>unten</u>: pn-Struktur /Nel92/

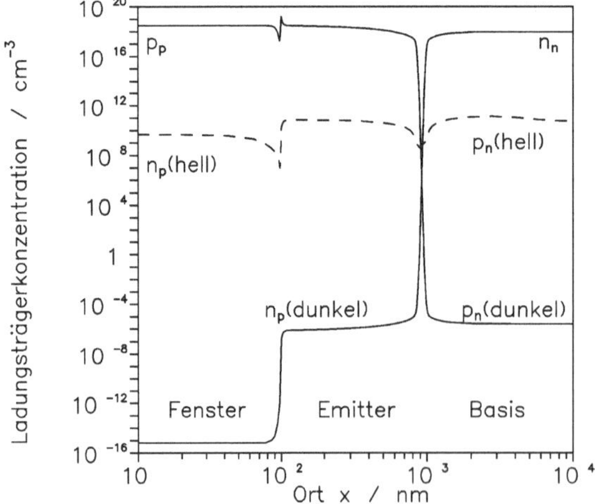

Abb. 7.10:
Verteilung der Majoritäts- und
Minoritätsträgerdichte in der
kurzgeschlossenen idealen
pn-GaAs-Solarzelle mit und
ohne AM0-Bestrahlung.

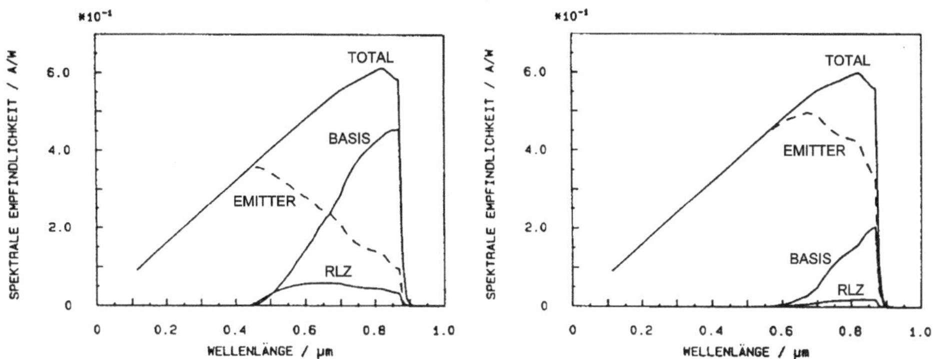

Abb. 7.11:   Spektrale Empfindlichkeit der idealen GaAs-Solarzelle mit Anteilen aus Emitter, Raumladungszone und Basis. <u>links</u>: np-Struktur, <u>rechts</u>: pn-Struktur /Nel92/.

7.4 Kristallzüchtung

Als Ausgangsmaterial benutzt man einkristallines Material, das ähnlich wie kristallines Silizium im Tiegelziehverfahren (Abb. 5.6) gewonnen wird. Allerdings ist dabei zu berücksichtigen, dass bei Verbindungshalbleitern vom Typ A^{III} - B^{V} die Druckverhältnisse der Schmelze im Reaktionsraum berücksichtigt werden müssen, damit keiner der Partner verdampft. Die Schmelzpunkte der A^{III} - B^{V}-Verbindungen liegen (mit Ausnahme von InSb) alle höher als die Schmelztemperaturen der reinen Elemente. Diesen Sachverhalt zeigt das Phasendiagramm des binären Systems Gallium/Arsen (Abb. 7.12). Hier existiert für die Verbindung GaAs kein *eutektischer Punkt* als tiefste Temperatur im Verlauf der *Liquiduskurve*, an dem sich stöchiometrisches GaAs bilden würde. Deshalb müssen Schmelzen bei hoher Temperatur im Druckgefäß (im *Autoklaven*) bereitet werden: beim GaAs für T > 1238 °C. Dies geschieht unter einem Druck von etwa 910 hPa ($\approx$ 0,9 atm), damit das einen hohen Partialdruck aufweisende Arsen nicht abdampft und so die Stöchiometrie von Schmelze und Kristall darunter leidet. Die Druckverhältnisse bei der Herstellung von GaAs-Einkristallen sind jedoch einfach im Vergleich zur Herstellung von z.B. GaP-Einkristallen, die für die LED-Herstellung wichtig sind: dort muss ein Druck von 40 atm herrschen, um das Abdampfen des Phosphors zu verhindern! Man verhindert bei der GaAs-Kristall-Herstellung das Entweichen der Arsen-Komponente durch Überdecken der GaAs-Schmelze mit einer inerten Abdeckflüssigkeit (z.B. B_2O_3, das ausserdem Verunreinigungen aus der Schmelze bindet). Der Kristall wächst dann an der Trennfläche zwischen leichterem B_2O_3 und schwererem GaAs. Man bezeichnet dieses Verfahren als *LEC-Technik* (engl.: *liquid encapsulated Czochralski*).

Ein anderes wichtiges Verfahren ist das *BRIDGMAN-Verfahren*, bei dem die Kristallisation horizontal innerhalb eines geschlossenen Quarzrohres mit einem Arsen-Reservoir erfolgt (Abb. 7.13). In einem Ofen ist das vorgesehene Temperaturprofil (der Temperatur-Gradient zwischen Aufschmelzen und Erstarren) fest eingestellt. Das Quarzrohr mit dem Tiegel, welcher GaAs-Keim und -Schmelze enthält, wird relativ dazu bewegt. Das Arsen-Reservoir wird separat beheizt, um den As-Partialdruck so einzustellen, dass ein Abdampfen des Arsens aus der GaAs-Schmelze unterbleibt. Der Tiegel besteht aus Graphit oder Aluminiumnitrid, um größere Verunreinigungen (wie z.B. Si aus einem SiO_2-Tiegel) zu unterdrücken. Die aus dem Quarzrohr stammenden Si-Verunreinigungen wirken beim BRIDGMAN-Verfahren in GaAs i. Allg. als Donatoren. Für hochohmiges Material („semi-isolierendes" GaAs) müssen Kompensationsdotierungen wie Cr, Fe, Mn beigefügt werden.

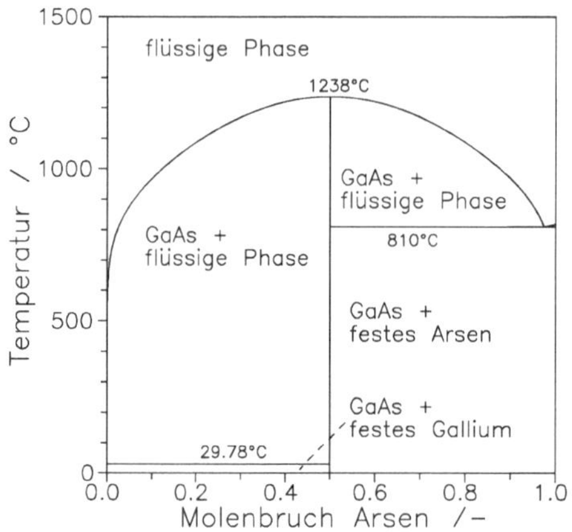

Abb. 7.12:		Phasendiagramm für Gallium und Arsen.

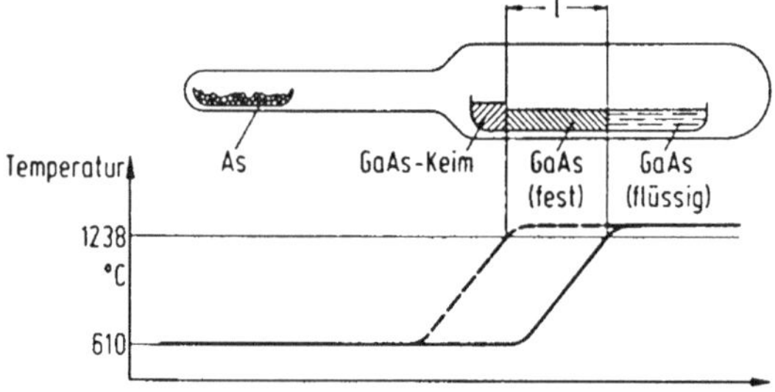

Abb. 7.13:		Schematische Darstellung einer Apparatur zur Herstellung von GaAs-Einkristallen.
    - - - -		Temperaturprofil beim BRIDGMAN-Verfahren zu Beginn der Kristallisation,
    ———		Temperaturprofil nach einer Zeit t /Mün69/.

7.5 Flüssigphasen-Epitaxie für GaAs-Solarzellen

Unter Ausnutzung des Ga/As-Phasendiagrammes (Abb. 7.12) lassen sich mit der Flüssigphasen-Epitaxie (engl.: *liquid phase epitaxy* / **LPE**) gezielt dotierte einkristalline GaAs-Schichten auf GaAs-Substraten aufwachsen und pn-Übergänge herstellen. Wenn man, wie üblich, auf der galliumreichen Seite des Phasendiagrammes arbeitet und dort den Vorteil tiefer Abscheidetemperaturen ausnutzt, beschreibt ein Überqueren der gekrümmten *Liquidus-Linie* von oben nach unten den Übergang von flüssiger Ga/As-Phase zur festen GaAs-Phase in galliumreicher Schmelze. Wenn man nun eine feste Temperatur wählt. (z.B. T = 800 °C), so lässt sich die geringe Menge Arsen ausrechnen (Molenbruch ca. 3% in Abb. 7.12), die eine Ga-Schmelze sättigt, damit festes GaAs ausfällt (horizontaler Weg im Phasendiagramm bei T = 800 °C). Der Molenbruch des Arsen bezeichnet dabei den Prozentsatz der Arsen-Mole in der Lösung. Ist ein GaAs-Substrat vorhanden, so wächst epitaktisch das ausgefällte GaAs (u.U. dotiert mit z.B. Be, Sn, Mg) auf dieser Unterlage einkristallin auf. Man benötigt stets den Vorgang der Sättigung der Schmelze mit Arsen vor dem Vorgang der epitaktischen Abscheidung.

Nun möchte man nicht nur einen epitaktischen GaAs-pn-Übergang auf diese Weise „aufwachsen", sondern im gleichen Arbeitsablauf auch die $Al_xGa_{1-x}As$-Fensterschicht herstellen. Man entscheidet sich dafür, das AlGaAs-Fenster nach sorgfältiger Temperatur-festlegung gitterangepasst epitaktisch aufwachsen zu lassen, indem man das drei-dimensionale Phasendiagramm Aluminium/Gallium/Arsen dafür zu Rate zieht und hier den Al-Anteil bestimmt, der aus einer gesättigten GaAs-Schmelze eine AlGaAs-Schicht ausfällt und auf dem GaAs-Substrat aufwächst. Gleichzeitig dotiert man durch hinzugegebene Störstellen (wie z.B. den Akzeptor Beryllium) über Festkörperdiffusion das GaAs-Substrat. Auf diese Weise entsteht die Schichtenfolge p-AlGaAs/p-GaAs/n-GaAs der Solarzellen-Struktur aus Abb. 7.1. Abschließend zeigt die Abb. 7.14 die Darstellung einer zur LASER-Herstellung genutzten LPE-Mehrfachschicht-Apparatur mit insgesamt vier separaten Schmelzlösungen, die über das Substrat hinweg bewegt werden können (Schiebetiegel-Verfahren). Für die LPE von GaAs-Solarzellen werden maximal zwei Schmelzen (Fensterschicht und ev. Pufferschicht) benötigt.

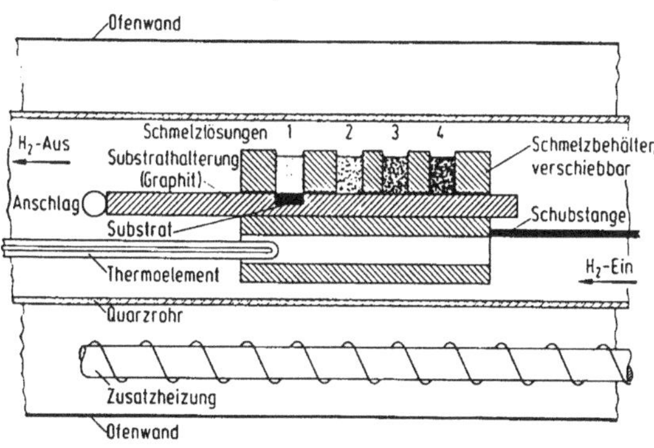

Abb. 7.14:   LPE-Apparatur zur Herstellung von Mehrfachschichten /Rug84/.

7.6 Präparation von GaAs-Solarzellen mit LPE

Unser Präparationsbeispiel einer GaAs-Solarzelle orientiert sich wie schon zuvor für die Materialien c-Si und poly-Si an einem industriellen Herstellungsprozess.

Ausgangsmaterial:	BRIDGMAN-Material, gesägt (z.B. 2,0 cm x 2,0 cm x 300 μm) und geläppt, n-GaAs, $N_D(Si) = 2 \cdot 10^{18}$ cm^{-3}.
1. Probenvorbereitung:	Kontrolle der Versetzungsdichte, Reinigen (z.B. in TCE, Azeton, Methanol), Ätzen (z.B. in HCl:H$_2$O = 1:1) und Spülen.
2. Flüssigphasen-Epitaxie:	LPE aus großem Schmelzvolumen bei T = 700...900 °C und mit $-dT/dt = 0,2...0,5 \mathrm{K/min}$.
2.1 Pufferschichtepitaxie:	10-12 μm, n-GaAs, $N_D(Sn) = 2 \cdot 10^{17}$ cm^{-3}, anschl. Reinigung.
2.2 Epitaxie der Fensterschicht und Emitter-Diffusion:	0,1-0,3 μm p-Al$_{0,85}$Ga$_{0,15}$As, gleichzeitig Eindiffusion des Emitters aus der Be-dotierten Schmelze: d_{em} = 0,3-0,5 μm, $N_A(Be) = 2 \cdot 10^{18}$ cm^{-3}.
3. Ohmsche Kontakte:	
3.1 Vorderseitenkontakt:	Fingerstruktur: Kontakt auf p-GaAs durch Photolithographie und Metal-Lift-Off, Au/Zn(3%)-Ag (gesputtert und galvanisch verstärkt).
3.2 Rückseitenkontakt:	ganzflächig: Ni-Au/Ge(12%)-Au-Ag (aufgedampft).
4. Optische Vergütung:	zweilagiges ARC: TiO$_2$ / Al$_2$O$_3$, d_{ARC} = 140 nm (aufgedampft).
5. Test:	I(U) im simulierten AM0-Spektrum, S(λ), Bestrahlungstest.
Produkt:	p$^+$-Al$_{0,85}$Ga$_{0,15}$As-pn-GaAs-Solarzelle für Weltraumanwendungen, Wirkungsgrad: $\eta_{AM0}(T = 28\ °C) = 22\text{-}24\%$, Strahlungstest (e / 10^{15} cm^{-2}, 1 MeV): $\overline{\eta / \eta_0} \approx 0.85$.

Die Abb. 7.15 zeigt den inneren Quantenwirkungsgrad $Q_{int}(\lambda)$ für zwei LPE-gefertigte pn-GaAs-Solarzellen und die Nachsimulation zur Parameter-Anpassung (Fensterschicht-Dicke d_w, Diffusionstiefe x_j, Basisdicke d_{ba} mit Minoritätsträger-Diffusionslängen und Oberflächenrekombinationsgeschwindigkeiten). Der Abfall im Kurzwelligen („Blauen") wird maßgeblich durch Absorption in der Fensterschicht verursacht, im Langwelligen („Roten") erfolgt der Abfall abrupt bei etwa λ = 850 nm. Hier erkennt man den direkten Halbleiter GaAs mit hohem Bandabstand (ΔW = 1.42 eV).

7.7 Gasphasen-Epitaxie der III/V-Halbleiter zur Abscheidung dünnster Schichten

Gasphasen-Abscheidung (engl.: *chemical vapour deposition* / **CVD**) ist ein Prozess zur Abscheidung dünner Halbleiterschichten aus der Gasphase, und er führt durch die präzise

Einstellung von Schichtdicken zu sehr viel effizienteren Solarzellen. Das Halbleitersubstrat in einer Kammer mit reduziertem Druck ist dabei einem oder mehreren Gasen ausgesetzt, die an der Substratoberfläche mit dem Halbleiter reagieren und epitaktische Schichten bilden, gegebenenfalls dabei auch weitere flüchtige Nebenprodukte erzeugen, die dann abgepumpt werden müssen. Je nach Druck in der Abscheidungskammer unterscheidet man **APCVD** (engl.: *atmospheric pressure CVD*) und **LPCVD** (engl.: *low pressure CVD*).

Eine wichtige Technologie-Variante der Epitaxie dünner Halbleiterschichten ist die **Molekularstrahl-Epitaxie** (engl.: *molecular beam epitaxy / MBE*). Dabei werden in sogen. **Effusor-Zellen** ultra-reine Ausgangsmaterialien wie Gallium und Arsen thermisch verdampft. Aus dem Effusor treten sie als Molekular- oder Atomstrahl durch eine Blende in die Epitaxie-Kammer unter niedrigstem Druck ein und kondensieren an der Substratoberfläche, u.U. in einer gemeinsamen Reaktion, wobei sie dann die Kristallstruktur der Halbleiteroberfläche epitaktisch fortsetzen. Aus zwei getrennten Strahlen Gallium und Arsen entstehen entsprechend kristalline Molekül-Schichten aus Galliumarsenid. Ein Charakteristikum der MBE ist ihre niedrige Abscheiderate, mit der auch mono-atomare Schichten hoher Reinheit hergestellt werden können. Der Begriff „Strahl" bezieht sich bei diesem Verfahren auf die Qualität des Hochvakuums ($< 10^{-6}$ Pa), weil die mittlere freie Weglänge der Teilchen in der Kammer größer sein sollte als die Kammerabmessungen, sodass vor der Kondensation der Strahlen an der Substratoberfläche keine Reaktion der Strahlen untereinander oder mit dem Restgas in der Kammer stattfindet. Vor jedem Effusor befindet sich ein Verschluss (engl.: *shutter*), der Rechner-kontrolliert öffnet und schließt. Entsprechend lassen sich durch verschiedene Effusoren lagenweise mono-atomare kristalline Schichten unterschiedlicher Zusammensetzung abscheiden. Mit der MBE-Technologie sind die modernen Nanostrukturen mit Quanteneigenschaften (Quantenwälle und –punkte) erst möglich geworden. Aber mit MBE lassen sich auch dünnste Schichten von III/V-Halbleitern als Strukturen für Solarzellen realisieren, die als Stapel- oder Tandem-Solarzellen die höchsten Wandlungswirkungsgrade aufweisen (Abb. 7.16 bis Abb. 7.22 und Kap. 7.8).

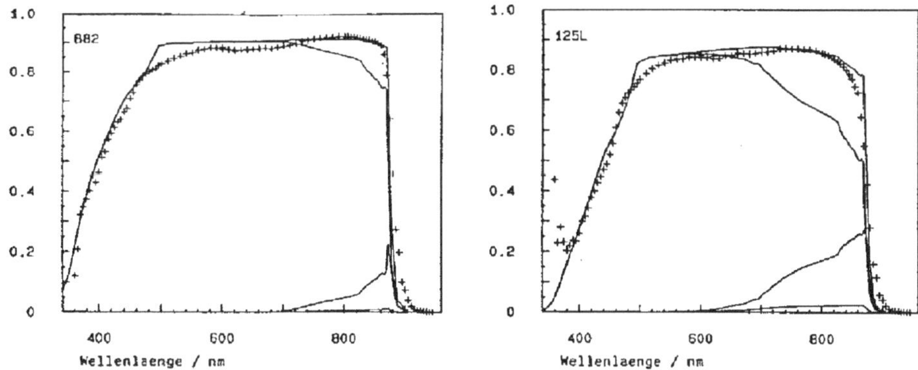

Abb. 7.15: Messung des Quantenwirkungsgrades zweier pn-GaAs-Laborsolarzellen („+") und Simulation (Linien) unter Annahme einer absorbierenden Fensterschicht. Simulationsparameter B82 (Abb. 7.15 links): $d_{em} = 2$ µm, $L_n = 5$ µm, $s_n = 10^4$ cm/s, $L_p = 3$ µm, $s_p = 10^4$ cm/s; 125L (Abb. 7.15 rechts): $d_{em} = 1$ µm, $L_n = 3$ µm, $s_n = 10^5$ cm/s, $L_p = 2$ µm, $s_p = 10^4$ cm/s. Beiträge entsprechend Abb. 7.11 rechts /Rei90/.

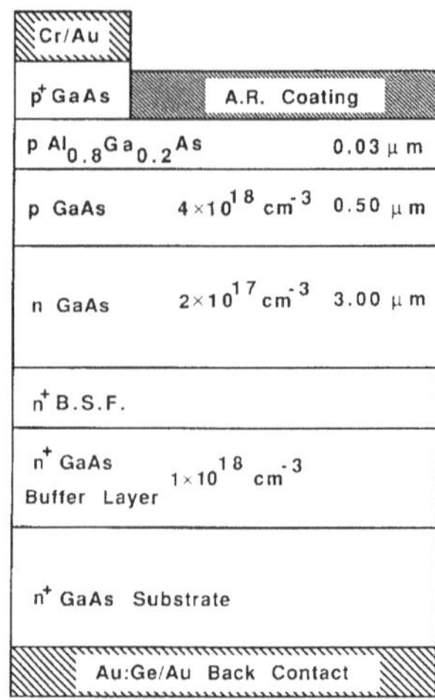

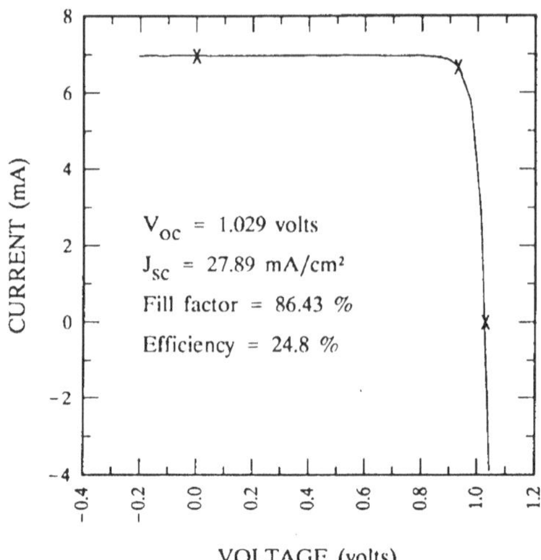

Abb. 7.16: Struktur (links) und Generator-Kennlinie (rechts) einer frühen III/V-Tandem-Solarzelle der Materialfolge GaAs/AlGaAs (1990). Die GaAs-Bereiche können mit LPE, der AlGaAs-Bereich nur mit CVD-Technik gefertigt werden /Tob90/.

7.8 Stapel-Solarzellen aus III/V-Halbleiter-Material

Erhebliche Vergrößerung des Wandlungswirkungsgrades bis über $\eta=30\%$ erreicht man mit übereinander gebauten Solarzellen (Stapel-Solarzellen, engl.: *stacked solar cells*) aus ternärem und quaternärem Halbleiter-Material. Meist geht man dabei von Germanium aus und scheidet Schichten aus in der Gitterkonstanten angepasstem III/V-Material darauf epitaktisch mit der MBE-Technologie (Kap. 7.7) ab. Wir wollen in diesem Kapitel die Zusammensetzung der Stapel-Solarzellen aus unterschiedlichen Halbleiter-Werkstoffen untersuchen. (*Bemerkung zum Begriff „Tandem-" oder „Stapel-" Solarzelle: eine strenge Unterscheidung existiert nicht; etwas häufiger werden Zwei-Schicht-Bauelemente als „Tandem-Zellen" bezeichnet, während Mehrschicht-Bauelemente „Stapel-Zellen" heißen.*)

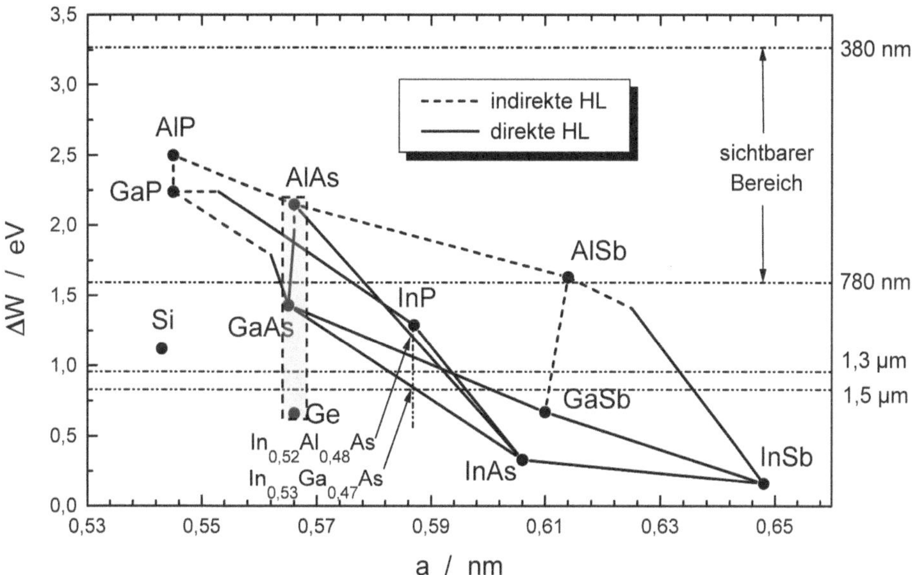

Abb.7.17:   Bandabstand ΔW (T=300K) aufgetragen über der Gitterkonstanten a der wichtigsten binären, ternären und quaternären Halbleiter-Verbindungen. Rechts sind weiterhin die den Bandabständen entsprechenden Wellenlängen λ nach der Beziehung $\lambda=hc/\Delta W$ aufgetragen ($\lambda/\mu m=1.24/\Delta W/eV$). Vom Punkt Ge aus erstreckt sich in Richtung wachsender ΔW-Werte der schmale Streifen mit epitaktisch auf Ge-Substrat verträglichen III/V-Halbleiter-Verbindungen /Wag98/.

Die Abb.7.17 zeigt den schmalen Streifen, innerhalb dessen auf dem Substrat Germanium Mischkristalle aus Verbindungen von Gallium, Aluminium, Indium, Phosphor, Arsen und Antimon mit vergleichbarer Gitterkonstanten ohne starke Gitterverspannungen abgeschieden werden können (Ga, Al, In aus Gruppe III; P, As, Sb aus Gruppe V des Periodensystems der Elemente). Diese Verbindungen müssen jeweils eine ganz bestimmte Zusammensetzung haben, wie man aus der Abb. 7.17 ersieht.

Beim Aufbau einer Stapel-Solarzelle (Abb. 7.18) geht man folgendermaßen vor: ganz innen ist der Halbleiter mit dem geringsten Bandabstand, hier Germanium. Darauf baut man (von innen nach außen) schrittweise weitere Halbleiterschichten mit wachsendem Bandabstand auf.

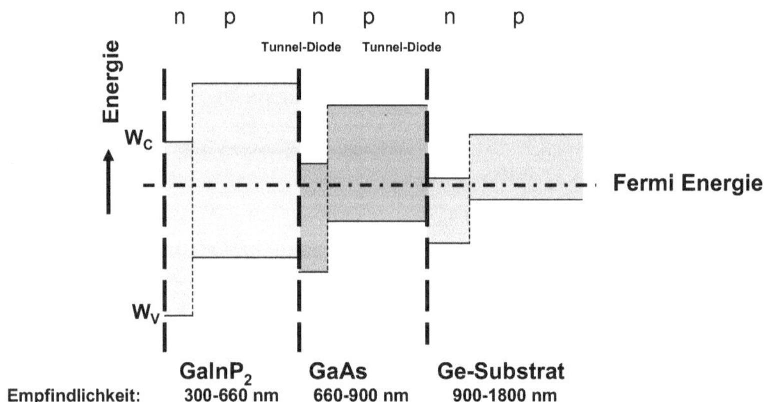

Abb. 7.18:   Teleskop-Aufbau einer Tripel-Stapel-Solarzelle mit den Schichten Ge/GaAs/GaInP$_2$. Die Energiebänder-Verläufe (vereinfacht dargestellt ohne Raumladungszonen) zeigen die Lage der n- und p-leitenden Bereiche. Nur in der gezeigten Reihenfolge werden die vom Sonnenlicht erzeugten Elektronen nach links und Löcher nach rechts transportiert. Dabei entstehen jeweils hinderliche Hetero-Übergänge zwischen den unterschiedlichen Halbleitern. Ihre begrenzende Wirkung wird durch den Bau von hochdotierten Tunnel-Dioden geringer Ausdehnung minimiert.

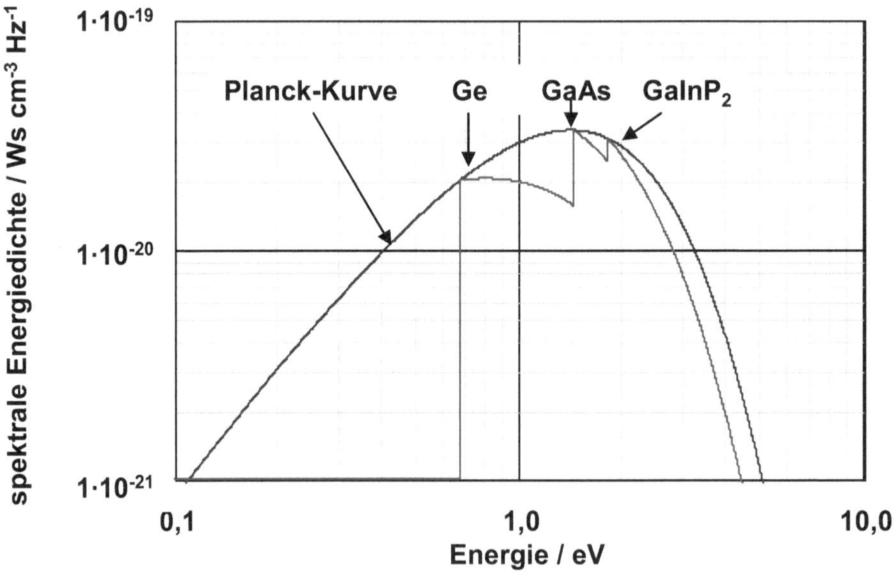

Abb. 7.19:   Spektrale Energiedichte als Funktion der Energie und maximal wandelbarer Anteil einer Tripel-Stapel-Solarzelle aus Ge / GaAs / GaInP$_2$ mit Planck-Kurve für T = 5800 K.

Derartige Stapel-Solarzellen werden bevorzugt in der Raumfahrt angewendet, da sie sich mit geringem Gewicht als Dünnschicht-Anordnung bauen und hohe Wirkungsgrade erwarten lassen. Eine Tripel-Stapel-Solarzelle verspricht einen ultimativen Wirkungsgrad von η_{ult}=67%. Realisierbar erscheinen im Sinne des Maximalen Wirkungsgrades η_{lmax}=38%. Realisiert wurden bisher Wirkungsgrade von η= 30% /Kin04/.

Ein weiterer Vorteil stellt ihre hohe Zuverlässigkeit beim Einsatz im Weltraum dar. Insbesondere die sog. *Strahlenresistenz*, die das Maß der zeitlichen Verringerung des Wandlungswirkungsgrades beim Einsatz im strahlungsbelasteten Weltraum beschreibt, ist bei den III/V-Solarzellen besser als bei solchen aus Silizium (s. Kap. 5.7).

Abb. 7.20:   Tripel-Solarzelle von AZUR SPACE Solar Power GmbH Heilbronn für den Weltraumeinsatz. (η(BOL) = 28,0% für AM0 = 1367 W/m^2 mit U_{MP} = 2371mV und I_{MP}=1012mA sowie η(EOL) = 24,6% nach $1 \cdot 10^{15}$ cm^{-2} 1MeV-Elektronen). GaInP$_2$/GaAs/Ge Stapelfolge auf Ge-Substrat mit der Fläche von 60,35cm^2 und einem Gewicht von 10,4g. (BOL ~ beginning of life; EOL ~ end of life). Das Foto zeigt die Vorderseite der ultraleichten Stapel-Solarzelle mit drei Kontakten unten und einer Shunt-Diode oben.   (Quelle: AZUR SPACE Heilbronn).

7.9 Konzentrator-Technologie mit III/V-Stapelzellen

Monokristalline GaInP/GaInAs-Solarzellen mit hohem Wirkungsgrad ($\eta > 30\%$) eignen sich in konzentriertem Sonnenlicht auch für den terrestrischen Einsatz. Die hohen Kosten der Herstellung teilen sich in diesem Falle eine große Zahl sehr kleiner Einzelzellen, die durch Aufteilung aus einer einzelnen Scheibe gewonnen werden können.

Bei der **FLATCON-Technologie** /ISE 06/ gewinnt man aus einem 4"-Wafer von kristallinem GaInP/GaInAs insgesamt 885 Solarzellen der Größe $A = 0{,}0314$ cm^2 (Abb. 7.21). Mit einer Fresnel-Linse der Fläche $B = 15{,}5$ cm^2 wird 500-fach konzentriertes Sonnenlicht ($E_{500 \cdot AM1,5} = 500 \cdot 100$ mW/cm^2 = 50 W/cm^2) auf die Fläche A jeder einzelnen Solarzelle projiziert, also 1,6W/Solarzelle. Insgesamt 60 ($= 5 \cdot 12$) Fresnel-Elemente mit den Flächen B bilden ein FLATCON-Modul (Abb. 7.22), bedecken dabei insgesamt die Fläche von $C = 0{,}095$ m^2 (~ 20cm $\cdot 48$cm) und werden mit 94W Sonnenlicht bestrahlt. So lassen sich im konzentrierten Sonnenlicht bei einem Systemwirkungsgrad von $\eta = 20\%$ insgesamt ca. 19W/Modul oder ca. 200W/m^2 erzeugen. Man hofft, den Systemwirkungsgrad zukünftig noch weiter zu steigern.

Allerdings sind FLATCON-Module aufwendiger aufgebaut als einfache c- oder mc-Silizium-Module, deren Leistung im natürlichen Sonnenlicht mit einem Systemwirkungsgrad von $\eta \sim (10...12)\%$ zwar nur (100...120) W/m^2 beträgt, die jedoch weder Fresnel-Linsen noch Kühlung benötigen. Der Vorteil der FLATCON-Module besteht in der sparsamen Nutzung des einzelnen zerteilten Halbleiterwafers, während beim Standard-Silizium-Modul (ohne Konzentration) die Gesamtfläche des Moduls mit zahlreichen Silizium-Wafern belegt ist. Wirtschaftlich läuft es letztlich auf einen Preisvergleich der fertigen Halbleiter-Wafer hinaus. Während man insgesamt 14 Module der angegebenen Größe mit einer einzelnen GaInP/GaInAs-Scheibe aufbauen kann, benötigt man für gleiche Zahl von Modulen (mit 15x15cm^2–Wafern) und gleicher Gesamtleistung mehr als 100 Silizium-Scheiben.

Der aufwendige Aufbau der FLATCON-Module erfordert nachgeführte Zwei-Achsen-Ausrichtung in optimaler Einstrahlrichtung, ein weiterer Kostenfaktor. Trotzdem erhofft man sich bei einer großtechnischen Produktion Anwendungsvorteile für diese effiziente Photovoltaik-Technologie an sonnenreichen Orten als große Kraftwerkseinheit.

Abb. 7.21: Montage der c-GaInP / GaInAs-Solarzelle auf einer Kupfer-Wärmesenke.

Abb. 7.22: Das ISE-FLATCON-Modul. Deutlich ist die vordere Ebene der Fresnel-Linsen von der hinteren Ebene der Solarzellen auf Kupfer-Wärmesenken zu unterscheiden.

(Quelle: Institut f. Solare Energiesysteme / ISE Freiburg 2006)

Messung der Generator-Kennlinie in kalibrierter Bestrahlung AM(1,5)

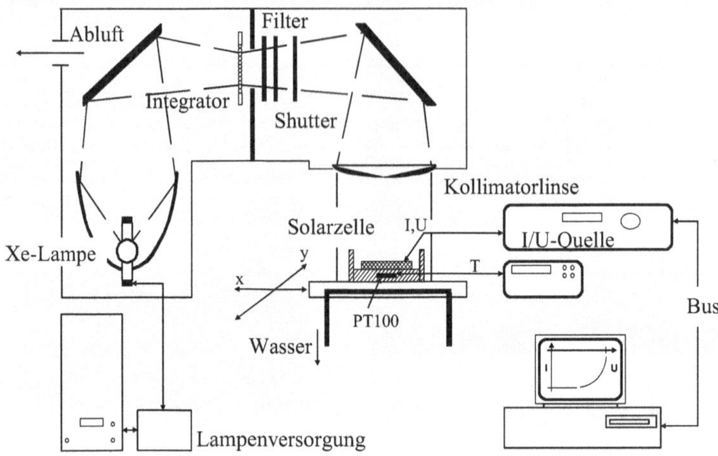

Abb. 7.23: Zusammenstellung der Xenon-Lampe samt Versorgung mit Parabolspiegel und Integrator, der Filter-Anordnung mit Shutter, Umlenkspiegel und Kollimatorlinse sowie des Arbeitstisches mit xy-Verschiebung und thermostatisierbarem Chuck. Die elektronische Einheit umfasst eine I/U-Quelle mit Bus zum Rechner.

Die Apparatur zur Messung von Generator-Kennlinien setzt sich aus Solarsimulator und der angeschlossenen Messelektronik zusammen. Der Solarsimulator befindet sich in einem luftgekühlten Gehäuse. Als Strahlungsquelle dient eine quarzummantelte 1000 W Xenon-Hochdrucklampe. Ihr Kurzbogen strahlt Licht einer dem Planckschen Strahlungsgesetz entsprechenden spektralen Verteilung ab. Die Lampe befindet sich im Brennpunkt eines ellipsoidalen Reflektors, der das Licht sammelt und über einen Ablenkspiegel auf einen optischen Integrator fokussiert. Dieser besteht aus einem System flächenhaft benachbarter Linsen, die das durch sie hindurchfallende Licht jeweils gleichmäßig über den Strahlengang verteilen und auf diese Weise die durch die Geometrie der Strahlungsquelle bedingte Inhomogenität der Bestrahlungsstärke ausgleichen. Hinter dem Integrator werden Filter zur spektralen Anpassung des Lampenspektrums eingebracht. Ein Schließblech dient als Schutz gegen Strahlung und Erwärmung während der Einrichtung des Messplatzes. Über einen weiteren Umlenkspiegel wird das Licht auf eine Kollimatorlinse reflektiert, so dass ein paralleles Strahlenbündel das Gehäuse verlässt und auf die thermostatisierte Probenaufnahme trifft. Die zu vermessenden Solarzellen sind auf einen geschwärzten Messingträger geklebt.

Der Oberflächenkontakt ist in Golddraht-Bond-Technik angeschlossen. Emitter und Basis sind an zwei Stromzuführungen und zwei zusätzliche Potentialsonden angeschlossen (KELVIN-Verdrahtung). Direkt unter der Probe wird die Temperatur mit einem Messwiderstand gemessen. Unmittelbar vor jeder Messung wird die Bestrahlungsstärke mit einer kalibrierten Si-Solarzelle kontrolliert. Die Aufnahme der Strom-Spannungs-Charakteristik der bestrahlten Solarzelle erfolgt mit einer PC-gesteuerten Vier-Quadrantenquelle. Die Messung wird im Sperrbereich mit einer Spannungsquelle gestartet, nach Überschreiten des maximalen Arbeitspunktes, wo sich der differentielle Widerstand des Messobjektes zu verringern beginnt, erfolgt die Ansteuerung mit einer Stromquelle.

Mit einem entsprechenden Strahlengang einer leistungsstarken Hochdrucklampe werden Generator-Kennlinien bei konzentrierter Bestrahlungsstärke aufgenommen. Wegen der damit verbundenen hohen Erwärmung der Solarzelle wird die Bestrahlung mit z.B. (500...1000)-facher AM 1,5-Intensität in Lichtpulsen von ca. 10 ms bei einem sehr kleinen Puls-Pause-Verhältnis verabfolgt. Die Solarzellen müssen dabei durch Kühlung bei konstanter Temperatur gehalten werden.

8. Dünnschicht-Solarzellen aus amorphem Silizium

In den achtziger Jahren erschienen Solarzellen aus amorphem Silizium als Lösung des Problems der teuren Photovoltaik. Dünne teiltransparente Schichten auf Fensterglas ließen sich zu integrierten Solar-Modulen von beträchtlicher Größe aufbauen. Jedoch erwiesen sie sich als nicht stabil, wenn sie ständig starkem Sonnenlicht ausgesetzt sind. Für technische Lösungen kleinerer Art wie in Armbanduhren und Taschenrechnern haben sie jedoch bis heute ihren Platz.

Der Aufbau der Dünnschicht-pin-Solarzelle aus amorphem Silizium stellt eine Diode eigener Art dar, deren Funktion anders ist als die der geläufigen Halbleiterdiode. Deshalb wird hier eine Darstellung der elementaren CRANDALL-Diode beschrieben, die in gewisser Weise das Gegenmodell zur geläufigen SHOCKLEY-Diode darstellt.

8.1 Eigenschaften des amorphen Siliziums

Die fehlende Ordnung der atomaren Struktur ist das Hauptmerkmal, mit dem sich amorphe von kristallinen Materialien unterscheiden (Abb. 8.1). Jedoch ist es nicht die fehlende *Fernordnung*, welche die Eigenschaften des amorphen Halbleiters ausmacht. Aus der SCHRÖDINGER-Gleichung und dem BLOCH-Theorem könnte man dies zunächst schließen. Entscheidend ist die *Nahordnung,* die im amorphen Material relativ gut erhalten bleibt, was man aus einem Diagramm entnehmen kann (Abb. 8.2), das für die regelmäßig-geordnete kristalline Phase (oben), für die gestörte amorphe Phase (Mitte) und für die völlig ungeordnete Gasphase (unten) die Wahrscheinlichkeit, ein Nachbaratom zu finden, über dem räumlichen Abstand von einem Beobachtungspunkt („Auf-Atom") angibt. Erst mit zunehmender Entfernung (hier vom 5. - 6. Nachbarn ab) ist die amorphe Materie zufalls-verteilt wie in einem Gas.

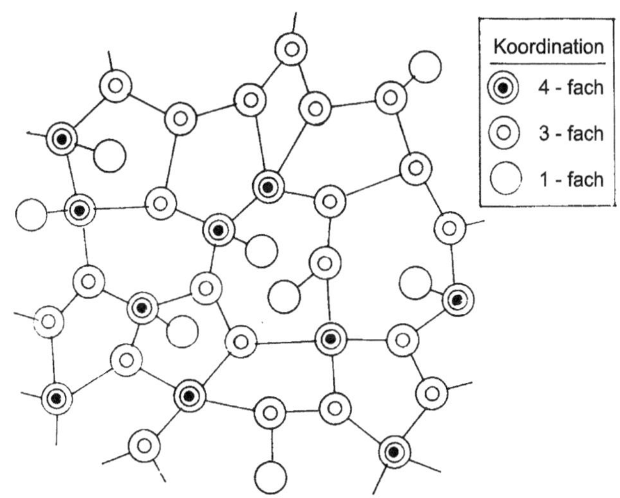

Abb. 8.1:   Zufallsnetzwerk der Atome im amorphen Festkörper mit unterschiedlicher
Koordinationszahl der Atome (nach R.A. Street /Str91/).

Amorphe Halbleiter weisen im Nahbereich eine erkennbare Ordnung auf, die z.B. beim
amorphen Silizium (a-Si) durch die gleichartigen kovalenten Bindungen über Elek-
tronenpaare wie im kristallinen Material charakterisiert ist (d.h. mit gleicher Zahl von
Nachbaratomen, mit vergleichbarem mittleren Bindungsabstand und Bindungswinkel). Das
Zufallsnetzwerk der Atome in einer amorphen Substanz, wie z.B. Glas, ist durch eine hohe
Dichte an *Koordinationsdefekten* charakterisiert, die fehlende (oder überzählige) Bindungen
zu Nachbaratomen beschreiben. Zwar gibt es auch im kristallinen Netzwerk Störungen wie
Leerstellen und Zwischengitteratome, desgleichen auch Störatome mit vom Wirtsgitter
abweichender Koordinationszahl (Donatoren, Akzeptoren), im periodischen Gitter jedoch mit
einer meist diskret zugeordneten Energielage innerhalb der *Verbotenen Zone* des
Energiebänder-Modelles. Die Mannigfaltigkeit der Koordinationsdefekte im amorphen
Halbleiter erzeugt zusätzliche mit Elektronen besetzbare Energiezustände im Verbotenen
Band. Schwankungen von Bindungsabstand und -winkel erzeugen Bandausläufer
(„Schweifzustände", engl.: *tail states*) und Koordinationsfehler bilden Lückenzustände
(engl.: *gap states*) (Abb. 8.3).

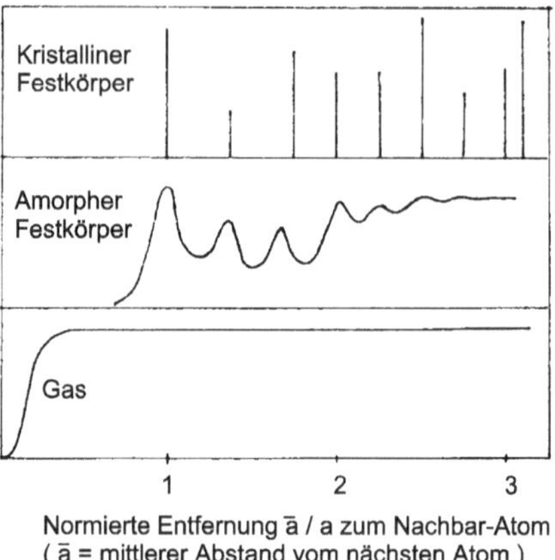

Abb. 8.2:   Ortsverteilung der Wahrscheinlichkeit, ein Nachbaratom zu finden, für die kristalline Phase (oben), für die amorphe Phase (Mitte) und für die Gasphase (unten) (nach Street /Str91/)

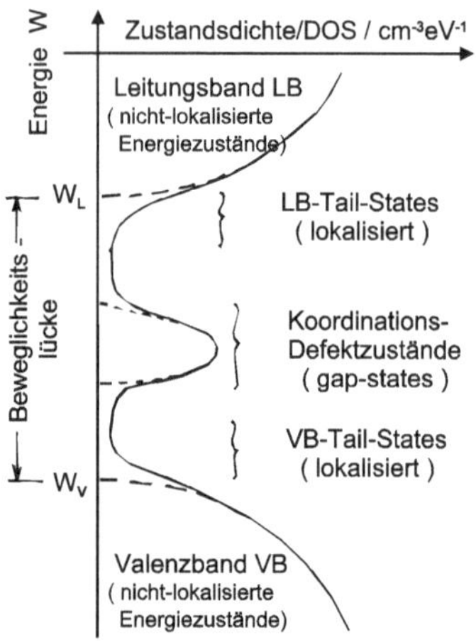

Abb. 8.3:   Einteilung der Energiezustände nach nicht-lokalisierten Bandzuständen und lokalisierten Tail- und Gap-Zuständen mit den Grenzen der Beweglichkeitslücke W_L und W_V.

Sie alle dämpfen im amorphen Halbleiter die BLOCH-Wellen der Elektronen, die im ungestörten Kristall „quasi-frei" zwischen den Probenoberflächen als ebene Wellen nicht-lokalisiert laufen. Hier entstehen zusätzliche *Streuvorgänge*, die die Kohärenz der BLOCH-Wellen stören und die mittlere freie Weglänge herabsetzen. Wenn die mittlere freie Weglänge der Elektronen bis auf atomare Distanzen (mittlerer Abstand $\bar{a}$ zweier Atome) reduziert ist, wird die Erhaltung des Impulses p der generierten und rekombinierenden Elektron-Loch-Paare entsprechend der HEISENBERGschen Unschärfe-Relation gestört und aufgehoben

$$\left.\begin{array}{l} \Delta x \cdot \Delta p \geq h \\ \Delta x \approx \overline{a}, \quad \Delta p = \hbar \cdot \Delta k \end{array}\right\} \quad \Rightarrow \quad \Delta k \geq \frac{2\pi}{\overline{a}} . \tag{8.1}$$

Die Wellenzahl-Unschärfe $\Delta k \geq 2\pi / \overline{a}$ entspricht dann mindestens dem Maximalwert der Wellenzahl, d.h. es findet sich aus dem Wärmehaushalt des amorphen Halbleiters stets ein Phonon als Schwingungsquant, bzw. es wird gar kein Phonon mehr benötigt, um einen Band-Band-Übergang von Ladungsträgern zu bewerkstelligen: aus dem indirekten Halbleiter kristallines Silizium ist der *(quasi-) direkte Halbleiter* amorphes Silizium geworden. Diese Tatsache drückt sich dann sehr anschaulich im Steilanstieg des Absorptionskoeffizienten $\alpha(\lambda)$ für a-Si aus (s. Abb. 3.6).

Andererseits liegt die Bandkante ΔW für a-Si bei einer höheren Energie als für c-Si, nämlich bei $\Delta W_{a\text{-}Si} = 1{,}65$ eV für T=300K. Diese Energie beschreibt den Aufwand an z.B. optischer Energie, um ein Elektron im kontinuierlichen Übergang zwischen den nicht-lokalisierten Bandzuständen (engl.: *extended states*) und den lokalisierten Schweifzuständen (engl.: *tail states*) in der Verbotenen Zone über die *Beweglichkeitskante* W_L (engl.: *mobility edge*) anzuheben, von der ab die Photoleitfähigkeit der Probe sich messbar vergrößert. Beim amorphen Silizium mit seiner über der Energie kontinuierlichen Verteilung von besetzbaren Zuständen wird der Begriff der Leitungsbandkante W_L durch den neuen Begriff der *Beweglichkeitskante* W_L ersetzt, da sich Elektronen – anders als im kristallinen Halbleiter – auch zwischen den Energien W_V und W_L befinden können. Sie sind dort dann allerdings eingefangen (lokalisiert) und dadurch unbeweglich. Erst oberhalb von W_L ist i. Allg. das Elektron wieder ungebunden und kann sich durch das amorphe Netzwerk bewegen. Auch der Begriff der Verbotenen Zone wird konsequent durch die *Beweglichkeitslücke* ersetzt.

An den Beweglichkeitskanten bewegen sich Elektronen und Löcher mit einer Beweglichkeit μ, welche die erhöhte Streuung der Ladungsträger im amorphen Material a-Si über die *mittlere freie Weglänge* $v_{th} \cdot t_0$ in der Größenordnung atomarer Abstände ($a \approx 0{,}2...0{,}5$ nm) widerspiegelt, t_0 ist dabei die mittlere Stoßzeit

$$\mu = \frac{q\,t_0}{2\,m_{eff}} \approx 1...5 \; cm^2 V^{-1} s^{-1} \quad \text{mit } t_0 \approx a / v_{th} . \tag{8.2}$$

Aber auch energetisch unterhalb der Beweglichkeitskante können sich Elektronen durch thermionische Aktivierung („hopping"-Prozesse) mit deutlich geringerer Beweglichkeit ($\mu = 0{,}01 ... 0{,}1 \; cm^2 V^{-1} s^{-1}$) bewegen (entsprechend Löcher oberhalb von W_V). Voraussetzung ist eine genügende Dichte von Schweif-Zuständen, ebenso die gleichzeitige Wirksamkeit von elektrischer Feldstärke und thermischer Anregung.

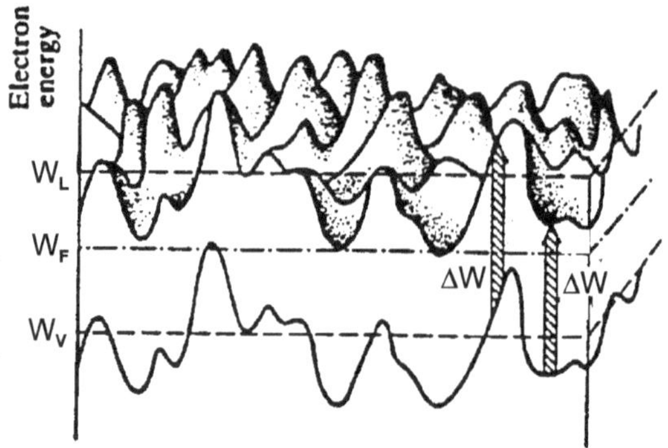

Abb. 8.4:   Darstellung der Energiebänder in einem amorphen Halbleiter über dem Ort /Ell83/.

Anschauliches Verständnis für die Beweglichkeitslücke $\Delta W = W_L - W_V$ und die reduzierte Ladungsträger-Beweglichkeit vermittelt die Abb. 8.4, in der die Auswirkung der fluktuierenden Energien im Bändermodell auf den Ladungsträgertransport gezeigt wird: die Elektronen und die Löcher müssen den Weg minimalen Energieaufwandes durch das Potentialgebirge finden.

8.2 Dotieren des amorphen Siliziums

Im amorphen Silizium wirken die Defekte im atomaren Netzwerk (schwankende Bindungsabstände und Bindungswinkel, Koordinationsfehler) mit Fremdatomen zusammen, um die Dotierung einzustellen. Die Dotierung wird dabei durch die Lage der Fermi-Energie W_F beschrieben. Zunächst möge es sich um einen undotierten Halbleiter handeln, der damit nicht unbedingt eigenleitend sein muss: die Lage des *Fermi-Niveaus* wird durch eine nach außen neutralisierte Ladung nach der Fermi-Statistik eingestellt. Nehmen wir an, es werden Donator-Atome der Dichte N_D und der energetischen Lage W_D zusätzlich in das Si-Netzwerk eingebracht, so dass sich wegen der weiterhin notwendigen Neutralität des Materials die Fermi-Energie neu einstellen muss (Abb. 8.5) und sich energetisch vom anfänglichen Wert W_0 in Richtung Leitungsbandkante bis W_F verschiebt. Diese Verschiebung lädt Bandlückenzustände der energetischen Dichte g(W) um und fängt in ihnen Elektronen aus dem Band energetisch oberhalb der Beweglichkeitslücke bei W_L ein. So ergibt sich die Neutralitätsbedingung

$$\rho = q\left[N_D^+ + p - \int_{W_0}^{W_F} \frac{g(W)\,dW}{1 + e^{(W - W_0)/kT}} - n \right] = 0 \tag{8.3}$$

für die ionisierten Donatoren der Dichte N_D^+, die Leitungsbandelektronen der Dichte n, die Valenzbandlöcher der Dichte p und die negativ geladenen Bandlückenzustände der energetischen Dichte g(W) zwischen W_0 und W_F. Damit haben wir die Bandlückenzustände im betrachteten Bereich als *Akzeptoren* beschrieben, die zwischen den Ladungszuständen *neutral* und *negativ* wechseln

$$\left[g(W) \cdot dW \right]^x + e^- \quad \longleftrightarrow \quad \left[g(W) \cdot dW \right]^- . \tag{8.4}$$

Bei genügend geringer Dichte der Bandlückenzustände werden nicht alle Elektronen aus Donatoren N_D^+ wieder in Bandlückenzuständen eingefangen, es verbleibt die Elektronendichte für $\rho=0$ nach Gl. 8.5

$$n = N_D^+ - \int_{W_0}^{W_F} \frac{g(W) \cdot dW}{1 + e^{(W-W_0)/kT}} \quad < \quad N_D^+ . \tag{8.5}$$

Die Löcherdichte p (= Minoritätsladungsträger) ist von vornherein vernachlässigbar.

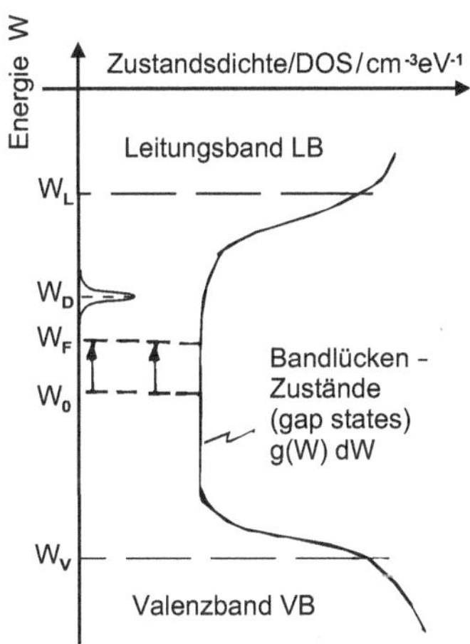

Abb. 8.5: Dotierung von amorphem Silizium durch Donatoren der Dichte N_D und bei der Energie W_D in Anwesenheit von Bandlückenzuständen g(W)·dW .

Die eingebrachten Donatoren der Dichte N_D vermögen daher die spezifische elektrische Leitfähigkeit zu vergrößern. Wir gehen für eine grobe Abschätzung davon aus, dass sich das Fermi-Niveau durch Einbringen von N_D verschiebt. Wenn wir nun annehmen, dass 1.) im fraglichen Energiebereich zwischen W_F und W_0 die Dichtefunktion g(W) annähernd konstant ist, dass wir 2.) die Exponentialfunktion unter dem Integral als additiven Term < 4 vernachlässigen wollen und schließlich 3.), dass alle Donatoren ionisiert sind, so können wir nach Gl. 8.3 abschätzen

$$N_D \approx g(W) \cdot \left(W_F - W_0 \right) \ . \tag{8.6}$$

Da sich die Zunahme der spezifischen elektrischen Leitfähigkeit von σ_0 auf $\sigma(W_F)$ durch

$$\left(\frac{\sigma(W_F)}{\sigma_0} \right) \ = \ e^{\dfrac{W_F - W_0}{kT}} \tag{8.7}$$

beschreiben lässt, ergibt sich näherungsweise

$$\left(\frac{\sigma(W_F)}{\sigma_0} \right) \ \approx \ e^{\dfrac{N_D}{kT \cdot g(W)}} \ . \tag{8.8}$$

Nimmt man nun als Dichte der Phosphoratome z.B. $N_D \approx 10^{18}\,\mathrm{cm^{-3}}$ und als energetische Dichte der Bandlückenzustände $g(W) \approx 5 \cdot 10^{19}\,\mathrm{cm^{-3}\,eV^{-1}}$an, so folgt für den Quotienten $\sigma(W_F)/\sigma_0 \approx 2{,}2$. Diese Leitfähigkeitsmodulation erweist sich als relativ gering, obwohl wir bereits sehr hohe Werte für N_D angenommen haben.

Vergleichen wir kurz die Verhältnisse beim kristallinen und beim amorphen Halbleitermaterial entsprechend Gl. 8.3. Während beim kristallinen Material das Integral über die Bandlückenzustände gegenüber der Dichte freier Majoritätsträger (hier die Elektronen) vernachlässigbar ist, so ist es beim amorphen Halbleitermaterial i. Allg. umgekehrt. Erst bei erheblicher Absenkung der Dichte von Bandlückenzuständen $g(W) \cdot dW$ verbleiben innerhalb der Differenzbildung der Gl. 8.5 Anteile für die freien Ladungsträger (p-n).

Man erreicht die notwendige Absenkung der Dichte von Bandlückenzuständen durch den *Einbau von Wasserstoff* in das Netzwerk des amorphen Siliziums. Dabei verringert man die Dichte der Koordinationsdefekte durch den Abschluss von *dangling bonds* als kovalente Bindungen mit einzelnen Wasserstoffatomen. Technisch verändert man die Leitfähigkeit des amorphen Siliziums beim Abscheiden von dünnen a-Si-Schichten aus Silangas (SiH_4) im Reaktor einer Glimmentladung (engl.: *glow discharge* (gd), s.Abb. 8.6) durch Zugabe von Dotiergasen (Phosphin PH_3 und Diboran B_2H_6). Da neben den geringen Anteilen von Dotieratomen vor allem Wasserstoffatome (Molenbruch bis zu 20%) in die a-Si-Schicht eingebaut werden, unterscheidet man n-Typ a-Si:H und p-Typ a-Si:H (n- bzw. p-leitendes *amorphes hydrogenisiertes Silizium* aus der Glimmentladung). Der unsymmetrische Verlauf des spezifischen Widerstandes ρ in Abb. 8.7 zeigt, dass eine geringe Menge B_2H_6 zunächst eine ρ-Steigerung bewirkt und auf einen asymmetrischen Verlauf der Bandlückenzustände innerhalb der Beweglichkeitslücke hinweist. Somit ist undotiertes a-Si:H leicht n-leitend („ν-leitend").

Mit der passivierenden Wirkung des Wasserstoffes im Netzwerk des a-Si:H hängt auch der STAEBLER-WRONSKI-*Effekt* /Sta77/ zusammen, der die Abnahme von Hell- und

Dunkelleitfähigkeit des a-Si:H während längerer Bestrahlung mit Licht beschreibt und der durch eine Temperaturerhöhung („Temperung") auf T ≤ 200 °C rückgängig gemacht werden kann. Man kann zeigen, dass beim STAEBLER-WRONSKI-Effekt kovalente Si-H-Bindungen zerstört werden und zusätzliche *dangling bonds* entstehen, die als tiefliegende Bandlückenzustände wie Rekombinationszentren wirken. Durch diese Degradation nimmt bei den a-Si:H-Solarzellen der Energiewandlungs-Wirkungsgrad innerhalb der ersten 200 - 300 Betriebsstunden ab.

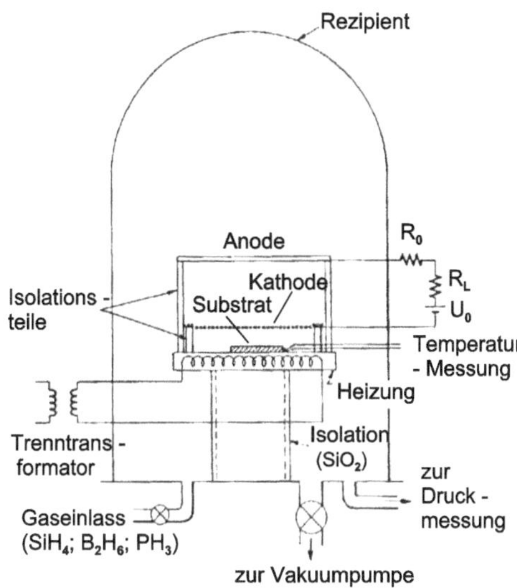

Abb. 8.6:   Abscheidung von a-Si:H-Schichten im SiH_4-Reaktor (aus der Glimmentladung des Silan-Plasmas).

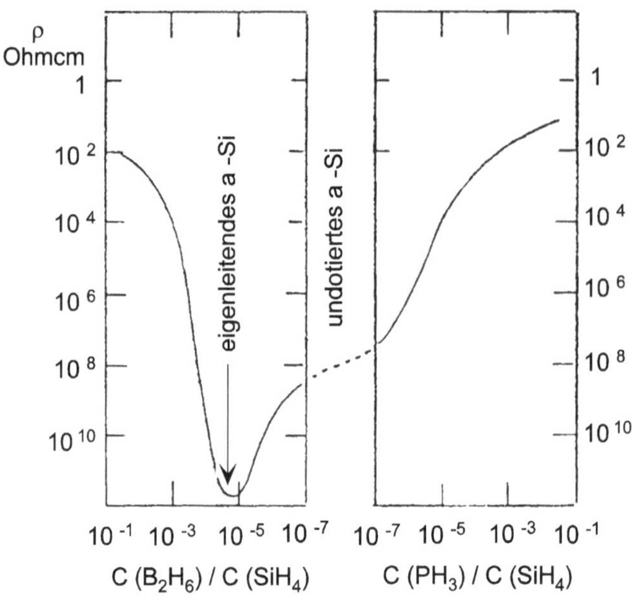

Abb. 8.7:   Verlauf des spezifischen Widerstandes ρ über der anteiligen Konzentration von
              Diboran (B_2H_6) bzw. Phosphin (PH_3) im Silan (SiH_4) in a-Si:H (nach Spears /Spe75/).

8.3 Physikalisches Modell der a-Si:H-Solarzelle

Wegen des steilen Verlaufes des Absorptionskoeffizienten (s. Abb. 3.6) genügen dünne
a-Si-Schichten zur vollständigen Absorption des Sonnenlichtes. Für die notwendige
Trennung der lichterzeugten Elektron-Loch-Paare muss eine effiziente Strategie gewählt
werden, welche die hohe Defektdichte des amorphen Materials und die damit einhergehende
hohe Rekombinationsrate von Überschussladungsträgern berücksichtigt. Dominierende
Diffusionsprozesse wie im kristallinen Material scheiden wegen der geringen Diffusionslänge
aus. Deshalb müssen die Überschussladungsträger in der Probe bereits am Ort ihrer Ent-
stehung von einem hohen elektrischen Feld getrennt werden, um der hohen Rekombination
zu entgehen.

Eine Bauelement-Konfiguration, die ein hohes elektrisches Feld zwischen zwei Kontakten
aufbaut, ist die *pin-Diode*. Bei genügend hoher Dotierung der beiden Randbereiche (p^+, n^+)
können diese sehr schmal werden, ohne dabei die RLZ-Weite zu unterschreiten

$$w_{p^+RLZ}\left(N_A = 10^{20}\,cm^{-3}\right) \approx 5\,nm \ \text{mit} \ U_D \approx 1{,}25V \ \text{aus} \ w_{RLZ} \approx \sqrt{\frac{2\,\varepsilon_{Si}\,\varepsilon_0}{q\,N_A}\cdot U_D} \ . \ (8.9)$$

Nimmt man nun ideal eigenleitendes a-Si-Material der Dicke $l = 1\mu m$ zwischen den beiden hochdotierten n^+- und p^+-Randbereichen an, so erhält man bei der pin-Diode eine eingebaute konstante Feldstärke im i-Bereich von

$$\mathbf{E} = \frac{U}{l} \approx 10^4 V \cdot cm^{-1}. \tag{8.10}$$

Mit Hilfe der elektrischen Feldstärke $\mathbf{E}$ lassen sich Überschussladungsträger-Paare voneinander trennen. Die charakteristische Länge dafür ist die *Driftlänge* L_{Drift}. Sie beschreibt die Strecke innerhalb der Feldzone, über die im Mittel die Überschussladungsträger auf den e-ten Teil reduziert werden. Für das Verschwinden kommt neben Rekombination vor allem der Einfang von Ladungsträgern in Energiezuständen innerhalb der Beweglichkeitslücke in Frage. Diesen Vorgang bezeichnet man als „Trappen" der Ladungsträgern in DOS-Zuständen, (engl.: *trapping* = einfangen, DOS = *density of states*). Deshalb liegt auf der Hand, dass in der pin-Solarzelle die Breite der eigenleitenden Schicht und die Driftlänge auf einander abgestimmt sein sollten. Wie die Diffusionslänge der kristallinen Solarzelle sollte die Driftlänge der amorphen Solarzelle stets größer und niemals kleiner als die Probendicke sein, wenn man beim Sammlungsvorgang keine Ladungsträger verlieren will. Da – wie weiter unten ausgeführt wird – ein hoher Wert für L_{Drift} sowohl eine hohe Trägerbeweglichkeit μ als auch eine hohe (Minoritätsträger-) Lebensdauer τ im i-Gebiet voraussetzt und seine Realisierung auf technologische Schwierigkeiten stößt, begnügt man sich mit der Forderung

$$\text{Probendicke} \approx \text{Breite des i-Bereiches} \approx \text{Driftlänge der Ladungsträger.} \tag{8.11}$$

Für genaue quantitative Rechnungen existieren keine analytischen Modelle für a-Si:H-Solarzellen. Man muss dafür stets iterative numerische Methoden verwenden, um den lokalen Änderungen der Größen Rechnung zu tragen.

Im Folgenden werden wir ein einfaches physikalisches Modell der pin-Solarzelle aus a-Si:H aufstellen und uns dabei auf analytisch lösbare Zusammenhänge beschränken. Zunächst definieren wir die Dichte des Gesamtstromes $j(U, E)$, die nicht mehr dem Superpositionsprinzip genügt, weil sich Spannungs- und Beleuchtungseinflüsse nicht unabhängig voneinander in zwei Summanden linear überlagern lassen (vgl. Gl. 4.1)

$$j(U,E) = j_{pin}(U,E) \; - \; j_{phot}(U,E). \tag{8.12}$$

Wir nähern den ersten Summanden als pin-Diodenstrom an, in dem die Trägerlebensdauer $\tau = f(E)$ beleuchtungsabhängig ist. Der zweite Summand wird durch das Modell des konstanten elektrischen Feldes nach CRANDALL /CRA82/ angenähert.

8.3.1 Dunkelstrom

Die Abb. 8.8 gibt eine Übersicht über die pin-Struktur, den Verlauf der Raumladungsdichte $\rho(x)$ des elektrischen Feldes $E(x)$ und des Energiebänder-Modelles $W(x)$ für den

Spannungs-Nullpunkt und die Durchlassspannung $U > 0$. Die pin-Diode wird symmetrisch dotiert angenommen, woraufhin auf jeden der beiden RLZ-Bereiche die halbe Diffusionsspannung entfällt.

$$U_{D1} = U_T \cdot \ln\left(\frac{p_0^+}{n_i}\right) \; , \qquad U_{D2} = U_T \cdot \ln\left(\frac{n_0^+}{n_i}\right) \qquad \text{mit} \quad U_T = \frac{kT}{q} \; ,$$

$$U_D = U_{D1} + \; U_{D2} \;\; = \;\; U_T \cdot \ln\left(\frac{n_0^+ \; p_0^+}{n_i^{\,2}}\right) . \tag{8.13}$$

Wird eine äußere Spannung $U > 0$ (Durchlass) angelegt, so vergrößern sich die jeweiligen Randkonzentrationen der freien Ladungsträger im i-Gebiet um den BOLTZMANN-Faktor, in dessen Argument wegen der symmetrischen Dotierung die halbe äußere Spannung verrechnet wird

$$\frac{p}{n_i} \; = \; \frac{n}{n_i} \; = \; e^{U/2U_T} \quad \text{mit} \quad \begin{aligned} p &= p_{i0} + \Delta\,p(U) = n_i + \Delta\,p(U), \\ n &= n_{i0} + \Delta\,n(U) = n_i + \Delta\,n(U) \, . \end{aligned} \tag{8.14}$$

In unserem Modell haben wir im i-Gebiet ein konstantes elektrisches Feld vorausgesetzt. Im Flussfall ($U > 0$) bauen wir das elektrische Feld ab, für Sperrung ($U < 0$) vergrößern wir es. Der Strom im i-Gebiet besteht in der Nähe der hochdotierten Bereiche überwiegend aus deren Majoritätsträgern. Hier lässt die Feldwirkung nach, und wir vermuten deshalb wachsende Diffusionsanteile des Stromes in Kontaktnähe. Nach Maßgabe der Minoritätsträgerkonzentration überwiegt z.B. im i-Gebiet für $U > 0$ die Rekombination. Über beide Ladungsträgertypen erhält man so eine Kennliniengleichung für den Minoritätsträger-Rekombinationsstrom im i-Bereich, durch Integration der Kontinuitätsgleichung unter Beachtung von Gl. 8.14

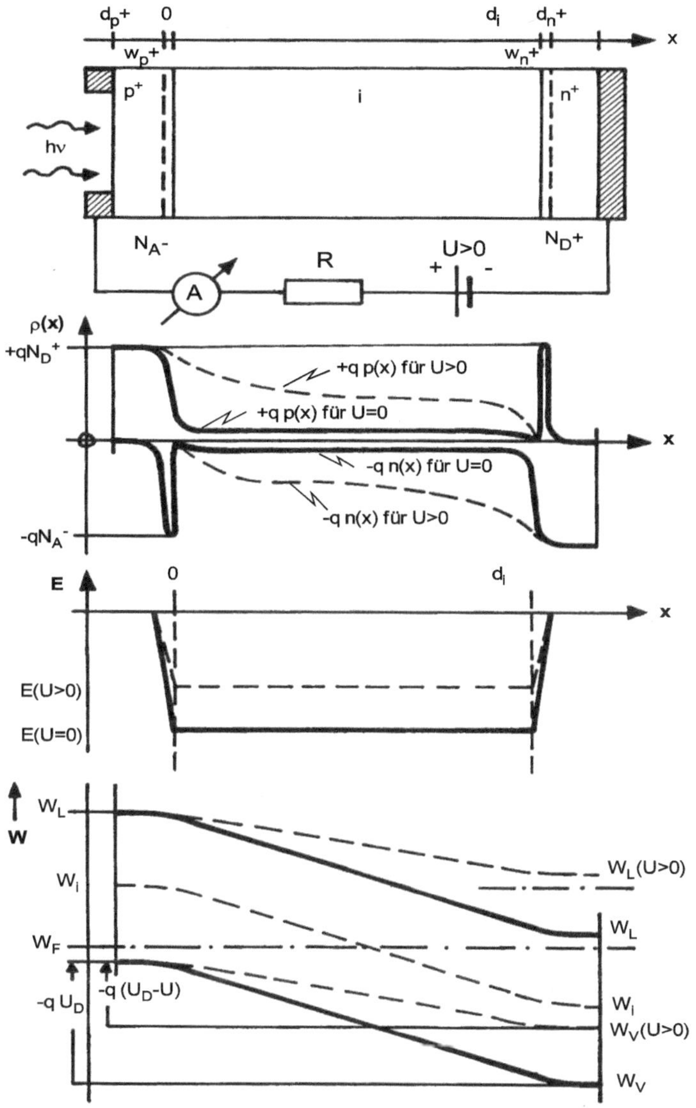

Abb. 8.8: **Symmetrische** pin-Solarzellenstruktur ($N_D^+ = N_A^-$). Ladungsdichte $\rho(x)$, Feldstärke $\mathbf{E}(x)$ und Elektronenenergie $W(x)$ im Dunkelfall; für $U = 0$ (durchgezogen) und $U > 0$ (gestrichelt).

$$\left(\frac{\partial j_p}{\partial x} \right) = +q\,R \qquad \text{mit } R = \frac{p - n_i}{\tau_p} \; ,$$

$$\left(\frac{\partial j_n}{\partial x} \right) = -q\,R \qquad \text{mit } R = \frac{n - n_i}{\tau_n} \; , \tag{8.15}$$

$$\begin{aligned}
j &= q \int_{x_1=0}^{x_2=d_i} \frac{n_i}{\tau} \left(e^{U/2U_T} - 1 \right) dx \\
&= \frac{q\,n_i\,d_i}{\tau} \left(e^{U/2U_T} - 1 \right)
\end{aligned} \qquad \text{mit } x_2 - x_1 = d_i \; . \tag{8.16}$$

Die Lebensdauer τ wird dabei als Konstante betrachtet. Dies gilt jedoch nur mit großer Einschränkung: im Hochfeldbereich und bei Beleuchtung ändern sich die τ-Werte in einer realen Solarzellen-Struktur lokal erheblich.

8.3.2 Photostrom

Ausgangspunkt für die Berechnung des Photostromes ist der Versuch, über bereichsweise *(regionale) Approximationen* der komplizierten Ortsabhängigkeiten einen einfachen Ausdruck für den pin-Photostrom zu erhalten. Das elektrische Feld E wird deshalb für den Spannungsabfall über der i-Schicht mit der Breite d_i errechnet und ortskonstant angenommen

$$E = U/d_i \quad \textit{mit} \quad U = U_L - U_A \; .$$

Dabei ist U_A die von außen angelegte Spannung und U_L die Leerlaufspannung, beide werden als einander überlagerbar angenommen. Weiterhin wird angenommen, dass der über dem Ort konstante Verlauf des Feldes weder von den ortsfesten Energiezuständen in der Beweglichkeitslücke noch von den lichterzeugten Überschussladungsträgern verändert wird. Nur der Betrag der Feldstärke wird verändert. Damit lässt sich eine konstante Lebensdauer τ innerhalb der i-Schicht begründen. Schließlich kommen wir zu der sehr einschränkenden Annahme, dass innerhalb der i-Schicht lediglich Feldstrom, jedoch kein Diffusionsstrom existiert. Für die letztgenannten Annahmen ist eine ortskonstante Generation von Ladungsträgerpaaren anzunehmen. So setzt man für die Strom- und die Kontinuitätsgleichungen mit den Driftgeschwindigkeiten v_n und v_p eindimensional an (s. Gln. 3.15 / 3.16)

$$\begin{aligned}
j_n &= q\,\mu_n n\,E = q\,v_n n \qquad && \textit{mit} \quad v_n = \mu_n E, \\
j_p &= q\,\mu_p p\,E = q\,v_p p \qquad && \textit{mit} \quad v_p = \mu_p E,
\end{aligned} \tag{8.17}$$

$$0 = + \frac{1}{q}\left(\frac{\partial j_n}{\partial x}\right) - R + G,$$

$$0 = - \frac{1}{q}\left(\frac{\partial j_p}{\partial x}\right) - R + G \qquad (8.18)$$

und vereinigt sie zu

$$\left(\frac{\partial \Delta n}{\partial x}\right) = + \frac{1}{v_n}(R - G),$$

$$\left(\frac{\partial \Delta p}{\partial x}\right) = - \frac{1}{v_p}(R - G). \qquad (8.19)$$

Im i-Bereich gilt die RLZ-Rekombinationsrate nach SHOCKLEY, READ und HALL /Wag03, p.103/

$$R = \frac{n\,p - n_i^2}{\tau_n(p + p_t) + \tau_p(n + n_t)}. \qquad (8.20)$$

Im Durchlassbereich (n·p >> n_i^2), d.h. im Generatorbereich einer Solarzelle und für Rekombinationszentren im Bereich der Mitte der Beweglichkeitslücke ($p_t \approx n_t \approx n_i$), vereinfacht sich Gl. 8.20 zu

$$R \approx \frac{n\,p}{\tau_n p + \tau_p n}. \qquad (8.21)$$

Die anfangs erwähnte bereichsweise *(regionale) Approximation* der Überschussrekombinationsrate soll nun jeweils von der Grenze des i-Gebietes bis zur Mitte $x = x_c$ gelten, von wo ab die Rekombinationsrate R durch die jeweils andere Trägerverteilung bestimmt wird. Physikalisch soll diejenige Überschussladungsträgerart geringerer Konzentration die Ortsprofile der Rekombinationsrate bestimmen, also die Elektronen in der Nähe des p^+-Kontaktes, die Löcher am n^+-Kontakt

$$0 \leq x \leq x_c: \quad p > n: \quad R = \frac{n}{\tau_n + \tau_p \cdot n/p} \approx \frac{n}{\tau_n} \approx \frac{\Delta n}{\tau_n},$$

$$x_c \leq x \leq d: \quad n > p: \quad R = \frac{p}{\tau_p + \tau_n \cdot p/n} \approx \frac{p}{\tau_p} \approx \frac{\Delta p}{\tau_p}. \qquad (8.22)$$

Damit ergeben sich zwei inhomogene Differentialgleichungen 1. Ordnung für die beiden Dichten der Ladungsträgerarten n(x) und p(x) in den Teilbereichen, in denen diese als

Minoritätsträger die Rekombination begrenzen: die Elektronen in der Nachbarschaft des p^+-Kontaktes bis $x < x_c$

$$0 \leq x \leq x_c : \qquad \left(\frac{\partial \Delta n}{\partial x}\right) - \frac{\Delta n}{v_n \tau_n} = -\frac{1}{v_n} G, \tag{8.23a}$$

die Löcher in der Nachbarschaft des n^--Kontaktes ab $x > x_c$

$$x_c \leq x \leq d : \qquad \left(\frac{\partial \Delta p}{\partial x}\right) + \frac{\Delta p}{v_p \tau_p} = +\frac{1}{v_p} G. \tag{8.23b}$$

Bei $x = x_c$ ergibt sich eine maximale Rekombinationsrate. Die hier gewählte Vorgehensweise des bereichsweisen Ansatzes der Rekombinationsraten hat der Methode den Namen *regionale Approximation* gegeben. Man errechnet zunächst die homogenen Lösungen, dann zieht man das Störglied (rechte Seiten von Gl. 8.23) über die Methode der Variation der Konstanten in die Lösung mit hinein. Zum Schluss bestimmt man über die Randbedingungen (RB) die Konstanten. Dafür wird angenommen, dass die Konzentration der Überschussminoritätsträger bis zu dem jeweiligen Kontakt auf Null abgesunken ist

$$RB1: \quad \Delta n(x = 0) = 0 , \qquad RB2: \quad \Delta p(x = d) = 0 . \tag{8.24}$$

So erhält man die Gesamtlösungen (s. Abb. 8.8)

$$0 \leq x \leq x_c : \qquad \Delta n(x) = G \tau_n \left(1 - e^{-x/l_n}\right) \text{, mit der Elektronendriftlänge } l_n = v_n \tau_n$$

und

$$x_c \leq x \leq d : \qquad \Delta p(x) = G \tau_p \left(1 - e^{-(d-x)/l_p}\right) \text{, mit der Löcherdriftlänge } l_p = v_p \tau_p . \tag{8.25}$$

Dabei wurde wegen der geringen Weite der Randschichten $d_i = d$ gesetzt. Setzt man nun diese Lösungen wieder in die Gleichung für die Rekombinationsrate Gl. 8.21 ein, so erhält man lineare Näherungen für die Überschussladungsträgerdichten

$$x < l_n : \qquad 1 - e^{-x/l_n} \approx 1 - 1 + \frac{x}{l_n} = \frac{x}{l_n} \text{ und}$$

$$d - x < l_p : \qquad 1 - e^{-(d-x)/l_p} \approx 1 - 1 + \frac{d-x}{l_p} = \frac{d-x}{l_p} , \tag{8.26}$$

Es gilt am Orte maximaler Rekombination x_c

$$R\left(x = x_c\right) = \frac{p(x_c)}{\tau_p} = \frac{n(x_c)}{\tau_n} \ , \text{ also } \ x_c = d\frac{l_n}{l_n + l_p} = d\frac{d - l_p}{l_n + l_p} \ . \tag{8.27}$$

Hier erkennt man, dass die Ladungsträgerart mit der größeren Driftlänge die Rekombinationseigenschaften in der Solarzelle dominiert, wenn z.B. $l_n \gg l_p$ gilt, ist $R \approx n/\tau_n$. Entsprechend unseren Anfangsbetrachtungen in Kap. 8.3 sollte die Gesamtdriftlänge

$$L_{Drift} = l_n + l_p \tag{8.28}$$

mindestens der Probendicke di entsprechen.

Bevor wir die Berechnung der Photostromdichte abschließen, wollen wir unsere Annahme der Vernachlässigbarkeit des Diffusionsstromes überprüfen. Man erhält für die „Minoritätsträger" Elektronen im Bereich $0 \leq x \leq x_c$ mit der *EINSTEIN-Beziehung* $(D = \mu \cdot kT/q)$

$$\left|\frac{j_{Diff}}{j_{Feld}}\right|_n = \frac{q D_n \frac{d\,n}{d\,x}}{q \mu_n n\,E} = U_T \cdot \left(\frac{1}{n}\frac{d\,n}{d\,x}\Big/E\right) \ . \tag{8.29}$$

Das Differential bestimmt man mit Gl. 8.25 und erhält

$$\left|\frac{j_{Diff}}{j_{Feld}}\right|_n = \frac{U_T}{E\,l_n} \cdot f(\xi) \ , \text{ wobei } \ f(\xi) = \frac{e^{-\xi}}{1 - e^{-\xi}} \ \text{ und } \ \xi = \frac{x}{l_n} \ . \tag{8.30}$$

Solange die Ortsfunktion $f(\xi)$ klein bleibt, ist der Diffusionsanteil vernachlässigbar. Mit der Annahme $l_n < d_i$ gilt

$$\text{im intrinsischen Bereich} \quad x \approx x_c \approx \tfrac{1}{2}d : \quad \xi \approx \tfrac{1}{2}\frac{d}{l_n} > 1 \ \Rightarrow \ f(\xi) \approx 0 \tag{8.31}$$

$$\text{und im Kontaktbereich} \quad x \approx 0 : \quad \xi \to 0 \qquad \Rightarrow \ f(\xi) \to groß \ .$$

Man erkennt, dass in der Tat der Spannungsabfall über eine Driftlänge $(E \cdot l_n)$ im i-Gebiet groß ist gegenüber der thermischen Spannung U_T. Dies gilt jedoch nicht in Kontaktnähe bei $x = 0$ und $x = d_i$. Hier müssen Diffusionsanteile in Rechnung gesetzt werden.

Wir schließen jetzt die Kennlinienberechnung der a-Si:H-Solarzelle ab. Die Gesamtstromdichte setzt sich aus den Beiträgen beider Ladungsträgerarten zusammen

$$j = j_p(x) + j_n(x) = q v_p p(x) + q v_n n(x) \ . \tag{8.32}$$

Mit den Gl. 8.25, 8.27 und 8.28 erhält man so an der Stelle x = x_c

$$j = j_p(x_c) + j_n(x_c) = q\ G(l_n + l_p)\cdot\left[1 - e^{-d/(l_p + l_n)}\right]$$
$$= q\ G\ L_{Drift}\cdot\left[1 - e^{-d/L_{Drift}}\right].$$

$$(8.33)$$

Die Spannungsabhängigkeit des Stromes der i-Schicht erkennt man mit Hilfe der Gl. 8.25, 8.17 und 8.10 (bis zur Gl. (8.35) bezeichnet E die elektrische Feldstärke)

$$U = U_L - U_A \qquad \text{und} \qquad U = E\cdot d_i = \frac{v_n}{\mu_n}\cdot d_i = \frac{v_p}{\mu_p}\cdot d_i. \qquad (8.34)$$

So erhält man mit $\mu\cdot\tau \equiv \mu_n\cdot\tau_n + \mu_p\cdot\tau_p$ sowie

$$l_n + l_p \equiv L_{Drift} = \left(\mu_n\tau_n + \mu_p\tau_p\right) E$$
$$= \left(\mu_n\tau_n + \mu_p\tau_p\right)\frac{U}{d_i} \equiv \mu\tau\frac{U}{d_i}$$

$$(8.35)$$

die Beziehung für die spektrale Photostromdichte mit der Bestrahlungsstärke E(λ) der pin-Solarzelle mit der nach außen wirksamen Spannung $U_A = U_L - U$

$$j_{phot}\left(U_A, E_0(\lambda)\right) = j_{sat}\left(E_0(\lambda)\right)\cdot\left(\frac{U_L - U_A}{U_{pin}}\right)\cdot\left[1 - e^{-U_{pin}/(U_L - U_A)}\right]$$

$$\text{mit } j_{sat}\left(E_0(\lambda)\right) = qGd_i = \left(1 - R\right)\cdot E_0\cdot\frac{q\,\alpha\,\lambda}{hc}\cdot d_i \qquad \text{und} \qquad U_{pin} = \frac{d_i^2}{\mu\tau}$$

$$\text{sowie} \quad U_L - U_A = U \qquad \text{mit} \qquad U_L \approx U_T\cdot\ln\left(\frac{p_0^+\,n_0^+}{n_i^2}\right). \qquad (8.36)$$

Für U_L kann näherungsweise die Diffusionsspannung U_D (Gl. 8.13) angesetzt werden. Die Gesamtkennlinie ergibt sich entsprechend Gl. 8.12 aus den Anteilen Gl. 8.16 und Gl. 8.35. Die Abb. 8.9 zeigt nach diesem Modell numerisch errechnete Kennlinien, die abschließend bewertet werden sollen.

Zunächst ist es angesichts der sehr groben Vereinfachungen bereits ein hoher Gewinn, den Generatorquadranten der Kennlinie einer a-Si:H-Solarzelle überhaupt geschlossen beschreiben zu können. Es lassen sich i-Schichtdicken des a-Si:H-Materials entsprechend Gl. 8.11 abschätzen, und man erkennt, dass für realistische Parameterwerte $\mu \approx 0{,}1\ \mathrm{cm^2\,V^{-1}\,s^{-1}}$, $\tau \approx 10^{-8}...10^{-6}\ \mathrm{s}$ und $\mathbf{E} \approx 10^3...10^4\ \mathrm{V/cm}$ eine Schichtdicke d $\leq$ 1 µm angemessen ist.

Andererseits lassen sich Feinheiten der spektralen Verläufe, wie sie die Abb. 8.10 zeigt, mit dem CRANDALL-Modell der regionalen Approximation nicht nachbilden. Dort werden die Ergebnisse von Messungen und nicht-geschlossenen numerischen Rechnungen angegeben (Bru91). In den Darstellungen dieser Abbildung sind I(U)-Verläufe für pin-Solarzellen auf den Wert I(U = -1 V) normiert worden. Dadurch erhält man einen *Sammelwirkungsgrad*

$$q(\lambda, U) = -\frac{Q(\lambda, U)}{Q(\lambda, U = -1V)}.$$ (8.37)

Darüber ist der externe Quantenwirkungsgrad

$$Q_{ext}(\lambda, U) = \frac{hc}{q\lambda} \cdot \frac{j(U)}{E}$$ (8.38)

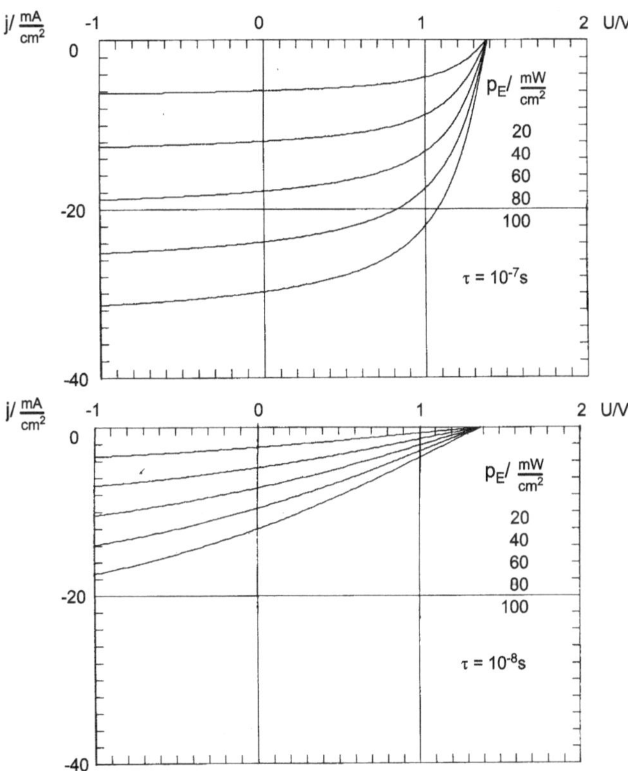

Abb. 8.9: Generator-Kennlinien von pin-Solarzellen aus amorphem Silizium. Unterschiedliche Generationsrate G als Parameter, oben geringe und unten größere Lebensdauer τ.

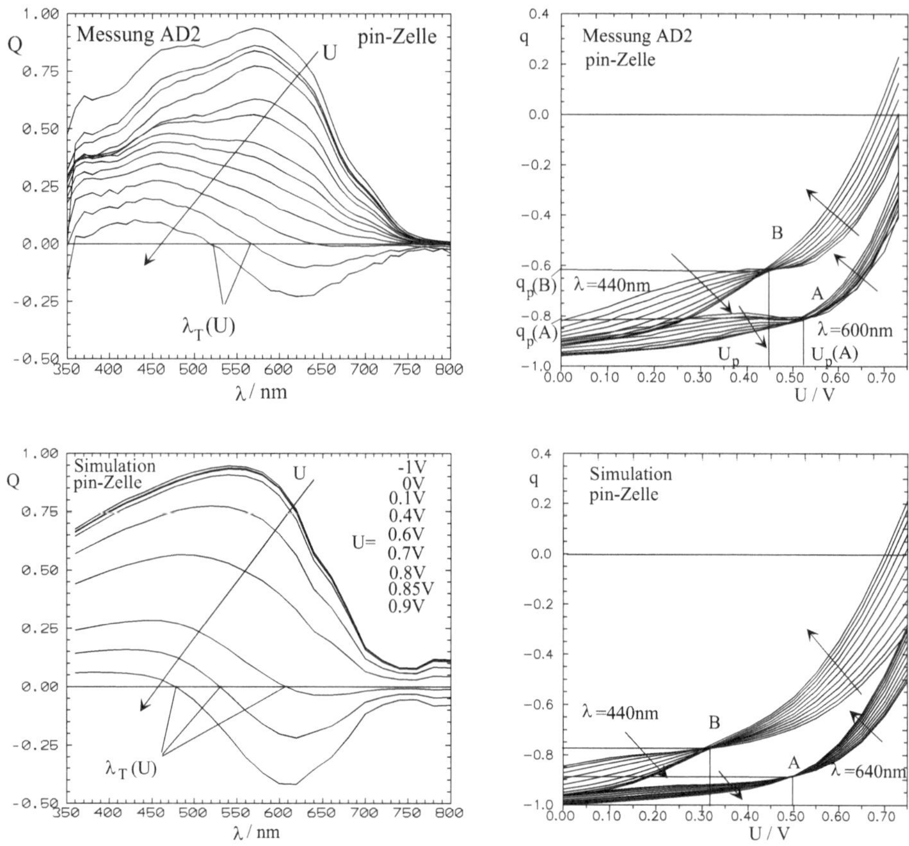

Abb. 8.10:   Spektrales Generatorverhalten von pin-a-Si:H-Solarzellen. Oben: Messung,
unten: Simulation. Links Quantenwirkungsgrad Q(λ), Parameter Spannung U, rechts
interner Sammelwirkungsgrad q(U), Parameter λ. Solarzellen im regenerierten
Zustand A und im degradierten Zustand B nach 64 h AM1-Bestrahlung /Bru91/.
Es gelten die Ausdrücke $\lambda_T(U) = \lambda(U; Q=0)$; $q_p = q(\text{Dispersion} = 0)$;
Wellenlängen-Variation $\lambda = (440...640)$nm mit $\Delta\lambda = 20$nm

angegeben. Dieser wurde zunächst nach Gl. 4.23 definiert. Diese Definition wurde hier
jedoch erweitert, so dass der Kurzschlusspunkt verlassen und bei unterschiedlicher
Spannung U gemessen werden kann. Der Übergang vom *primären* ($I_{phot} < 0$) zum *sekundären*
($I_{phot} > 0$) Photostrom verschiebt sich mit der Wellenlänge λ, ebenfalls für ungealterte und
gealterte Proben /Pfl88/. Nur eine genaue numerische Simulation vermag derartige Feinheiten
nachzubilden und dabei Aufschluss über die physikalischen Einzelheiten des Ladungs-
transportes zu erbringen. Dabei entsteht dann ein geschlossenes Bild des Zusammenwirkens
von Diffusions- und Feldstrom beider Ladungsträgersorten bei beliebigen Wellenlängen und
für Bestrahlung mit Weißlicht.

Trotzdem spielt die CRANDALLsche Beschreibung einer pin-Diode in regionaler
Approximation /Cra82/ eine außerordentlich anregende Rolle für die Theorieentwicklung.

Hier wird eine Gegenposition zur ursprünglichen SHOCKLEYschen Beschreibung /Sho49/ einer pn-Diode gebildet. Der pin-Photo-Gesamtstrom entsteht bei CRANDALL aus dem Feldstrom beider Ladungsträgerarten am Orte gleicher Rekombinationsraten. Bei SHOCKLEY entsteht der pn-Gesamtstrom aus der Summe von Minoritätsträger-Diffusionsströmen am Rande der rekombinationsfrei angenommenen Raumladungszone.

8.4 Präparation

a-Si:H-Solarzellen können sowohl als pin- als auch als nip-Bauelemente aufgebaut werden. Der erste Buchstabe der Schichtenfolge bezeichnet dabei die Schicht, auf die das Sonnenlicht fällt. Dabei bleibt grundsätzlich offen, auf welchem Trägermaterial die a-Si:H-Solarzelle aufgebaut und ob die a-Si:H-Schichtenfolge durch einen transparenten Träger hindurch beleuchtet wird oder aber auf einem undurchsichtigen Substrat abgeschieden wird.

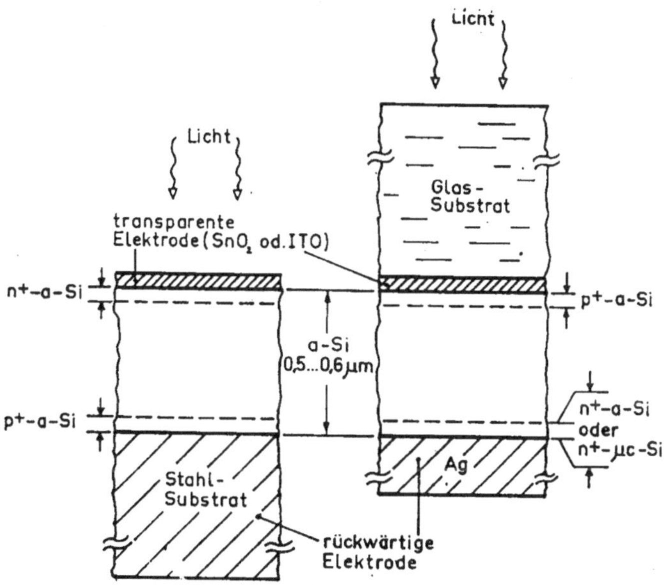

Abb. 8.11: Aufbau-Varianten von a-Si:H-Solarzellen: links: <u>auf</u> Stahl-Substrat, rechts: <u>unter</u> Glas-Substrat.

Die Abb. 8.11 zeigt die beiden Aufbauvarianten. Links ist eine nip-Solarzelle auf einem undurchsichtigen Stahlsubstrat, rechts eine pin-Solarzelle hinter einem transparenten Glassubstrat dargestellt. Die Vorderseiten-Metallisierung besteht in beiden Fällen aus einem lichtdurchlässigen Material, das gleichzeitig eine gute elektrische Leitfähigkeit aufweist (z.B. Zinnoxid (SnO_2) oder Indiumzinnoxid (engl.: _indium tin oxide_, ITO)). Derartiges Material wird als TCO bezeichnet (engl.: _transparent conductive oxide_). Die rückseitige Metallisierung besteht aus einer Eisenelektrode (links) als Träger bzw. aus einer Silber- oder Aluminiumelektrode (rechts). Ferner ist rechts als Variante vermerkt, dass die Dünnschicht-n^+-Elektrode durch gezielte technologische Behandlung aus dem amorphen (a) in den mikrokristallinen (μc) Zustand überführt werden kann. Der im Vergleich zum amorphen Silizium geringere Bandabstand des mikrokristallinen Materials begünstigt die Strahlungsabsorption unterhalb der a-Si:H-Beweglichkeitslücke ($\Delta W_{a\text{-Si:H}} \approx 1{,}72$ eV, dagegen $\Delta W_{\mu c\text{-Si}} = 1{,}12$ eV). Für die weitere Betrachtung wählen wir die Glas-pin-Aluminium-Schichtenfolge (Abb. 8.11 rechts). Großflächig abgeschiedene a-Si:H-Solarzellen lassen sich sehr einfach in Streifen aufbauen, die untereinander seriell verschaltet sind.

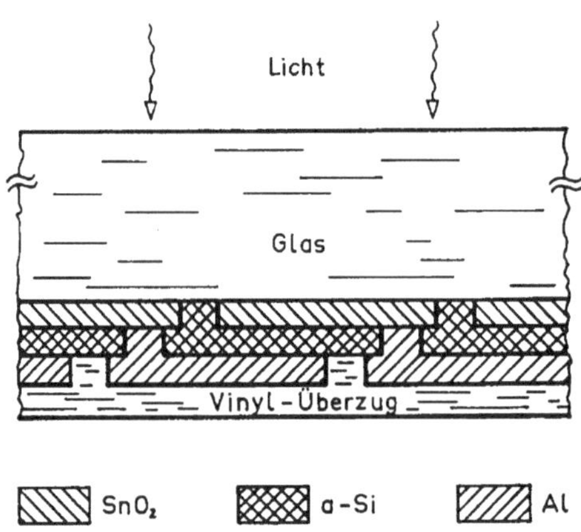

Abb. 8.12:   Serienverschaltung von a-Si:H-Solarzellen durch versetzte Ritzung („Furchen").

Die Abb. 8.12 zeigt eine Technik, bei der durch örtlich gegeneinander versetzte Unterbrechungen in den aufeinanderfolgenden Schichten die Serienschaltung erreicht wird und so a-Si:H-Solarzellen-Module hergestellt werden. Zuerst wird die SnO_2-Elektrode abgeschieden. Dann werden – z.B. durch einen Laserstrahl – Furchen hergestellt (Breite $\approx 0{,}5$ mm) (s. auch Abb. 8.14 / Schritte 1 und 2). Sukzessiv wird die pin-Schichtenfolge abgeschieden und wiederum geritzt. Die neuen Furchen werden gegenüber den SnO_2-Furchen seitlich versetzt (Abb. 8.14 / Schritte 3 und 4). Schließlich wird eine Aluminium-Rückseiten-Elektrode aufgebracht und ebenfalls versetzt gefurcht (Abb. 8.14 / Schritte 5 und 6). Das Solarzellen-System ist nun aufgebaut und muss lediglich noch gegenüber atmosphärischen Einflüssen durch eine Polymer-Beschichtung verschlossen werden. Man erkennt deutlich die Serienverschaltung der einzelnen voneinander getrennten a-Si:H-Bereiche. Wichtig für eine gute Funktion ist, dass die SnO_2-Leitfähigkeit größer ist als diejenige der beleuchteten a-Si:H-Schichten, damit der größere Strom über die SnO_2/Al-Verbindungen läuft und nicht über die

SnO$_2$/a-Si:H/SnO$_2$-Verbindungen kurzgeschlossen wird. Der Aufbau nach Abb. 8.12 ist dafür weniger anfällig als derjenige der Abb. 8.14.

Ein Produktionsablauf von a-Si:H-Solarzellen ist in Abb. 8.13 dargestellt. Er beschreibt von links oben nach rechts unten die Arbeitsschritte. Dabei werden aus 1/8"-dickem Fensterglas serienverschaltete a-Si:H-Solarzellen mit einer (Maximal-) Größe von einem Quadratfuß (30,5 x 30,5 cm^2 $\approx$ 0,09 m^2) hergestellt. Die heutzutage angewandten a-Si:H-Abscheidungs-Systeme unterscheiden sich im Hinblick auf die Anzahl der Abscheidekammern. Meist findet man Mehrkammersysteme (wie in Abb. 8.13), bei denen die Gefahr der Verschleppung von Verunreinigungen (z.B. der Dotierstoffe) geringer ist als in einfacheren Einkammer-Systemen.

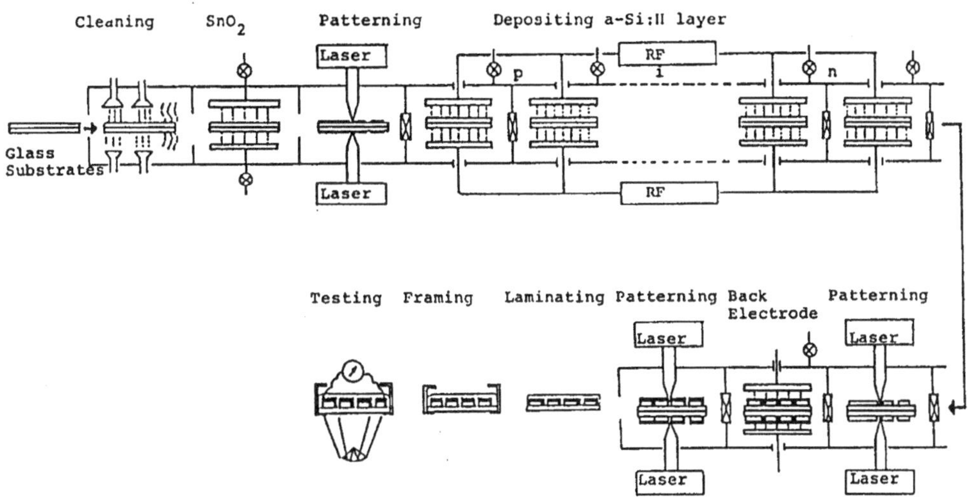

Abb. 8.13:   Schema eines Produktionsablaufes zur Herstellung von a-Si:H-Solarzellen im 3-Kammer-Verfahren /Mar85/.

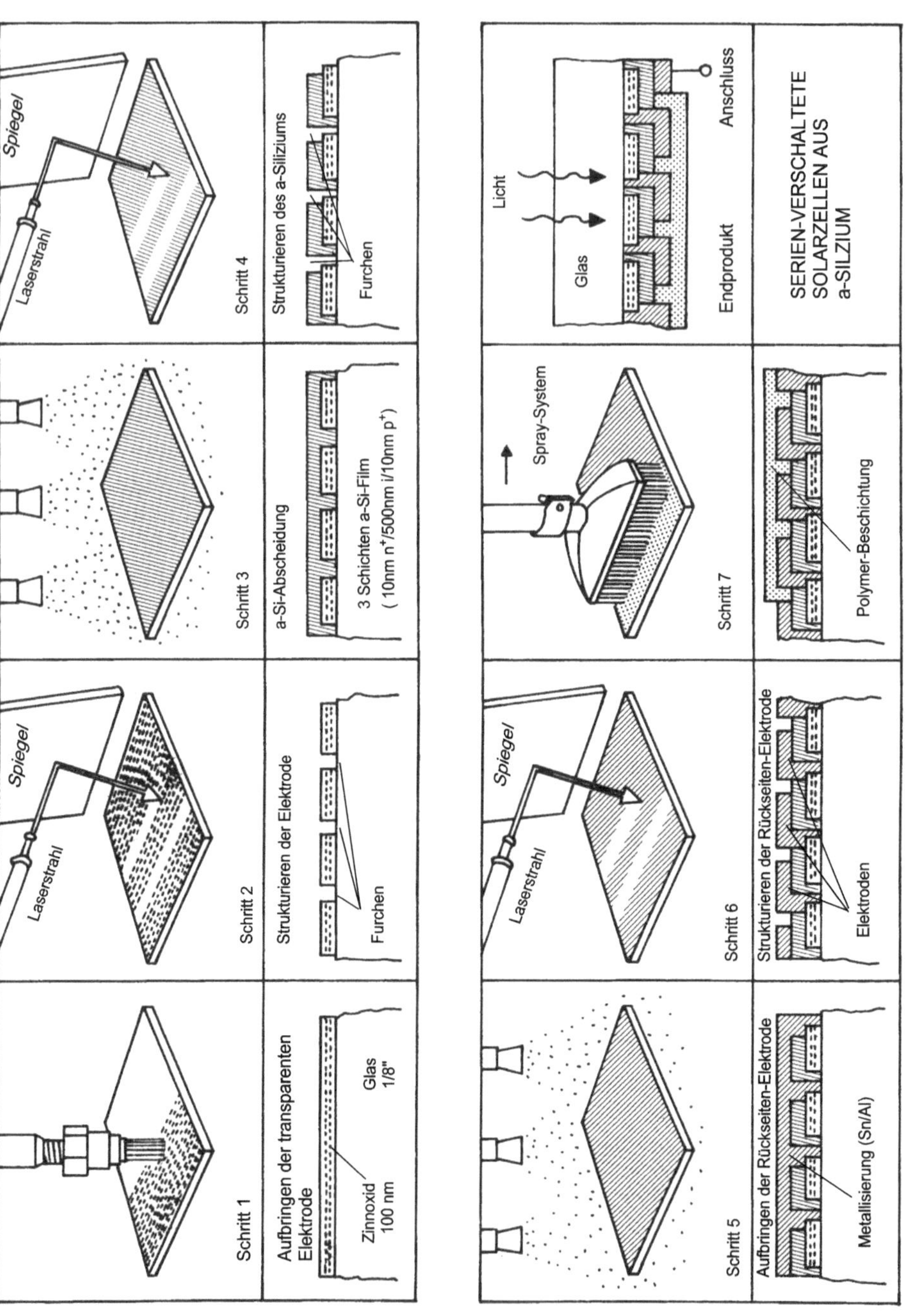

Abb. 8.14:   Produktionsschritte zur Herstellung von a-Si:H-Solarzellen-Modulen /Chr86/.

8.5 Verringerung der Degradationseffekte

Leider weisen Solarzellen aus amorphen Silizium gerade zu Betriebsbeginn ein starkes Absinken des Wirkungsgrades auf, das auf physikalische Vorgänge im amorphen Netzwerk zurückzuführen ist (STAEBLER-WRONSKI-Effekt /Sta77/). Daher ist der wichtigste Gesichtspunkt bei der Weiterentwicklung von a-Si:H-Dünnschicht-Solarzellen die Verringerung der Degradation. Es hat sich gezeigt, dass amorphe Halbleiter mit geringerem Bandabstand als a-Si:H-Material und vor allem pin-Bauelemente mit kleinerer Breite der i-Zone eine verringerte Degradation zeigen. Dies hat zur Entwicklung von *Stapel-Solarzellen* (a-Si:H auf a-Si:H mit $d_i \approx 100...200$ nm), *Tandem-Solarzellen* (a-SiC:H/a-Si:H auf a-Si:H/a-Si$_x$Ge$_{1-x}$:H) und *Drei-Barrieren-Solarzellen* (a-SiC:H/a-Si:H/a-Si$_{1-x}$Ge$_x$:H) geführt (Abb. 8.15).

Dabei wird die Staffelung der einzelnen Schichten aufeinander entsprechend ihrem Bandabstand ΔW im Sinne optischer Fenster ausgenutzt. Es gilt bei T = 300 K: $\Delta W_{a-Si:H} = 1,72$ eV, $\Delta W_{a-SiGe:H} = 1,0...1,72$ eV und $\Delta W_{a-SiC:H} \leq 2,5$ eV. Labormuster solcher Bauelemente erreichen Wirkungsgrade von bis zu $\eta \leq 13,7\%$.

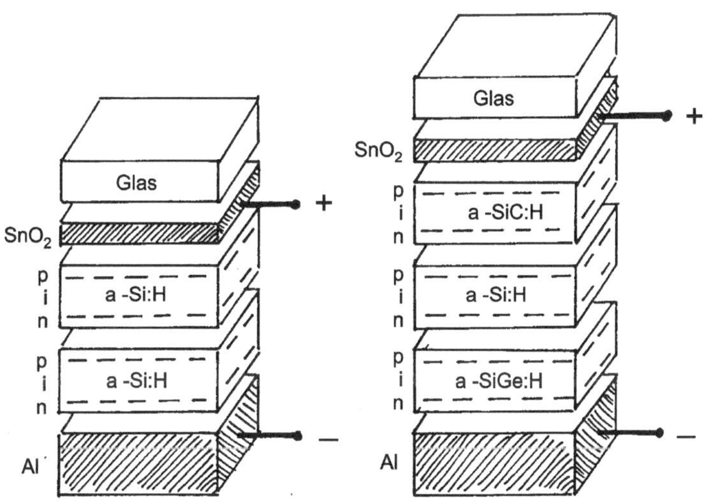

Abb. 8.15: Stapel-Solarzelle (gleicher Bandabstand der Einzelzelle) und Tandem-Solarzelle (nach unten abnehmender Bandabstand der Einzelzelle) aus amorphen Dünnschicht-Halbleitern.

8.6 Herstellung von a-Si:H-Solarzellen

Ausgangsmaterialien:	1/8" Fensterglas, Fläche: ein Quadratfuß (1sqft.=0,093m^2), hochreines Silan (SiH$_4$, gasförmig), Dotiergase *Phosphin* und *Diboran*; *Zinnoxid*; *Aluminium* (mit 3% Si-Anteil gegen Si-Migration); *Polyvinyl* (plastisch verarbeitbar).
1. Behandlung des Glas-Substrates:	Schneiden, Reinigen (in de-ionisiertem H$_2$O.), Trocknen.
2. Vorderseitenkontakt:	SnO$_2$, lichtdurchlässig
	Siebdruck und Einsintern von Kontaktstreifen für Außenanschlüsse an Scheibenkanten.
	SnO$_2$-CVD-Abscheidung auf die gesamte Scheibe, ARC-Wirkung durch granulare Oberfläche.
	Streifenweise Strukturierung des SnO$_2$-Kontaktes mit Nd-YAG-Laser (engl.: *patterning*, s. Abb. 8.14).
3. a-Si:H-CVD-Abscheidung:	Beladen und Vorheizen
	Sequentielle Abscheidung der pin-Struktur in drei Kammern. Jeweils zwei Substrate befinden sich Rücken an Rücken in sogenannten Box-Carriers bei der Abscheidung von 1.) Phosphor-dotiertem n$^+$-a-Si:H, 2.) undotiertem (d.h. ν-leitendem (s. Abb. 8.7)) a-Si:H, 3.) Bor-dotiertem p$^+$-a-Si:H.
	Streifenweise Strukturierung der a-Si:H-Schicht mit Nd-YAG-Laser (oder mechanisch).
4. Rückseitenkontakt:	Aluminium
	Al-Abscheidung im Vakuumsystem.
	Streifenweise Strukturierung der Metallisierung mit Nd-YAG-Laser (oder mechanisch).
5. Einkapselung:	Beschichtung mit Vinyl-Überzug,
	Modul-Rahmung *(engl.: framing)*, s. Abb. 8.14.
6. Voralterung und Test:	64 Stunden AM1-Beleuchtung aller Solarzellen,
	Blitzlicht-Test der Module.

Produkt: Module aus bis zu 30 serienverschalteten a-Si:H-Solarzellen
(i-Schichtdicke $\approx 0,6$ µm, $L_{drift} \leq 0,6$ µm),
Fläche: 1 sqft. ($= 0,093$ m^2),
elektrische Leistung (vorgealtert) 6 W$_p$,
mittlerer Wirkungsgrad:

$$\overline{\eta_0} \,(\text{AM1} / 25\,°\text{C} / 1\,\text{cm}^2) \leq 10\%,$$

$$\overline{\eta_0} \,(\text{AM1} / 25\,°\text{C} / 1\,\text{sqft.}) \leq 7\%,$$

$$\eta(\text{AM1} / 25\,°\text{C} / 2\,\text{a}) / \overline{\eta_0} \geq 0,75\,.$$

Die spektrale Empfindlichkeit S und Generator-Kennlinien I(U) für aus unterschiedlichem Material gefertigten Solarzellen zeigt Abb. 8.16. In Abb. 8.17 ist nochmals verdeutlichend die Zusammensetzung des a-Si:H-Solarzellenstromes aus spannungsabhängigem Dunkel- und Photostrom dargestellt.

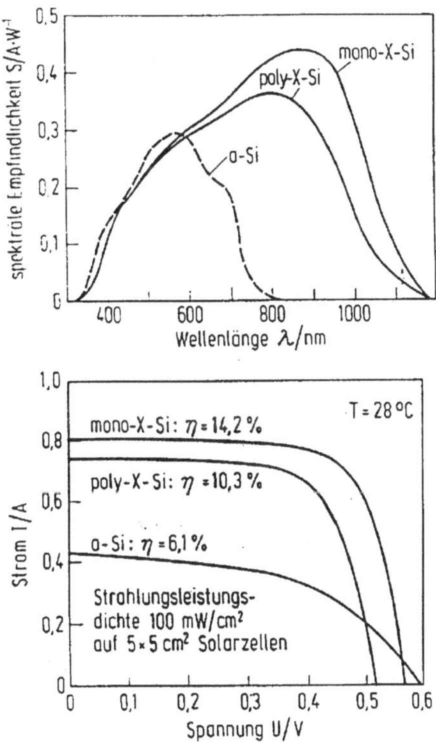

Abb. 8.16:   Spektrale Empfindlichkeit S (oben) und Generator-Kennlinien I(U) (unten) für c-Si, poly-Si und a-Si:H-Solarzellen.

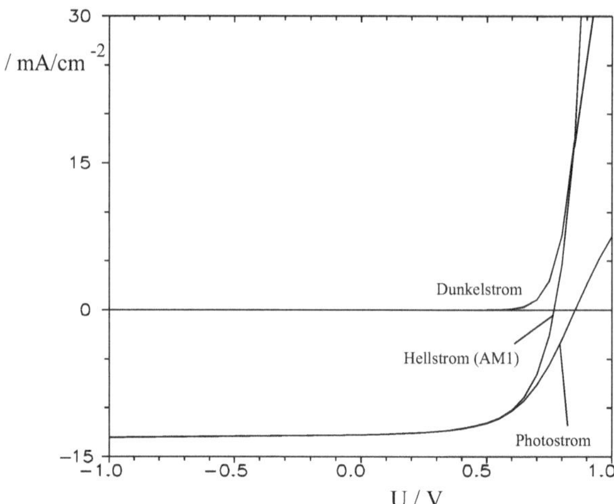

Abb. 8.17:   Generator-Kennlinie (Hellstrom **AM1**) einer a-Si:H-Solarzelle, aufgegliedert nach spannungsabhängigem Dunkel- <u>und</u> Photostrom.

9. Alternative Solarzellen-Konzepte

Alle Solarzellen, die wir bisher in diesem Buch kennengelernt haben, sind mit einem Nachteil behaftet: sie sind zu teuer! Kein Weg führt deshalb an Forschungsanstrengungen zur Herstellung preisgünstigerer und effektiverer Solarzellen vorbei. Deshalb werden auch in der Zukunft neue Materialien und Bauelement-Konzepte untersucht werden müssen. Einige Alternativen zu den Standard-Solarzellen sollen in diesem abschließenden Kapitel vorgestellt werden.

9.1 Bifacial-MIS-Solarzelle aus kristallinem Silizium

Eine der alternativen Strategien ist die MIS-Solarzelle (MIS ~ *metal insulator semiconductor*) mit zweiseitiger (engl.: *bifacial*) Empfindlichkeit. Bei der MIS-Solarzelle wird eine Oberflächen-Inversionsschicht des p-dotierten c-Si-Materials zur Ladungstrennung der lichterzeugten Elektron-Loch-Paare benutzt. Eine durchtunnelbare SiO_2-Schicht ($d_{ox} \approx 1{,}3$ nm) liegt unter dem Al-Kontakt (Abb. 9.1). Die negative Ladung der Oberflächen-Inversionsschicht (im beidseitigen Randbereich des p-Typ-c-Si) wird durch positiv geladene Cäsium-Ionen in der SiO_2-Schicht und dem zusätzlichen Isolator eingestellt. Durch Vorder- und Rückseitenbehandlung entsteht eine zweiseitige photovoltaische Empfindlichkeit (*„bifacial MIS-photovoltaic sensitivity"* /Jae97/). Der im Vergleich zum np-Übergang geringere technologische Aufwand zur Herstellung der Oberflächen-Inversionsschicht bei Temperaturen $T < 500\,°C$ macht bei vergleichbarem Wirkungsgrad ($\eta_{AM1} = 15\%$ für Bestrahlung durch die Vorderseite, 13% bei Lichteinfall durch die Rückseite) die MIS-Solarzelle sehr interessant für großtechnische Herstellung, ohne dass sie jedoch bis heute auf dem Markt erschienen ist.

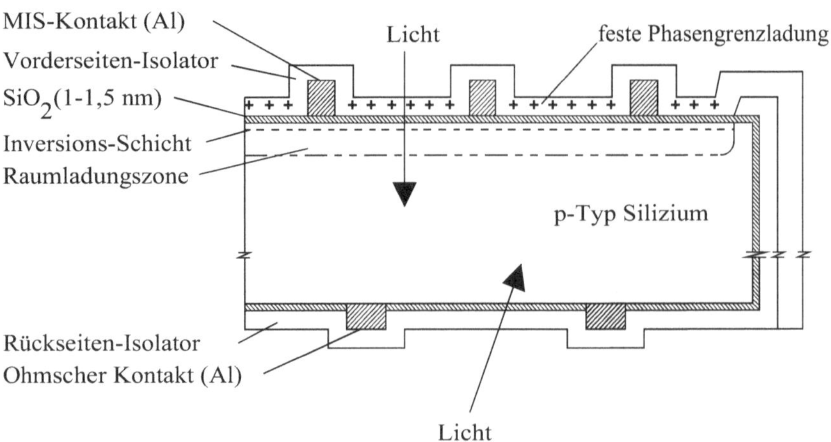

Abb. 9.1:   Beidseitig empfindliche („bifacial") MIS-Solarzelle (nach Hezel /Jae97/).

9.2 Solarzellen aus Kupfer-Indium-Diselenid (CuInSe2)

$CuInSe_2$ (abgekürzt CIS) ist ein vielversprechendes Material für preiswerte Dünnschicht-Hochleistungs-Solarzellen, sowohl als Einzelelement als auch in serienverschalteter Anordnung für Module (s. dazu Serienverschaltung von a-Si:H-Modulen, Kap. 8.4). Bei einem Bandabstand von $\Delta W = 1{,}02$ eV (vgl. Gl. 5.22) wird die optimierte Photostromdichte von Silizium nahezu erreicht (j_{opt}(CIS) ≈ 50 mA/cm^{-2} im Vergleich zu j_{opt}(Si) ≈ 55 mA/cm^{-2}, s. Gl. 5.22). Der Absorptionskoeffizient $\alpha(\lambda)$ weist für Energien oberhalb der Absorptionskante einen für direkte Halbleiter charakteristischen Steilanstieg auf, so dass für die Herstellung effizienter photovoltaischer Bauelemente Schichtdicken von nur wenigen Mikrometern benötigt werden. Ein typischer Schichtaufbau (Abb. 9.2) sieht eine 2...3 µm hochabsorbierende polykristalline CIS-Schicht vor, die mit einer dünnen (≈ 50 nm) CdS-Schicht einen Heteroübergang bildet, dessen elektrisches Feld die Ladungsträgertrennung ermöglicht. Den Vorderseitenkontakt mit den Gridfingern obenauf bildet eine 1,5 µm dicke ZnO-Schicht, den Rückseitenkontakt eine Molybdän-Schicht auf einem isolierenden Substrat (z.B. Glas). Die dünne CdS-Schicht trägt aufgrund ihres hohen Bandabstandes von etwa 2,5 eV kaum zur Absorption bei, die Ladungsträgergeneration erfolgt im CIS-Bereich. Der transparente ZnO-Kontakt kann zur Reduzierung der Reflexionsverluste mit einer Oberflächentexturierung versehen werden. Auf diese Weise erhält man CIS-Solarzellen /Mit90/, die bei AM1,5 Standardbedingungen einen Wandlungswirkungsgrad von bis zu $\eta = 14\%$ aufweisen. Eine industrielle Produktion von CIS-Modulen existiert u.a. bei der Fa. Würth Solar, und man bietet Module mit bis zu 30 Wp an. Viele Bemühungen sind darauf gerichtet, das giftige Schwermetall Cadmium aus diesen Bauelementen zu verbannen. Am HMI Berlin ist es gelung, CdS durch eine Zn-Verbindung ohne Wirkungsgradeinbuße zu ersetzen /Bae02/.

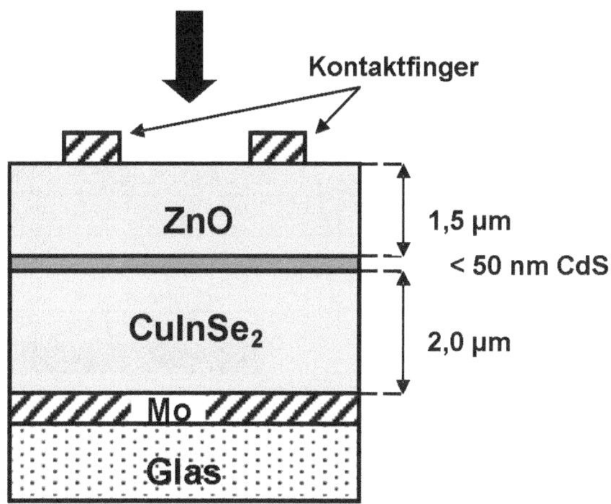

Abb. 9.2: Prinzipieller Aufbau einer Solarzelle aus CuInSe$_2$ -Absorber

9.3 a-Si:H/c-Si-Solarzellen

Eine wichtige Übergangsform bilden Solarzellen, bei denen Schichten mit den günstigen Absorptionseigenschaften des amorphen Siliziums mit solchen aus mikrokristallinem Material kombiniert werden, die wiederum verlustarme Kontakte ermöglichen. Es werden im Folgenden einige Beispiele neuartiger Solarzellen angegeben, die sich derzeit noch im Laborstadium befinden.

Eine wichtige Anwendung für die Zukunft wird die Herstellung von flexiblen Solarzellen sein, die man auf Plastik-Substraten oder auf Textilien (wie Zeltbahnen, Kleidung usw.) aufbringt. Neben der Flexibilität wird es dabei um eine Begrenzung der Herstellungstemperaturen auf < 120 °C gehen. Dafür liegen bereits interessante Vorschläge vor.

Es sind pin- wie auch nip-Solarzellen aus a-Si:H-Silizium dafür hergestellt worden (Abb. 9.4). Zum einen wurde ein Aufbau auf einem transparenten (Abb. 9.4 links) und zum anderen auf einem undurchsichtigen („opaque") (Abb. 9.5 rechts) Träger untersucht /Ish05/. Dabei wird jeweils auf einer TCO-Schicht (engl.: *transparent conductive oxide*) die Schichtenfolge einer a-Si:H-Solarzelle abgeschieden mit einer Gesamtdicke von < 1µm. Im Falle der pin-Structur (links) schließt sich sogleich die Rückelektrode aus Aluminium an, bei der nip-Structur (rechts) die transparente TCO-Vorderelektrode mit Al-Gridfingern. Die Untersuchungen zeigen, dass der eigenleitende Bereich im Zuge seines Dickenwachstums mehr und mehr mikrokristalline Struktur aufweist (von einer „proto-kristallinen" Phase beginnend bis zu einer „nano-kristallinen" nc-Si-Struktur) und, wenn es sich um den p/i-Übergang handelt, von einem mikrokristallinen p-Bereich abgeschlossen werden muss. Das erfordert dann bei der pin-Struktur (Abb. 9.4 links) eine amorphe Zwischenschicht, damit die hochabsorbierende a-Si:H – Schicht entstehen kann.

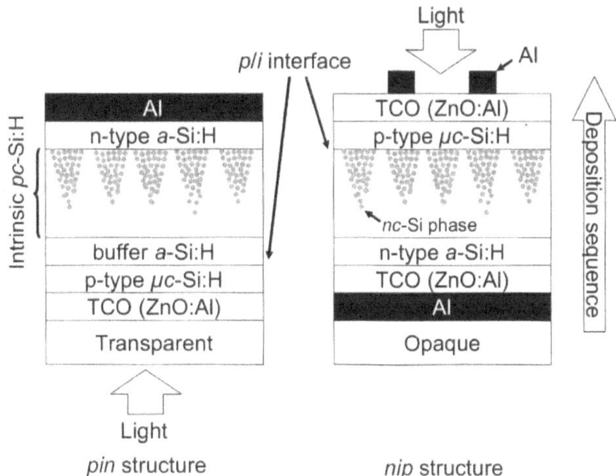

Abb. 9.4:   pin- und nip-Strukturen der a-Si:H / mc-Si-Solarzelle. Der schwierige p/i-Übergang
                bleibt mit der a-Si:H-Pufferschicht amorph bei der pin-Struktur, bei der nip-Struktur als
                nc-Si / mc-Si-Übergang in gewünschter Weise mikrokristallin /Ish05/.

Sämtliche Prozess-Temperaturen bleiben unter 120 °C, intensive Licht-Bestrahlung (engl.:
light soaking) ersetzt die Formierungsprozesse. Die nip-Struktur erweist sich als vorteilhafter.

Eine weitere Variante der a-Si/c-Si-Dünnschicht-Solarzellen sind die sog. ALILE-Solarzellen
/Rau05/ (ALILE ~ *aluminum induced layer exchange*) (Abb. 9.5). Auf Glassubstrat wird
zunächst eine dünne Schicht aus hochreinem Aluminium aufgedampft, auf der dann
amorphes Silizium abgeschieden wird. Bei Temperaturen um 900 °C wandert Silizium in die
multikristalline Aluminium-Schicht, seinem Segregationsdruck folgend, und tauscht mit den
Metallatomen seinen Platz, indem es unmittelbar auf dem Glas eine dünne multikristalline Si-
Phase, die „Saatschicht", bildet. Die Aluminium-Schicht wird dann selektiv aufgelöst.
Anschließend lässt man mc-Silizium epitaktisch auf der Saatschicht wachsen und bildet dabei
die ursprüngliche multikristalline Struktur der Aluminiumschicht über die Saatschicht in den
epitaktischen Si-Absorber als p-leitende Basis (Al-Spuren!) ab. Eine Niedertemperatur-
Epitaxie des n-leitenden Emitters beendet den Schichtenaufbau. Man erzielte mit Laborzellen
bislang Wirkungsgrade von $\eta \sim 8\%$ /Rau05/.

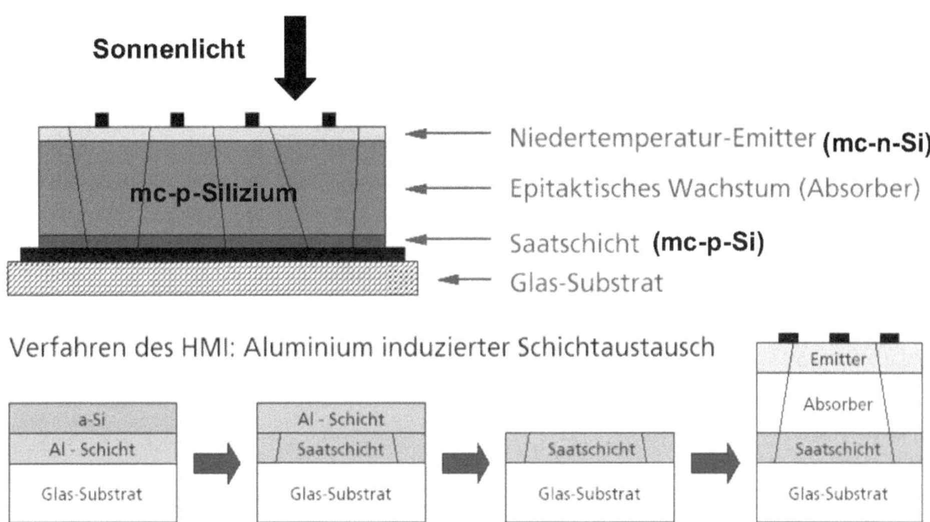

Abb. 9.5:   a-Si / mc-Si-Solarzelle nach dem ALILE-Verfahren des Schichtaustausches /Rau05/.

Das Verhalten des abgeschiedenen amorphen Siliziums, in die hochreine Aluminium-Phase einzuwandern, ist jedem Halbleiter-Technologen wohlbekannt. Um in Siliziumbauelementen die damit verbundenen Kurzschlüsse (engl. *spikes*) unter Aluminium-Kontakten zu vermeiden, mischt man dem abzuscheidenden Aluminium 2...3% Silizium bei und unterbindet damit die Neigung der Silizium-Phase, das Aluminium zu „verdünnen". Für Flüssigkeiten kennt man dieses Verhalten als den osmotischen Druck einer reinen Komponente, ein angrenzendes Phasengemisch zu verdünnen.

9.4 Die Kugelelement-Solarzelle

Eine vollständig neuartige Technologie von Solarzellen ist diejenige der Kugelelement-Solarzelle (engl.: *spheral solar cell*) /Lev91/. Sie beinhaltet gleichzeitig eine Reinheitsverbesserung von metallurgischem Silizium (MGS, s. Abb. 6.6) und einen völlig neuartigen Solarzellenaufbau.

Nach dem mechanischen Mahlen des MGS-Materials wird das Pulver erhitzt und geschmolzen, so dass die Oberflächenspannung kleine Kügelchen formt. Nach dem Wiedererstarren werden die Kügelchen oxidiert und anschließend auf eine Temperatur von über 1415 °C gebracht, bei der das Silizium-Volumen schmilzt, die SiO_2-Oberfläche aber fest bleibt (Schmelztemperaturen $T_S(Si)=1415$ °C; $T_S(SiO_2)=1700$ °C). Beim erneuten Wiedererstarren wandern („segregieren") viele Verunreinigungsatome in die feste SiO_2-Deckschicht hinein. Schleift man die Oberflächenschicht mechanisch ab, so erhöht man die Reinheit des verbleibenden Si-Materials. Die Prozedur Oxidieren / Schmelzen / Erstarren / Schleifen wird im Sinne der Si-Raffination wie beim Zonenreinigen mehrfach durchgeführt („*silicon upgrading*"). Schließlich hat man gereinigte Si-Kügelchen mit typisch 0,75 mm Durchmesser. Durch einen Rest-Bor-Gehalt sind diese p-leitend. Sie werden nun einer Phosphordiffusion unterzogen und erhalten damit einen sphärischen np-Übergang. Die Abb. 9.6 beschreibt die Prozess-Schritte, um aus Si-Kugeln mit sphärischem np-Übergang auf Al-Folie Solarzellen zu erzeugen. In vorgestanzte Löcher der Al-Folie werden die np-Si-Kugeln eingesetzt (Schritte 1/2) und rückseitig abgeschliffen, um das p-leitende Kugelinnere freizulegen (Schritt 3). Die Aufbringung einer Kunststoff-Zwischenschicht (Schritte 4/5/6) zur Isolation der n-Si-Frontseite, die Beseitigung von Shunts (Schritt 7) und die Kontaktierung einer zweiten isolierten Al-Folie mit dem p-leitenden Kugelinneren (Schritte 8/9) schließen die Fertigung ab. Man erhält mechanisch flexible Flächen dieser Silizium-Kugelelement-Solarzellen auf Aluminium-Unterlage mit Wirkungsgrad η = 15% für Flächen von A = 100 cm^2.

Eine Pilotfertigung für sphärische Solarzellen wurde in Dallas, Texas, erprobt. Die Übertragung der Ergebnisse aus Labormustern auf die Produktion hat bei der Fa. Spheral Solar Power / SSP-Technology, Cambridge, Ontario/Kanada, stattgefunden. Am Markt werden im Jahre 2006 SSP-Solarzellen auf flexiblem Substrat mit 12...15% Wirkungsgrad angeboten.

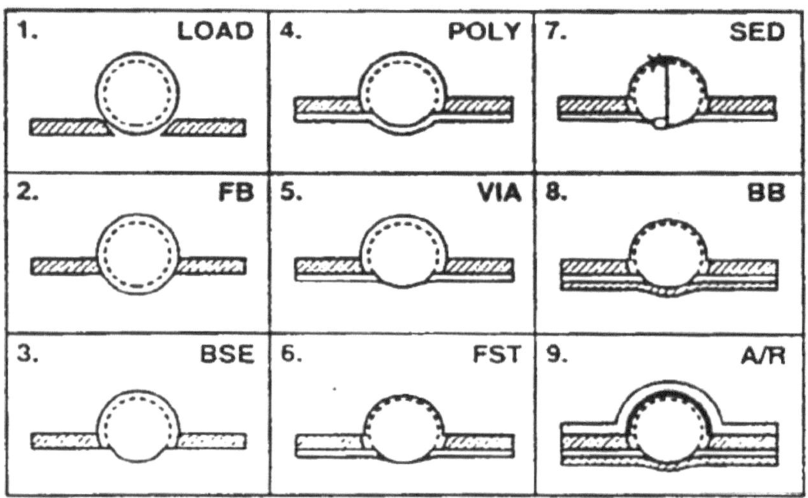

Abb. 9.6:   Herstellungsablauf einer Kugelelement-Solarzelle /Lev91/.

9.5 Solarzellen aus organischen Halbleitern

Grundsätzlich sind hier zwei unterschiedliche Arten von organischem Material für Zwecke der Photovoltaik zu unterscheiden. Einmal geht es um kristalline Substanzen wie Pentacen und Thiophen, deren elektrische Eigenschaften als hochmolekulare Kohlenwasserstoff-Verbindungen ähnlich wie anorganische Halbleiter durch Elektronen und Löcher in Energie-bändern beschrieben werden, die jedoch nicht kovalent, sondern durch schwächere Nahwirkungskräfte als Moleküle gebunden sind (*Halbleiter aus organischen Molekülen*). Zum anderen geht es um elektrochemische Systeme, die in einem anorganischen oder organischen Elektrolyten Farbstoffe mit großen Schwermetall-Atomen wie z.B. Ruthenium unter der Wirkung des Sonnenlichtes zur Aufnahme von Elektronen und deren Transport zu Elektroden hin veranlassen *(Farbstoff- oder dye-Solarzellen)*.

9.5.1 Halbleiter aus organischen Molekülen

Grundprinzip der kristallinen Bindung von Atomen in *anorganischen* elektronischen Halbleitern ist die kovalente Bindung infolge der Hybridisierung von s^2p^2-Elektronen zu s^1p^3-Orbitalen, die untereinander energetisch gleichwertig sind. Dabei spielt eine wichtige Rolle, dass Nachbaratome jeweils 4 Außenelektronen gemeinsam nutzen und zur abgeschlossenen Schale von 8 Elektronen vervollständigen. Bei Elementhalbleitern der Gruppe IV wie Silizium und Germanium bleiben die Atome dabei neutral, während bei Verbindungs-halbleitern wie GaAs ($A^{III}B^V$) oder CdS ($A^{II}B^{VI}$) die Atome der Gruppen größer als IV dafür Elektronen abgeben und als Anionen positiv geladen sind, während die Atome der Gruppen kleiner als IV Elektronen aufnehmen und als Kationen negativ geladen sind. So existiert neben der kovalenten Bindung hier stets ein Anteil ionischer Bindung, der als Elektronegativität p ein Maß für Coulombsche Anziehung der Gitteratome darstellt (Beisp.: p(Si)=0, aber p(GaAs)=0,08). Für detaillierte Darstellungen sei hier auf die Lehrbuch-Literatur verwiesen /z.B. Moo86, p.828/.

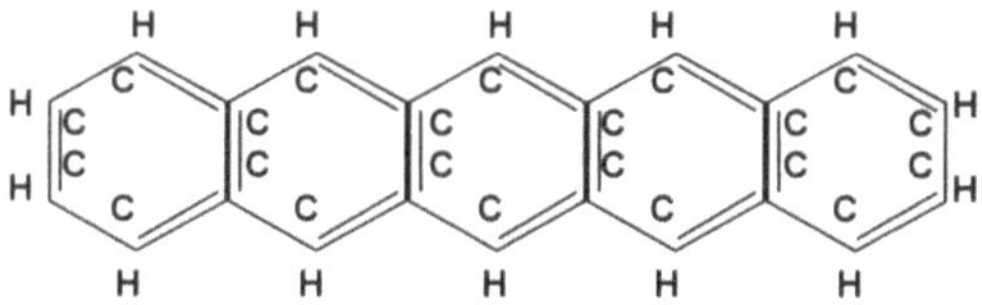

Pentacen-Molekül / $C_{22}H_{14}$; Aromat aus 5 Benzol-Ringen

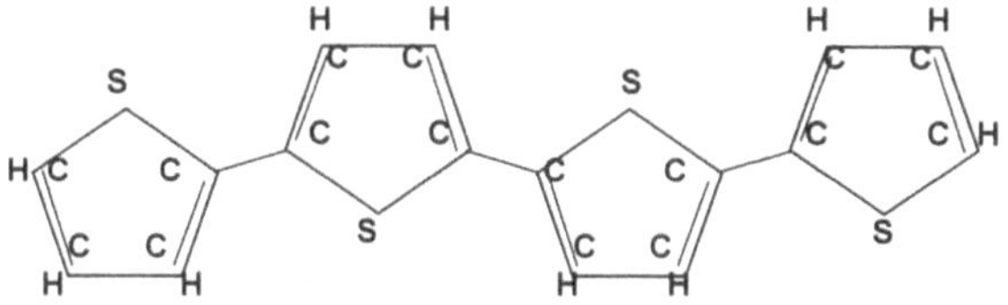

Thiophen-Molekül / $n{*}C_4H_2S + 2H$; Hetero-Aromat als Fünfring mit Schwefel als Hetero-Atom; von den 6 π-Elektronen 4 in Doppelbindungen und 2 vom freien Elektronenpaar des Schwefels,

Abb. 9.7: Organische Halbleiter-Polymere Pentacen und Thiophen.

Pentacen und Thiophen sind als kristallisierte Polymere Beispiele für organische elektronische Halbleiter. Sie sind große Moleküle aus Benzol-Ringen (Pentacen). Es können jedoch auch Fünfer-Ringe sein mit vier Kohlenstoff-Atomen und einem Fremdatom wie Schwefel (Thiophen) (Abb. 9.7). Als Polymere sind sie neutral und weisen kein elektrisches Dipolmoment auf. Die Theorie der chemischen Bindung lehrt nun, dass im Gegensatz zur starken kovalenten und ionischen Bindung (mit einem Abstandsgesetz der Kräfte $\sim 1/r^2$) bei neutralen und Dipolmoment-freien Molekül-Partnern das intermolekulare Abstandsgesetz durch die schwachen und kurzreichweitigen Van der Waals-Kräfte beschrieben wird ($\sim 1/r^6$). So entstehen im Kristallzustand der organischen Polymer-Halbleiter auch keine breiten Bänder erlaubter Elektronenenergien wie das weitgehend besetzte Valenzband und unbesetzte Leitungsband, sondern wegen der geringen Wechselwirkung der organischen Moleküle gibt es (von Molekül zu Molekül energetisch geringfügig versetzt) diskrete Werte der höchsten besetzten Molekülorbitale, mit HOMO abgekürzt (engl.: *highest occupied molecular orbital*), dem Valenzband entsprechend, und Werte der niedrigsten unbesetzten Molekülorbitale, mit LUMO bezeichnet (engl.: *lowest unoccupied molecular orbital*), dem Leitungsband entsprechend.

Elektronen werden im elektrischen Feld über die lokalisierten LUMO-Zustände und Löcher über die HOMO-Zustände im „*hopping transport*" transportiert, ganz so, wie es bei amorphen anorganischen Halbleitern wie a-Si:H geschieht. Ihre Beweglichkeit ist dabei vergleichbar gering ($\mu < 10^{-5}$ cm^2/Vs). Auch Dotierung mit der damit verknüpften Änderung der elektronischen Leitfähigkeit ist möglich: z.B. können energetisch flach unter den LUMO-Zuständen liegende *HOMO-Donatoren* ihre Elektronen in die LUMO-Zustände anheben. Dafür kommen neben organischen Molekülgruppen auch Metalle (z.B. Alkali-Atome) in

Frage. Entsprechende *LUMO-Akzeptoren* – flach über den HOMO-Zuständen liegend – führen zur Löcher-Leitung (Abb. 9.8).

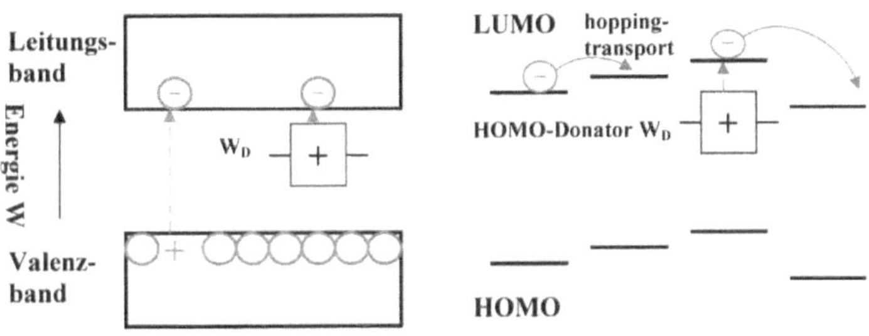

Abb. 9.8:   Energiebänder und Orbitalenergien der Elektronen in anorganischen (links) und organischen (rechts) Halbleitern mit eingebauten Donatoren

Die Solarstrahlung wird von den organischen Halbleitern entsprechend dem Abstand zwischen HOMO- und LUMO-Energien typischerweise in schmalen Energiebereichen zwischen 1,4 – 2,5 eV absorbiert, was diese aber wegen ihres vergleichsweise hohen Absorptionskoeffizienten ($\alpha \sim 10^5 \mathrm{cm}^{-1}$) trotzdem zu aussichtsreichen Werkstoffen für Solarzellen macht. Allerdings weisen die organischen Halbleiter eine Besonderheit auf. Optische Anregung erzeugt neben freien Elektronen eine große Zahl von *Exzitonen*. Diese sind Elektron-Loch-Paare, die bei ihrer Anregung aus ihrem energetischen Ausgangszustand (hier z.B. eine HOMO-Energie) weiterhin unter gegenseitiger Coulombscher Anziehung stehen mit einer hohen Separationsenergie von bis zu 0,4 eV. Die Ladungsträger-Paare rekombinieren meist, bevor eine Ladungstrennung stattfindet, und vermindern derart die photovoltaische Ausbeute. Auch bei anorganischen Halbleitern wie Silizium kennt man Exzitonen, jedoch bleibt bei Zimmertemperatur ihre Bindungsenergie i. Allg. unterhalb der thermischen Energie von 25 meV, sodass sie hier keine Rolle für eine Verminderung der photovoltaischen Leistung spielen, weil bereits geringste Felder Elektron und Loch trennen.

Insgesamt ergeben sich recht aussichtsreiche Verwendungsmöglichkeiten von organischen Halbleitern für Solarzellen. Der hohe Absorptionskoeffizient begünstigt dünne Filme von (100-200)nm für Bauelemente, was auch den Werten der geringen Ladungsträger-Beweglichkeit entspricht, weil mit zunehmender Schichtdicke die Wahrscheinlichkeit der Elektron-Loch-Rekombination wächst. Ein weiterer Vorteil ist die Zunahme der Hopping-Beweglichkeit mit der Temperatur, wodurch der Solarzellen-Wirkungsgrad organischer

Solarzellen mit steigender Temperatur wächst. Bei anorganischen Solarzellen dominiert eine gegenläufige Tendenz: der Wirkungsgrad sinkt mit steigender Temperatur (s. Kap.5.2).

9.5.2 Solarzellen aus organischem Werkstoff

Die Technologie von Solarzellen aus organischem Material führt zu Dünnschicht-Bauelementen genau wie bei der a-Si:H-Solarzelle. Man erzeugt einen dünnen Pentacen-Film zwischen zwei Metall-Elektroden mit unterschiedlicher *Austrittsarbeit*. Die Austrittsarbeit als Energiedifferenz Φ zwischen Vakuum-Energie W_{vak} und Fermi-Energie W_F beschreibt die notwendige Energie, um ein Elektron aus dem Material abzutrennen. Durch Elektronen-verlust entsteht in der Pentacen-Schicht eine Raumladung, die sich bei geringer Probendicke durch den ganzen Halbleiter erstreckt und zu einem starken elektrischen Feld führt. Dieses Feld befördert lichterzeugte Elektronen aus der Richtung der Elektrode mit hoher Austritts-arbeit in diejenige der Elektrode mit geringer Austrittsarbeit. Wenn man keine Maßnahmen gegen die Exzitonen unternimmt, bleibt der Wandlungswirkungsgrad jedoch gering ($\eta<1\%$).

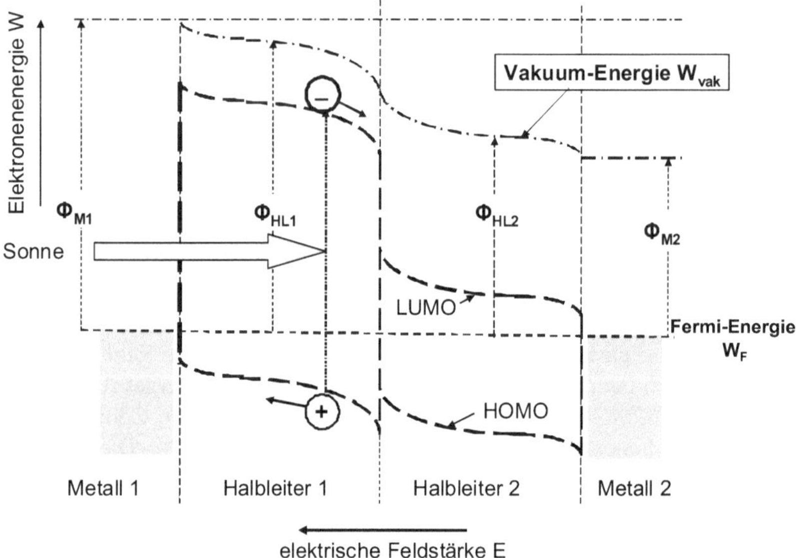

Abb. 9.9:   Energiebänder einer BHJ-Solarzelle mit 2 unterschiedlichen Halbleitern. Die Austrittsarbeiten sind in folgender Weise geordnet: $\Phi_{M1} > \Phi_{HL1} > \Phi_{HL2} > \Phi_{M2}$. Die Sprünge an der Phasengrenze beider Halbleiter zwischen den LUMO- und HOMO-Energien sind erkennbar.

Einen erheblichen Fortschritt erzielte Tang et al. 1986 /Tan86/ durch die Verwendung von zwei dünnen Schichten zweier unterschiedlicher organischer Halbleiter: der eine davon mit

Donatoren, der andere mit Akzeptoren dotiert. Diese Anordnung entspricht einem *anisotypen* Hetero-Übergang, wie man ihn seit langem z.B. als Ge-Si-Übergang für Emitter und Basis in schnellen Bipolar-Transistoren verwendet. Als Solarzelle entsteht eine sogen. BHJ-Solarzelle (engl.: *bulk hetero-junction*) (Abb. 9.9). Das Energiebänder-Modell weist einen Sprung der Differenz von LUMO- und HOMO-Energien an der Phasengrenze auf, von der sich – entsprechend der Differenz der Austrittsarbeiten – Raumladungszonen in beide Halbleiter hinein erstrecken. Durch entsprechende Wahl der Elektrodenmetalle hinsichtlich ihrer Austrittsarbeiten Φ spannen sich einheitlich gerichtete elektrische Felder von Elektrode zu Elektrode. Der Sprung der Energiebänder an der Phasengrenze hat entscheidende Auswirkungen auf die andiffundierenden Exzitonen: hier findet der Energieübertrag an die beiden Ladungen aus dem Felde statt, der sie zu trennen vermag und sie getrennt im elektrischen Feld den beiden Elektroden zuführt.

Yu et al. 1995 /Yu95/ verbesserten die Technologie des anisotypen Hetero-Überganges, indem sie die beiden unterschiedlichen Halbleiter-Phasen innig miteinander mischen, sodass alle Exzitonen innerhalb ihrer Diffusionslänge von 5-10 nm auf den Hetero-Übergang treffen und getrennt werden können (Abb. 9.10). Die Verwendung von Kohlenstoff-Kristallen als *C-60-Fullerene* zum Aufbau eines Netzwerkes innerhalb der Polymerschichten vor beiden Elektroden hat sich dabei als sehr günstig erwiesen. So konnte mit der allmählichen Verbesserung aller Herstellungsparameter der erzielte Wirkungsgrad von *Pentacen- und Thiophen-Solarzellen* bis auf Werte von $\eta{\sim}5\%$ erhöht werden /Ma05/.

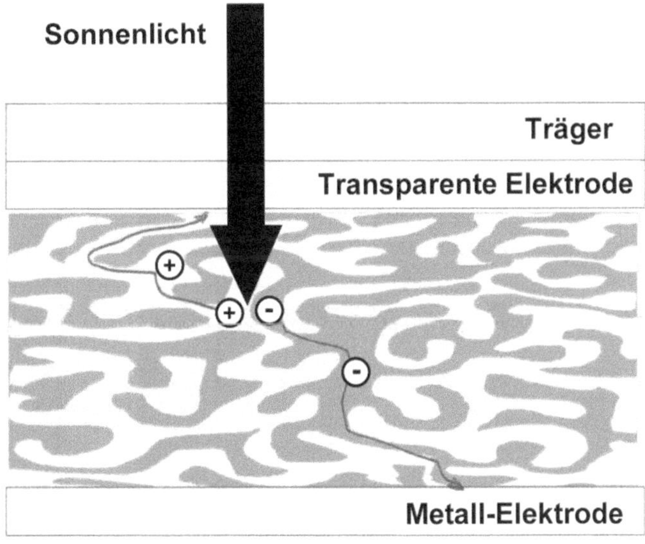

Abb. 9.10:   Schema einer BHJ-Solarzelle (BHJ ~ bulk hetero-junction) mit einem Netzwerk von miteinander vermischten Donator- und Akzeptor-dotierten Halbleiterbereichen (Donatoren-Bereich dunkel, Akzeptoren-Bereich hell) und den Wegen der Elektronen und Löcher. /Kro05/.

Die guten Zukunftsaussichten organischer Solarzellen aus Polymer-Material werden weiterhin durch eine im Vergleich zu anorganischen Halbleitern wie Silizium sehr viel weniger aufwendige Technologie (kein Reinraum notwendig, sehr viel preiswerteres Ausgangsmaterial) und die unkomplizierte Verwendbarkeit (z.B. auf flexibler Unterlage, auf Textilien usw.) begünstigt. Einige Autoren erwarten, dass anorganische Solarzellen eines Tages als Anstrich auf Unterlagen wie z.B. auf Hauswänden aufgetragen werden können.

9.5.3 Farbstoff-Solarzellen (engl.: dye solar cells)

Schließlich soll auf eine Vorgehensweise zur photovoltaischen Energiewandlung verwiesen werden, die sich keines halbleitenden Substrates bedient und in der Ladungsträgergeneration und -transport räumlich voneinander entkoppelt werden. Mit Hilfe elektrochemischer Zellen ist es gelungen, ähnlich wie bei der Photosynthese, Sonnenenergie in chemische Reaktionsprodukte zu überführen /Vla88/. Die Abb. 9.11 zeigt die Anordnung von zwei Elektroden in einem Elektrolyten, die über eine Last miteinander verbunden sind. Das dem Sonnenlicht ausgesetzte, an seiner Innenseite elektrisch leitende Glas ist mit TiO_2-Partikeln bedeckt, die wiederum mit einem speziellen Farbstoff oder Pigment versehen sind. Dieses organische Pigment enthält Ruthenium-Atome, die von Kohlenstoff-Stickstoff-Ring-verbindungen umgeben sind, ähnlich wie es beim Chlorophyll in Pflanzen der Fall ist. Die photoempfindlichen Farbstoff-Moleküle absorbieren Photonen und setzen dabei Elektronen frei. Diese Elektronen fließen zunächst zur TiO_2-Elektrode, der Kathode, und kehren dann über den Verbraucher und die Graphit-Elektrode , die Anode, sowie über den Elektrolyten (eine wässrige Jodlösung) zum Farbstoff zurück (Abb. 9.11). Der Energiewandlungs-Wirkungsgrad beträgt $\eta_{AM1,5} = 10...12\%$. Dem großen Vorteil solcher Solarzellen, die nach ihrem Erfinder auch **Graetzel-Zellen** genannt werden, dem sehr einfachen und daher preiswerten Herstellungsprozess, steht zumindest zur Zeit noch der Nachteil gegenüber, dass sich der Elektrolyt während des Betriebes zersetzt und solche Bauelemente deshalb sehr instabil sind.

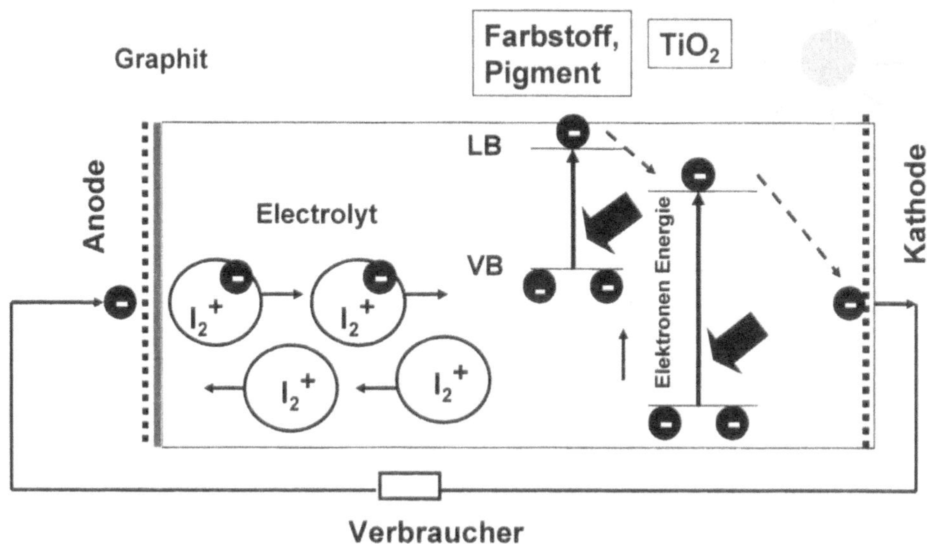

Abb. 9.11.:   Schema einer elektrolytischen Solarzelle mit Farbstoff (-Pigment)–bedeckter TiO_2-Elektrode. Das Schema zeigt die Anregung der Elektronen durch die Sonnenstrahlung, deren Transport vom Farbstoff bzw. Pigment über die kathodische TiO_2-Elektrode zum Verbraucher und weiter zur anodischen Graphit-Elektrode, schließlich ihren Transport über den wässrigen Jod-Elektrolyten zurück zum Farbstoff.

9.6 Solarzellen der 3. Generation

M.A. Green hat Solarzellen im Hinblick auf den erreichten und erreichbaren Wirkungsgrad relativ zu den Aufwendungen für ihre Herstellung in „3 Generationen" eingeteilt /Gre03/. Als 1. Generation bezeichnet er die Massiv-Zellen, die aus Silizium- oder Galliumarsenid-Wafern mit Dicken von $\geq$ 200µm bestehen, deren Materialstärke jedoch in vielen Fällen ohne optische Bedeutung ist, sondern lediglich als mechanischer Träger dient. Die Wirkungsgrade der Industrieprodukte aus Silizium betragen bis zu 18%, und die Kosten sind hoch wegen des hohen Materialbedarfs. Die 2. Generation bezeichnet Dünnschicht-Zellen, die aus dünnen photovoltaisch aktiven Schichten im Bereich einiger µm bestehen und einen preiswerten Träger („Substrat") benötigen, der –wie im Falle der a-Si:H-Solarzellen – Glas sein kann, aber auch Keramik. Die Wirkungsgrade der Industrieprodukte sind geringer als unter 1. und betragen bis zu 12%; jedoch auch bei deutlich geringeren Herstellungskosten. Die photovoltaisch aktiven Bereiche der Zellen der 1. und 2. Generation bestehen aus homogenem Halbleiter-Material (Abb. 9.12).

Eine 3. Generation von künftigen Solarzellen gibt die homogene Phase der photovoltaisch aktiven Bereiche auf. Mit vielfach aufeinander folgenden dünnen Schichten unterschiedlichen

Materials oder mit eingelagerten Bereichen unterschiedlicher Phase – z.B. als amorphe Schichten zwischen mikrokristallinen Schichten oder auch als Quantenpunkte des gleichen Halbleiters – hofft M.A. Green, den Wirkungsgrad dieser Solarzellen **aus mesoskopischen Mischphasen** enorm steigern zu können in Richtung des thermodynamischen Wandlungswirkungsgrades von

$$\eta_{thermodynamisch} = 1 - \frac{T_{Erde}}{T_{Sonne}} = 1 - \frac{290\ K}{5800\ K} = 95\%$$

bei gleichzeitiger Verbilligung der Herstellungskosten. Er erwartet dabei Wirkungsgrade von bis zu ~ 60%.

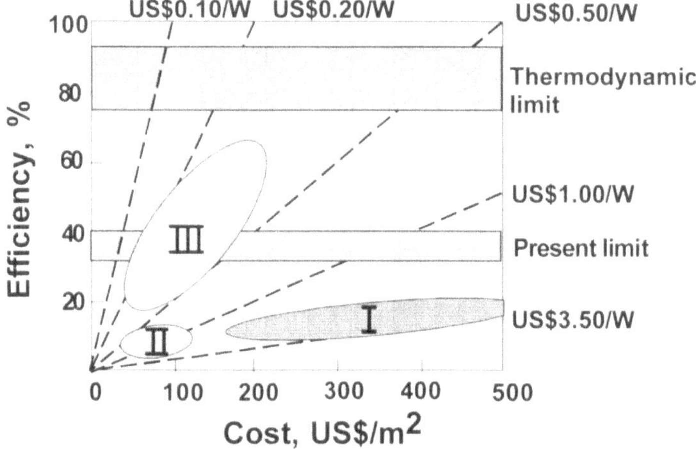

Abb. 9.12:   Kosten/Wirkungsgrad-Bereiche für drei Generationen von Solarzellen entsprechend der Darstellung von M.A.Green /Gre03/. Gegenwärtig befindet man sich im Bereich der industriellen Solarzellen der 1. Generation mit dem Verhältnis von US$ 3,50 / W für die Bauelemente und entsprechend von ~ EU 3500.- / kW-PV-Modul /Gre03, p.3/

M.A. Green macht in seinem Buch /Gre03/ einige sehr beachtenswerte Vorschläge für Solarzellen der 3. Generation. Als eines der Beispiele, die in die Richtung seiner Anregungen gehen, können dabei Tandem-Solarzellen gelten (s. dazu auch Kap.7). Allerdings sind seine Tandem-Zellen aus gleichem Material, als sehr dünne Halbleiter-Schichten voneinander durch dielektrische Schichten getrennt. Greens Beispiel sind Si-Schichten von ~ 1nm Dicke mit Trennschichten aus SiO_2. Das Licht durchdringt alle aufeinander liegenden Schichten und wird seiner Farbe entsprechend in der Tiefe ~ 1/α absorbiert. Wenn die Schichten so dünn werden, dass in ihnen über Quanten-Einschluss der Bandabstand vergrößert ist, lassen sich bis dahin nicht absorbierbare blaue Spektrenbereiche des Sonnenlichtes nutzen /Gre04/.

Weitere Anregungen gehen in die Entwicklung von Solarzellen mit „up-" und „down-conversion" von Photonen, also mit der Umwandlung von mehreren niederenergetischen Photonen in ein höherenergetisches Photon oder – umgekehrt – mit der Nutzung der

Absorption eines hochenergetischen Photons zur Erzeugung mehrerer niederenergetischer Photonen (Abb. 9.13).

Bei der up-conversion schlägt M.A. Green den Einbau eines geeigneten Konverters hinter der Wafer-Solarzelle vor. Im Konverter werden z.B. 2 niederenergetische Photonen absorbiert, die als nicht absorbierbar die Solarzelle durchstrahlen. Ihre Energie wird im Konverter absorbiert und als Summe in einem höherenergetischen Photon wieder abgestrahlt, reflektiert und nun in der Solarzelle absorbiert. Schwere Atome wie Seltene Erden (z.B. Erbium) vermitteln im Konverter die Hoch-Konvertierung /Gre04/.

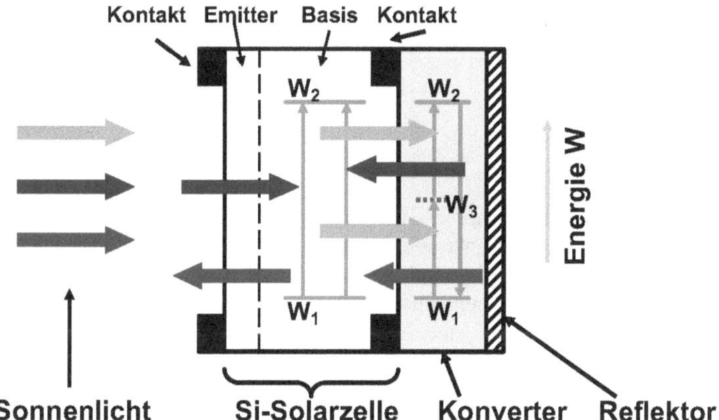

grünes Licht (graue Pfeile): wird hoch konvertiert und als blaues Licht zurückgestrahlt

blaues Licht (mittlere Pfeile): wird absorbiert

rotes Licht (untere Pfeile): wird reflektiert und nicht absorbiert

Abb. 9.13:   Hoch-Konvertierung der Photonen des Sonnenlichtes mit Energien unterhalb der Bandkante mit Hilfe eines Konverters, in dem mit Hilfe von Atomen der Seltenen Erden (wie z.B. Erbium) bei der Absorption von zwei niederenergetischen Photonen ein höherenergetisches Photon abgestrahlt, am Reflektor wieder zurückgelenkt und nun in der Solarzelle absorbiert wird /Gre04/. Ganz unten erscheinen nicht-absorbierbare und reflektierte Photonen.

Im gleichen Artikel entwickelt M.A. Green Vorstellungen zur „down-conversion" von hochenergetischen Photonen (Abb. 9.14). Hier schlägt er einen Vielfach-Schichtenaufbau von zwei unterschiedlichen Halbleitern vor, deren Schichtdicken bei jeweils < 10nm liegen. Dadurch entsteht ein Übergitter des zusammengesetzten Festkörpers, in dem sich über Interferenz-Ereignisse aus dem Energieüberschuss bei der Absorption der primären Photonen die niederenergetischen Photonen bilden. Dieser Energieüberschuss geht normalerweise in die thermische Relaxation der generierten Ladungsträger, also in Gitter-Phononen oder Wärme. Deshalb nennt M.A.Green sein Konzept auch *„hot carrier solar cell"*, also die „Solarzelle der heißen Ladungsträger". Eine Variante ist dabei der Aufbau des Zwei-Phasen-Festkörpers in

Form eines Halbleiters mit eingelagerten Quantenpunkten. Während das Schichten-Konzept zweidimensional aufzufassen ist, ist das Quantenpunkt-Konzept dreidimensional.

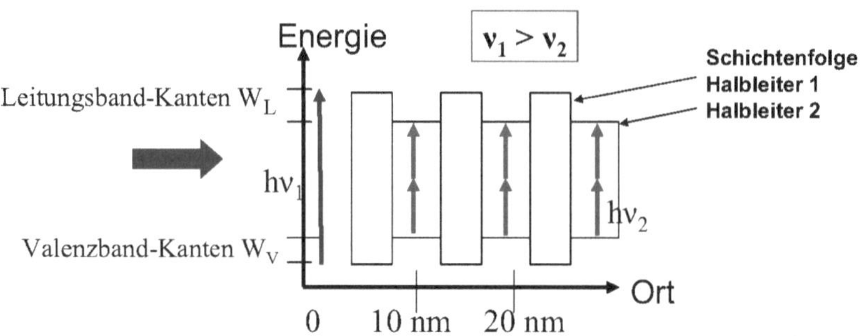

Abb. 9.14:   Halbleiter mit Übergitter-Struktur zur Nieder-Konvertierung von Photonen des Sonnenlichtes mit Energien erheblich oberhalb der Bandkante des Halbleiters 2. Da diese niederenergetischen Photonen aus der Thermalisierung der im Halbleiter 1 absorbierten Photonen entstehen, bezeichnet M.A.Green diese Struktur zur „down-conversion" von Photonen des Sonnenlichtes als „Solarzelle der heißen Ladungsträger"(engl.: *hot carrier solar cell)* /Gre04/.

Bislang sind die erwähnten Konzepte für Solarzellen der 3. Generation – von Ansätzen abgesehen – nicht realisiert worden. Dessen ungeachtet bleibt es von hohem Interesse, Lösungsmöglichkeiten zu erforschen und neue Wege zur Steigerung der gegenwärtigen industriellen Wirkungsgrade der Solarzellen bei gleichzeitiger Kostensenkung zu finden.

10. Ausblick

In den Kapiteln dieses Buches wurden die Grundlagen der Photovoltaik-Strategien entwickelt. Besonderes Gewicht wurde auf die Darstellung technischer Entscheidungen gelegt, z.B. bei der Wahl von kristallinem gegenüber amorphem Silizium, von Silizium gegenüber Galliumarsenid, bei der Wahl der Ladungstrennung mit Hilfe elektrischer Felder an der Bauelement-Oberfläche, bei der Darstellung der Einflussgrößen, z.B. des Produktes $\alpha \cdot L_n$ bei np-c-Si-Solarzellen. Manche Details wurden dabei übergangen, um den „Roten Faden" in der Argumentation beizubehalten. Ein Anspruch auf Vollständigkeit wird deshalb nicht erhoben.

Eine Abschätzung der Technikfolgen der Photovoltaik ist unterblieben. Es sei jedoch angemerkt, dass auch die Solarzellentechnologie nicht entsorgungsfrei ist. Im Gegensatz zum Einsatz fossiler Brennstoffe, bei deren Verwendung die Entsorgung *während* der Energiewandlung stattfindet, und der Kernenergie mit der in Deutschland ungeklärten Entsorgung *nach* der Wandlung, erfolgt für Solarzellen die Entsorgung – vor allem der zur Präparation eingesetzten Chemikalien – *vor* der Energiewandlung. Es handelt sich in diesem Fall um eine überschaubare Technologie, die nicht zulässt, die Beseitigung ihrer für Mensch und Umwelt negativen Auswirkungen und die damit verbundenen Kosten auf eine ungewisse Zukunft zu vertagen. Bei einer Jahresproduktion von 6,85 GW (2008) und einer installierten Gesamtleistung photovoltaischer Kraftwerke von ca. 16 GW (Zahlen von 2008 /Sol09/) sind die Entsorgungsprobleme noch nicht drängend, dennoch gibt es Anstrengungen, z.B. die Verwendung von organischen Lösungsmitteln bei der Herstellung zu vermeiden.

Ein weiterer wichtiger Gesichtspunkt zur Bewertung von photovoltaischen Bauelementen ist die *Erntezeit* oder *Amortisierungszeit* (engl.: *energy pay back time*), die angibt, wie lange eine Solarzelle im Sonnenlicht als Generator arbeiten muss, um die Energie, die zu ihrer Herstellung notwendig war, wieder einzubringen. Diese Erntezeit im Vergleich mit der mittleren Standzeit ergibt den *Erntefaktor* als ein wichtiges Kriterium zur Bewertung unterschiedlicher Technologien. Gegenwärtig diskutierte Erntezeiten liegen in der Größenordnung weniger Jahre. Verlässliche Angaben sind jedoch nicht für alle Technologien verfügbar. Im Kap.3 wurde für blockgegossene Silizium-Solarzellen eine Erntezeit von 3 Jahren angegeben angesichts eines Energieaufwandes von 450 kWh/m^2 bei der Herstellung der Solarzellen und ihres angenommenen Wirkungsgrades von $\eta=15\%$. Diese Angabe gilt bei einer mittleren Zahl von 1000 Sonnenstunden im Jahr und der Bestrahlungsstärke AM1,5 (=1000W/m^2).

Bei allen hier dargestellten theoretischen Erwägungen gilt die technologisch realisierte Solarzelle als „Maß aller Dinge". Hier sind auch in Zukunft neben dem phantasievollen Ingenieursentwurf geduldige Präparationen erforderlich. Da an der gegenwärtigen Marktwirtschaft orientierte Überlegungen auch über die Marktbehauptung von photovoltaischen Energiewandlern entscheiden, muss bei Weiterentwicklungen vor allem auf preisgünstigere

Produktionstechniken geachtet werden. Hier wird entschieden, ob die Photovoltaik lediglich eine Episode der modernen Energietechnik darstellen wird oder ob sie einen nennenswerten Beitrag für eine langfristige und humane Energieversorgung der Menschheit zu leisten vermag.

Anhang A Rechnungen und Tabellen

A.1 Lösung des Integrals zur Berechnung des Grenzwirkungsgrades

Das Integral

$$I = \int\limits_{\nu_{gr}}^{\infty} \frac{\nu^2}{e^{h\nu/kT_S}-1}\cdot d\nu \tag{A1.1}$$

wird wie folgt gelöst. Zunächst kann der Integrand als unendliche Summe aufgefasst werden

$$\frac{\nu^2}{e^{h\nu/kT_S}-1} = \frac{\nu^2\cdot e^{-h\nu/kT_S}}{1-e^{-h\nu/kT_S}} = \nu^2\cdot\sum_{n=1}^{\infty}e^{-n\cdot h\nu/kT_S} \quad . \tag{A1.2}$$

Das Summen- und das Integralzeichen können wegen gleichmäßiger Konvergenz vertauscht werden

$$I = \int\limits_{\nu_{gr}}^{\infty}\left\{\nu^2\cdot\sum_{n=1}^{\infty}e^{-n\cdot h\nu/kT_S}\right\}\cdot d\nu = \sum_{n=1}^{\infty}\left\{\int\limits_{\nu_{gr}}^{\infty}\nu^2\cdot e^{-n\cdot h\nu/kT_S}\cdot d\nu\right\}$$

$$= \sum_{n=1}^{\infty}\left\{\int\limits_{0}^{\infty}\nu^2\cdot e^{-n\cdot h\nu/kT_S}\cdot d\nu - \int\limits_{0}^{\nu_{gr}}\nu^2\cdot e^{-n\cdot h\nu/kT_S}\cdot d\nu\right\} \quad . \tag{A1.3}$$

Mit der Substitution $\qquad \xi_{gr} = \dfrac{n\cdot h\nu_{gr}}{kT_S} \qquad$ folgt

$$I = \sum_{n=1}^{\infty} \left(\frac{kT_S}{n \cdot h} \right)^3 \cdot \left\{ \int_0^{\infty} \xi^2 \cdot e^{-\xi} \cdot d\xi - \int_0^{\xi_{gr}} \xi^2 \cdot e^{-\xi} \cdot d\xi \right\}$$

$$= \sum_{n=1}^{\infty} \left(\frac{kT_S}{n \cdot h} \right)^3 \cdot \left\{ 2 - e^{-\xi_{gr}} \cdot \left(-\xi_{gr}^2 - 2\xi_{gr} - 2 \right) - 2 \right\} \tag{A1.4}$$

$$I = \sum_{n=1}^{\infty} \left\{ \left(\frac{kT_S}{n \cdot h} \right)^3 \cdot e^{-\frac{n \cdot h\nu_{gr}}{kT_S}} \cdot \left[\left(\frac{n \cdot h\nu_{gr}}{kT_S} \right)^2 + 2 \cdot \left(\frac{n \cdot h\nu_{gr}}{kT_S} \right) + 2 \right] \right\}$$

$$I = \nu_{gr}^3 \cdot \sum_{n=1}^{\infty} \left\{ \left(\frac{kT_S}{n \cdot h\nu_{gr}} \right) \cdot e^{-\frac{n \cdot h\nu_{gr}}{kT_S}} \right\} + 2 \cdot \nu_{gr}^2 \cdot \sum_{n=1}^{\infty} \left\{ \left(\frac{kT_S}{n \cdot h\nu_{gr}} \right)^2 \cdot e^{-\frac{n \cdot h\nu_{gr}}{kT_S}} \right\}$$

$$+ 2 \cdot \nu_{gr}^3 \cdot \sum_{n=1}^{\infty} \left\{ \left(\frac{kT_S}{n \cdot h\nu_{gr}} \right)^3 \cdot e^{-\frac{n \cdot h\nu_{gr}}{kT_S}} \right\} . \tag{A1.5}$$

Diese drei geometrischen Reihen können durch ihre Summenwerte näherungsweise ausgedrückt werden

$$I = \nu_{gr}^3 \cdot \left(\frac{kT_S}{h\nu_{gr}}\right) \cdot \left[e^{\frac{h\nu_{gr}}{kT_S}} - \frac{1}{2}\right]^{-1} + 2 \cdot \nu_{gr}^2 \cdot \left(\frac{kT_S}{h\nu_{gr}}\right)^2 \cdot \left[e^{\frac{h\nu_{gr}}{kT_S}} - \frac{1}{4}\right]^{-1}$$

$$+2 \cdot \nu_{gr}^3 \cdot \left(\frac{kT_S}{h\nu_{gr}}\right)^3 \cdot \left[e^{\frac{h\nu_{gr}}{kT_S}} - \frac{1}{8}\right]^{-1} .$$

(A1.6)

Schließlich ergibt sich die Form

$$I = \nu_{gr}^3 \cdot \frac{1}{x^4} \cdot G(x) \quad \text{mit} \quad G(x) = \frac{x^3}{e^x - \frac{1}{2}} + \frac{2x^2}{e^x - \frac{1}{4}} + \frac{2x}{e^x - \frac{1}{8}} , \tag{A1.7}$$

wobei $x = \frac{h\nu_{gr}}{kT_S} = \frac{W_{gr}}{W_S}$ mit $W_S\left(T_S = 5800\ K\right) = 0.50\ eV$ gilt.

A.2 Lösung der Diffusionsgleichung

Die Diffusionsgleichung der Elektronen in der Basis lautet

$$\frac{\partial^2 \Delta n(x)}{\partial x^2} - \frac{\Delta n(x)}{L_n^2} = -\frac{G_0(\lambda)}{D_n} \cdot e^{-\alpha(\lambda)\cdot(x+d_{em})} . \tag{A2.1}$$

Die Randbedingungen für ihre Lösung sind 1.) eine Anhebung der Ladungsträgerkonzentrationen um den BOLTZMANN-Faktor am Rand der Raumladungszone, wobei die Breite der Raumladungszone vernachlässigt werden darf, und 2.) die vollständige Umwandlung des Minoritätsträgerdiffusionsstromes in einen Rekombinationsstrom am rückwärtigen Ende des Bauelementes. Die zugehörigen mathematischen Formulierungen sind

$$RB1: \qquad \lim_{w_p \to 0} \Delta n(x = w_p) = n_{p0}\left(e^{\frac{U}{U_T}} - 1\right),$$ (A2.2a)

$$RB2: \qquad j_{rek}(x = d_{ba}) = j_{n,diff}(x = d_{ba})$$

$$\Leftrightarrow \qquad -q \cdot s_n \cdot \Delta n(x = d_{ba}) = q \cdot D_n \left.\frac{\partial \Delta n(x)}{\partial x}\right|_{x = d_{ba}}$$ (A2.2b)

$$\Leftrightarrow \qquad -s_n \cdot \Delta n(x = d_{ba}) = D_n \left.\frac{\partial \Delta n(x)}{\partial x}\right|_{x = d_{ba}}.$$

Das negative Vorzeichen des Rekombinationsstromes berücksichtigt, dass die technische Stromrichtung den Transport positiver Ladung in x-Richtung mit positivem Vorzeichen verrechnet. Der Diffusionsstrom weist ein positives Vorzeichen auf, da die Elektronenkonzentration in x-Richtung wegen der Rekombination am Rückseitenkontakt abnimmt. Die allgemeine Lösung setzt sich aus der partikulären Lösung und der Lösung der homogenen Differentialgleichung zusammen

$$\Delta n(x) = \Delta n(x)^{allg.} = \Delta n(x)^{homogen} + \Delta n(x)^{partikulär}.$$ (A2.3)

Für die partikuläre Lösung wählt man den Ansatz

$$\Delta n(x)^{partikulär} = C_n \cdot e^{-\alpha(\lambda) \cdot (x + d_{em})}.$$ (A2.4)

Durch Differentiation und Einsetzen erhält man die partikuläre Lösung

$$\Delta n(x)^{partikulär} = \frac{G_o(\lambda)\,\tau_n}{1 - \alpha(\lambda)^2\,L_n^2} \cdot e^{-\alpha(\lambda) \cdot (x + d_{em})}.$$ (A2.5)

Der Lösungsansatz der homogenen DGL. wird mit Exponentialfunktionen formuliert

$$\Delta n(x)^{homogen} = C_1 \cdot e^{-x/L_n} + C_2 \cdot e^{x/L_n}.$$ (A2.6)

Somit lautet der Lösungsansatz für die allgemeine DGL

$$\Delta n(x) = C_1 \cdot e^{-x/L_n} + C_2 \cdot e^{x/L_n} + \frac{G_o(\lambda)\,\tau_n}{1-\alpha(\lambda)^2\,L_n^2} \cdot e^{-\alpha(\lambda)\cdot(x+d_{em})} \quad . \tag{A2.7}$$

Die Konstanten C_1 und C_2 können durch Einsetzen in die Randbedingungen bestimmt werden. Die Randbedingung 1 liefert

$$C_1 + C_2 + \frac{G_o(\lambda)\,\tau_n}{1-\alpha(\lambda)^2\,L_n^2} \cdot e^{-\alpha(\lambda)\cdot d_{em}} = n_{p0} \cdot \left(e^{\frac{U}{U_T}} - 1 \right) \tag{A2.8a}$$

und Randbedingung 2 (mit $d_{SZ} = d_{em} + d_{ba}$)

$$s_n\,C_1\,e^{-d_{ba}/L_n} + s_n\,C_2\,e^{d_{ba}/L_n} + s_n \frac{G_o(\lambda)\,\tau_n}{1-\alpha(\lambda)^2\,L_n^2} \cdot e^{-\alpha(\lambda)\cdot d_{SZ}}$$

$$= \frac{D_n}{L_n} \cdot C_1\,e^{-d_{ba}/L_n} - \frac{D_n}{L_n} \cdot C_2\,e^{d_{ba}/L_n} + D_n\,\alpha(\lambda) \frac{G_o(\lambda)\,\tau_n}{1-\alpha(\lambda)^2\,L_n^2} \cdot e^{-\alpha(\lambda)\cdot d_{SZ}} \quad . \tag{A2.8b}$$

Dies sind zwei Gleichungen mit zwei Unbekannten, die nach C_1 und C_2 aufgelöst werden können. Man erhält relativ umfangreiche Ausdrücke, die sich jeweils aus einem ersten spannungsabhängigen Term und einem zweiten von der Bestrahlungsstärke abhängigen Term zusammensetzen

$$
\begin{aligned}
C_1 ={}& \frac{n_{p0}\left(\dfrac{D_n}{L_n}+s_n\right)\cdot e^{d_{ba}/L_n}\cdot\left(e^{\frac{U}{U_T}}-1\right)}{\left(\dfrac{D_n}{L_n}+s_n\right)\cdot e^{d_{ba}/L_n}+\left(\dfrac{D_n}{L_n}-s_n\right)\cdot e^{-d_{ba}/L_n}} \\[2em]
&+\frac{G_0(\lambda)\,\tau_n}{1-\alpha(\lambda)^2 L_n^2}\cdot\frac{\left(s_n-D_n\cdot\alpha(\lambda)\right)\cdot e^{-\alpha(\lambda)\cdot d_{SZ}}-\left(\dfrac{D_n}{L_n}+s_n\right)\cdot e^{d_{ba}/L_n-\alpha(\lambda)\cdot d_{em}}}{\left(\dfrac{D_n}{L_n}+s_n\right)\cdot e^{d_{ba}/L_n}+\left(\dfrac{D_n}{L_n}-s_n\right)\cdot e^{-d_{ba}/L_n}},
\end{aligned}
$$

$$
\begin{aligned}
C_2 ={}& \frac{n_{p0}\left(\dfrac{D_n}{L_n}-s_n\right)\cdot e^{-d_{ba}/L_n}\left(e^{\frac{U}{U_T}}-1\right)}{\left(\dfrac{D_n}{L_n}+s_n\right)\cdot e^{d_{ba}/L_n}+\left(\dfrac{D_n}{L_n}-s_n\right)\cdot e^{-d_{ba}/L_n}} \\[2em]
&+\frac{G_0(\lambda)\,\tau_n}{1-\alpha(\lambda)^2 L_n^2}\cdot\frac{\left(D_n\cdot\alpha(\lambda)-s_n\right)\cdot e^{-\alpha(\lambda)\cdot d_{SZ}}-\left(\dfrac{D_n}{L_n}-s_n\right)\cdot e^{-d_{ba}/L_n-\alpha(\lambda)\cdot d_{em}}}{\left(\dfrac{D_n}{L_n}+s_n\right)\cdot e^{d_{ba}/L_n}+\left(\dfrac{D_n}{L_n}-s_n\right)\cdot e^{-d_{ba}/L_n}}.
\end{aligned}
\tag{A2.9}
$$

Mit diesen Koeffizienten kann nun die Überschusselektronenkonzentration bestimmt werden. Dabei werden Exponentialfunktionen in hyperbolische Funktionen umgestellt

$$\Delta n(x) = \frac{n_{p0}\left(\dfrac{D_n}{L_n}+s_n\right)\cdot\left(e^{\frac{U}{U_T}}-1\right)}{2\dfrac{D_n}{L_n}\cosh\dfrac{d_{ba}}{L_n}+2s_n\sinh\dfrac{d_{ba}}{L_n}}\cdot e^{(d_{ba}-x)/L_n}$$

$$+\frac{n_{p0}\left(\dfrac{D_n}{L_n}-s_n\right)\cdot\left(e^{\frac{U}{U_T}}-1\right)}{2\dfrac{D_n}{L_n}\cosh\dfrac{d_{ba}}{L_n}+2s_n\sinh\dfrac{d_{ba}}{L_n}}\cdot e^{-(d_{ba}-x)/L_n}$$

$$+\frac{G_0(\lambda)\,\tau_n}{1-\alpha(\lambda)^2\,L_n^2}\cdot\frac{\left(s_n-D_n\cdot\alpha(\lambda)\right)\cdot e^{-\alpha(\lambda)\,d_{SZ}}-\left(\dfrac{D_n}{L_n}+s_n\right)\cdot e^{d_{ba}/L_n-\alpha(\lambda)\,d_{em}}}{2\dfrac{D_n}{L_n}\cosh\dfrac{d_{ba}}{L_n}+2s_n\sinh\dfrac{d_{ba}}{L_n}}\cdot e^{-x/L_n}\quad .$$

$$+\frac{G_0(\lambda)\,\tau_n}{1-\alpha(\lambda)^2\,L_n^2}\cdot\frac{\left(D_n\cdot\alpha(\lambda)-s_n\right)\cdot e^{-\alpha(\lambda)\,d_{SZ}}-\left(\dfrac{D_n}{L_n}-s_n\right)\cdot e^{-d_{ba}/L_n-\alpha(\lambda)\,d_{em}}}{2\dfrac{D_n}{L_n}\cosh\dfrac{d_{ba}}{L_n}+2s_n\sinh\dfrac{d_{ba}}{L_n}}\cdot e^{x/L_n}$$

$$+\frac{G_0(\lambda)\,\tau_n}{1-\alpha(\lambda)^2\,L_n^2}\cdot e^{-\alpha(\lambda)\cdot(x+d_{em})}$$

$$\text{(A2.10)}$$

Nun wird konsequent zusammengefasst

$$\Delta n(x) = n_{p0}\left(e^{\frac{U}{U_T}}-1\right)\cdot\frac{\dfrac{D_n}{L_n}\cosh\dfrac{d_{ba}-x}{L_n}+s_n\sinh\dfrac{d_{ba}-x}{L_n}}{\dfrac{D_n}{L_n}\cosh\dfrac{d_{ba}}{L_n}+s_n\sinh\dfrac{d_{ba}}{L_n}}+\frac{G_0(\lambda)\,\tau_n}{1-\alpha(\lambda)^2\,L_n^2}\cdot e^{-\alpha(\lambda)\,d_{em}}$$

$$\cdot\left[e^{-\alpha(\lambda)x}+\frac{\left(D_n\cdot\alpha(\lambda)-s_n\right)\cdot e^{-\alpha(\lambda)\,d_{ba}}\cdot\sinh\dfrac{x}{L_n}-\dfrac{D_n}{L_n}\cosh\dfrac{d_{ba}-x}{L_n}-s_n\sinh\dfrac{d_{ba}-x}{L_n}}{\dfrac{D_n}{L_n}\cosh\dfrac{d_{ba}}{L_n}+s_n\sinh\dfrac{d_{ba}}{L_n}}\right]\cdot$$

$$\text{(A2.11)}$$

Mit diesem Ausdruck können wir in die Stromgleichung hineingehen. Wir bilden den Minoritätsträgerstrom an der Raumladungszonengrenze $x = w_p$. Die Raumladungs-zonenweite kann in guter Näherung vernachlässigt werden, so dass $x \rightarrow 0$ gilt:

$$j_{n,diff}(\lambda, U)\Big|_{x=0} = q\, D_n \frac{\partial\, \Delta n(x)}{\partial x}\Bigg|_{x=0} =$$

$$-q\, n_i^2 \frac{D_n}{L_n N_A}\left(e^{U/U_T} - 1\right) \cdot \frac{\dfrac{D_n}{L_n}\sinh\dfrac{d_{ba}}{L_n} + s_n \cosh\dfrac{d_{ba}}{L_n}}{\dfrac{D_n}{L_n}\cosh\dfrac{d_{ba}}{L_n} + s_n \sinh\dfrac{d_{ba}}{L_n}} + \frac{q\, L_n\, G_0(\lambda)}{1 - \alpha(\lambda)^2\, L_n^2} \cdot e^{-\alpha(\lambda)\, d_{em}}$$

$$\cdot \left[-\alpha(\lambda)\, L_n + \frac{\left(D_n \cdot \alpha(\lambda) - s_n\right) \cdot e^{-\alpha(\lambda)\, d_{ba}} + \dfrac{D_n}{L_n}\sinh\dfrac{d_{ba}}{L_n} + s_n \cosh\dfrac{d_{ba}}{L_n}}{\dfrac{D_n}{L_n}\cosh\dfrac{d_{ba}}{L_n} + s_n \sinh\dfrac{d_{ba}}{L_n}} \right].$$

$$(\text{A2.12})$$

A.3 Das Standardspektrum AM1.5global

IEC-Spektrum Norm 904-3 (1989) Teil III , $E_{total} = 100$ mW/cm^2 /CEI89/

$\lambda/\mu m$	E_λ/W/m^2/μm	$\lambda/\mu m$	E_λ/W/m^2/μm	$\lambda/\mu m$	E_λ/W/m^2/μm
0.3050	9.5	0.7400	1211.2	1.5200	262.6
0.3100	42.3	0.7525	1193.9	1.5390	274.2
0.3150	107.8	0.7575	1175.5	1.5580	275.0
0.3200	181.0	0.7625	643.1	1.5780	244.6
0.3250	246.8	0.7675	1030.7	1.5920	247.4
0.3300	395.3	0.7800	1131.1	1.6100	228.7
0.3350	390.1	0.8000	1081.6	1.6300	244.5
0.3400	435.3	0.8160	849.2	1.6460	234.8
0.3450	438.9	0.8237	785.0	1.6780	220.5
0.3500	483.7	0.8315	916.4	1.7400	171.5
0.3600	520.3	0.8400	959.9	1.8000	30.7
0.3700	666.2	0.8600	978.9	1.8600	2.0
0.3800	712.5	0.8800	933.2	1.9200	1.2
0.3900	720.7	0.9050	748.5	1.9600	21.2
0.4000	1013.1	0.9150	667.5	1.9850	91.1
0.4100	1158.2	0.9250	690.3	2.0050	26.8
0.4200	1184.0	0.9300	403.6	2.0350	99.5
0.4300	1071.9	0.9370	258.3	2.0650	60.4
0.4400	1302.0	0.9480	313.6	2.1000	89.1
0.4500	1526.0	0.9650	526.8	2.1480	82.2
0.4600	1599.6	0.9800	646.4	2.1980	71.5
0.4700	1581.0	0.9935	746.8	2.2700	70.2
0.4800	1628.3	1.0400	690.5	2.3600	62.0
0.4900	1539.2	1.0700	637.5	2.4500	21.2
0.5000	1548.7	1.1000	412.6	2.4940	18.5
0.5100	1586.5	1.1200	108.9	2.5370	3.2
0.5200	1484.9	1.1300	189.1	2.9410	4.4
0.5300	1572.4	1.1370	132.2	2.9730	7.6
0.5400	1550.7	1.1610	339.0	3.0050	6.5
0.5500	1561.5	1.1800	460.0	3.0560	3.2
0.5700	1501.5	1.2000	423.6	3.1320	5.4
0.5900	1395.5	1.2350	480.5	3.1560	19.4
0.6100	1485.3	1.2900	413.1	3.2040	1.3
0.6300	1434.1	1.3200	250.2	3.2450	3.2
0.6500	1419.9	1.3500	32.5	3.3170	13.1
0.6700	1392.3	1.3950	1.6	3.3440	3.2
0.6900	1130.0	1.4425	55.7	3.4500	13.3
0.7100	1316.7	1.4625	105.1	3.5730	11.9
0.7180	1010.3	1.4770	105.5	3.7650	9.8
0.7244	1043.2	1.4970	182.1	4.0450	7.5

A.4 Der Absorptionskoeffizient von Silizium für T=300 K

/Gre95/

λ / µm	α / cm^{-1}	λ / µm	α / cm^{-1}	λ / µm	α / cm^{-1}
0.25	$1.84 \cdot 10^6$	0.65	$2.81 \cdot 10^3$	1.05	$1.63 \cdot 10^1$
0.26	$1.97 \cdot 10^6$	0.66	$2.58 \cdot 10^3$	1.06	$1.11 \cdot 10^1$
0.27	$2.18 \cdot 10^6$	0.67	$2.39 \cdot 10^3$	1.07	8.0
0.28	$2.36 \cdot 10^6$	0.68	$2.21 \cdot 10^3$	1.08	6.2
0.29	$2.24 \cdot 10^6$	0.69	$2.05 \cdot 10^3$	1.09	4.7
0.30	$1.73 \cdot 10^6$	0.70	$1.90 \cdot 10^3$	1.10	3.5
0.31	$1.44 \cdot 10^6$	0.71	$1.77 \cdot 10^3$	1.11	2.7
0.32	$1.28 \cdot 10^6$	0.72	$1.66 \cdot 10^3$	1.12	2.0
0.33	$1.17 \cdot 10^6$	0.73	$1.54 \cdot 10^3$	1.13	1.5
0.34	$1.09 \cdot 10^6$	0.74	$1.42 \cdot 10^3$	1.14	1.0
0.35	$1.04 \cdot 10^6$	0.75	$1.30 \cdot 10^3$	1.15	$6.8 \cdot 10^{-1}$
0.36	$1.02 \cdot 10^6$	0.76	$1.19 \cdot 10^3$	1.16	$4.2 \cdot 10^{-1}$
0.37	$6.97 \cdot 10^5$	0.77	$1.10 \cdot 10^3$	1.17	$2.2 \cdot 10^{-1}$
0.38	$2.93 \cdot 10^5$	0.78	$1.01 \cdot 10^3$	1.18	$6.5 \cdot 10^{-2}$
0.39	$1.50 \cdot 10^5$	0.79	$9.28 \cdot 10^2$	1.19	$3.6 \cdot 10^{-2}$
0.40	$9.52 \cdot 10^4$	0.80	$8.50 \cdot 10^2$	1.20	$2.2 \cdot 10^{-2}$
0.41	$6.74 \cdot 10^4$	0.81	$7.75 \cdot 10^2$	1.21	$1.3 \cdot 10^{-2}$
0.42	$5.00 \cdot 10^4$	0.82	$7.07 \cdot 10^2$	1.22	$8.2 \cdot 10^{-3}$
0.43	$3.92 \cdot 10^4$	0.83	$6.47 \cdot 10^2$	1.23	$4.7 \cdot 10^{-3}$
0.44	$3.11 \cdot 10^4$	0.84	$5.91 \cdot 10^2$	1.24	$2.4 \cdot 10^{-3}$
0.45	$2.55 \cdot 10^4$	0.85	$5.35 \cdot 10^2$	1.25	$1.0 \cdot 10^{-3}$
0.46	$2.10 \cdot 10^4$	0.86	$4.80 \cdot 10^2$	1.26	$3.6 \cdot 10^{-4}$
0.47	$1.72 \cdot 10^4$	0.87	$4.32 \cdot 10^2$	1.27	$2.0 \cdot 10^{-4}$
0.48	$1.48 \cdot 10^4$	0.88	$3.83 \cdot 10^2$	1.28	$1.2 \cdot 10^{-4}$
0.49	$1.27 \cdot 10^4$	0.89	$3.43 \cdot 10^2$	1.29	$7.1 \cdot 10^{-5}$
0.50	$1.11 \cdot 10^4$	0.90	$3.06 \cdot 10^2$	1.30	$4.5 \cdot 10^{-5}$
0.51	$9.70 \cdot 10^3$	0.91	$2.72 \cdot 10^2$	1.31	$2.7 \cdot 10^{-5}$
0.52	$8.80 \cdot 10^3$	0.92	$2.40 \cdot 10^2$	1.32	$1.6 \cdot 10^{-5}$
0.53	$7.85 \cdot 10^3$	0.93	$2.10 \cdot 10^2$	1.33	$8.0 \cdot 10^{-6}$
0.54	$7.05 \cdot 10^3$	0.94	$1.83 \cdot 10^2$	1.34	$3.5 \cdot 10^{-6}$
0.55	$6.39 \cdot 10^3$	0.95	$1.57 \cdot 10^2$	1.35	$1.7 \cdot 10^{-6}$
0.56	$5.78 \cdot 10^3$	0.96	$1.34 \cdot 10^2$	1.36	$1.0 \cdot 10^{-6}$
0.57	$5.32 \cdot 10^3$	0.97	$1.14 \cdot 10^2$	1.37	$6.7 \cdot 10^{-7}$
0.58	$4.88 \cdot 10^3$	0.98	$9.59 \cdot 10^1$	1.38	$4.5 \cdot 10^{-7}$
0.59	$4.49 \cdot 10^3$	0.99	$7.92 \cdot 10^1$	1.39	$2.7 \cdot 10^{-7}$
0.60	$4.14 \cdot 10^3$	1.00	$6.40 \cdot 10^1$	1.40	$2.0 \cdot 10^{-7}$
0.61	$3.81 \cdot 10^3$	1.01	$5.11 \cdot 10^1$	1.41	$1.5 \cdot 10^{-7}$
0.62	$3.52 \cdot 10^3$	1.02	$3.99 \cdot 10^1$	1.42	$8.5 \cdot 10^{-8}$
0.63	$3.27 \cdot 10^3$	1.03	$3.02 \cdot 10^1$	1.43	$7.7 \cdot 10^{-8}$
0.64	$3.04 \cdot 10^3$	1.04	$2.26 \cdot 10^1$	1.44	$4.2 \cdot 10^{-8}$

Anhang B Übungsaufgaben

Insgesamt 20 Übungsaufgaben zur Photovoltaik konzentrieren sich auf mehrere Themen. Zunächst wird die Sonnenstrahlung behandelt, die als Standard-Bestrahlungsstärke und lokal (in Berlin) die Grundlage der Photovoltaik bildet. Weiter werden zwei Aufgaben zur numerischen Berechnung zweidimensionaler Ladungsträger-Verteilungen im Halbleiter-Material behandelt. Schließlich wird eine längere Sequenz von Messungen und Auswertungen an einer Silizium-Solarzelle aus studentischer Fertigung bearbeitet. Zusätzlich gibt es Aufgaben zur Dember-Solarzelle und zum Sixtupel-Bauelement. Die Aufgaben verfolgen die Absicht, den Leser zur Durchführung eigener Rechnungen zu ermutigen.

Aufgabe Ü 2.1 zum Kap. 2
AM-Werte unterschiedlicher Orte in Europa

Aufgabenstellung

Die Weglänge des Sonnenlichtes durch die Atmosphäre ist als *air mass(x)*, abgekürzt *AM(x)*, definiert worden. Dabei wird durch die Winkelfunktion $\sin^{-1}(\gamma)$ des Winkels der (Mittags-) Sonnenhöhe γ über dem Horizont berücksichtigt, um wie vielmal die Weglänge gegenüber dem senkrechten Sonnenstand (Sonne im Zenith mit $\gamma=90°$) verlängert ist:

$$AM(x) \equiv x = 1/\sin(\gamma) \qquad \text{(s. Gl. 2.11).}$$

Besondere Bedeutung haben dabei der Wert $x = 1{,}5$ und die zugehörige Sonnenhöhe $\zeta = \arcsin(1/1{,}5) = 41{,}8°$. Das AM(1,5)-Spektrum ist in einer internationalen Norm als *Standardspektrum* mit seiner Spektralverteilung und integralen Bestrahlungsleistungsdichte festgelegt worden (Anhang A3).

Errechnen Sie für die Mittags-Sonnenhöhe ζ der beiden Sonnenwenden (21.06. und 21.12.) sowie des Frühlings- und Herbstpunktes (21.03. und 21.09.) die AM(x)-Werte für die nachfolgenden Orte mit unterschiedlicher nördlicher Breite B:

Stockholm: B = 59,35°; Berlin: B = 52,5°; Wien: B = 48,25°; Nizza: B = 43,65°;
Rom: B = 41,8°; Athen: B = 38,0°.

Errechnen Sie für die genannten Orte den *mittleren Jahres-AM(x)-Wert* und überlegen Sie, welcher der genannten Orte dem Standard-AM(1,5)-Wert am ehesten entspricht.

Lösung

Wir errechnen die Aufgabenteile für die 6 Orte mittels einer 6x6-Matrix $M_{m,n}$ mit $m = 0...5$ und $n = 0...5$. Weiter gilt für den Neigungswinkel der Erdbahn zur Ekliptik $\varepsilon = 23,45°$. Der Umrechnungsfaktor k der Sonnenhöhe errechnet aus der Grad-Skala das Bogenmaß mit $k=2\pi/360$.

Dabei gilt für die geographische Breite der 6 Orte $B_n = M_{0,n}$,

für die Winter-Sonnenhöhe $M_{1,n} = \zeta_1 = 90°- (B_n+\varepsilon)$ und den AM-Wert der Winter-Sonnenwende $M_{3,n} = \sin^{-1}(M_{1,n}\cdot k)$, für die Sommer-Sonnenhöhe $M_{2,n} = \zeta_2 = 90°+(B_n+\varepsilon)$ und den AM-Wert der Sommer-Sonnenwende $M_{4,n} = \sin^{-1}(M_{2,n}\cdot k)$.

Schließlich formulieren wir das Jahresmittel des AM(x)-Wertes zur Mittagszeit als $M_{5,n}$ mit $y = M_{m,n}\cdot k$ (wobei $m = 1$ und 2) durch Integration und Mittelwertbildung (Integral Nr.276, Teubner-Taschenbuch der Mathematik, 2.Auflage, Stuttgart 2003)

$$\overline{AM(x)} = \overline{1/\sin(y)} = \frac{\displaystyle\int_{y=M_{2,n}\cdot k}^{y=M_{1,n}\cdot k}\frac{dy}{\sin(y)}}{\displaystyle\int_{y=M_{2,n}\cdot k}^{y=M_{1,n}\cdot k} dy} = \frac{\ln\left|\dfrac{\tan\left(M_{1,n}\cdot k/2\right)}{\tan\left(M_{2,n}\cdot k/2\right)}\right|}{k\cdot\left(M_{1,n}-M_{2,n}\right)} = M_{5,n} \qquad (B1)$$

Wir erhalten für die Matrix $M_{m,n}$ folgende Werte (Zeilen m, Spalten n mit $m = 0...5$, $n = 0...5$)

	Stockholm	Berlin	Wien	Nizza	Rom	Athen
Breite / °	59,35	52,5	48,25	43,65	41,80	37,98
Winter-Sonnenhöhe / °	7,53	14,38	18,63	23,23	25,08	28,88
Sommer-Sonnenhöhe / °	53,77	60,62	64,87	69,47	71,32	75,12
AM(Winter-Sonnenhöhe)	7,63	4,03	3,13	2,53	2,36	2,07
AM(Sommer-Sonnenhöhe)	1,24	1,15	1,10	1,07	1,06	1,04
AM(Jahresmittel)	2,53	1,90	1,68	**1,51**	1,45	1,30

Dem AM(1,5)-Standardwert am nächsten kommt das Jahresmittel von Nizza.

Aufgabe Ü 2.2 zum Kap. 2
Abschätzung der Solarkonstanten E0 mit einfachen Mitteln

Aufgabenstellung

Schwarzer Kaffee bildet eine Flüssigkeitsoberfläche, welche die Sonnenstrahlung gut absorbiert. Eine flache weiße Porzellanschale sorgt für die nötige Wärmeisolation zur Umgebung.

Wir messen bei klarem, wolkenlosem Himmel mit einem Thermometer die Erwärmung des schwarzen Kaffees im direkten Sonnenlicht innerhalb eines bestimmten Zeitraumes. Luftzug sollte bei der Messung vermieden werden. Nach Möglichkeit sollten keine Gebäude oder Bäume in der Nähe stehen. Mit einem Plastiklöffel wird der Kaffee vorsichtig gerührt.

Gleichzeitig messen wir die Schattenlänge 1 eines senkrecht stehenden Gegenstandes der Höhe h (Stab oder ähnliches), um die Sonnenhöhe γ zu bestimmen.

Im Zeitabstand von einigen Stunden führen wir zwei derartige Messungen durch. Die Ergebnispaare erlauben uns, schwer zu bestimmende Konstanten in den Gleichungen der Auswertung zu eliminieren und die extraterrestrische Solarkonstante E_0 zu bestimmen.

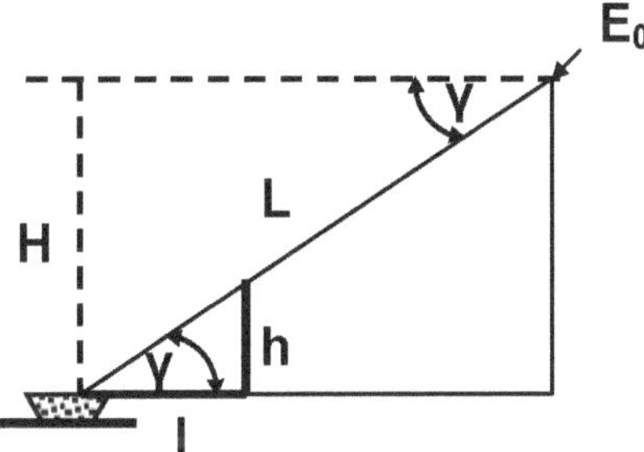

Abb. Ü1:   Zusammenhang zwischen Gegenstandshöhe h, Schattenlänge l und Sonnenhöhe γ für Sonnenstrahlung E_0

Messung und Lösung

200 ml Kaffee in einer Schale mit innerem Durchmesser von d = 12,0 cm erwärmen sich innerhalb von 10 Minuten von der Ausgangstemperatur T_0= 20,0 °C

a. zum Zeitpunkt t_1 auf T_1 = 25,0 °C bei einer Schattenlänge l_1 = 18,0cm,

b. zum Zeitpunkt t_2 auf T_2 = 23,0 °C bei einer Schattenlänge l_2 = 35,0 cm eines Schatten gebenden Gegenstandes der Höhe h = 15,0 cm.

Die dem Kaffee zugeführte Wärmeenergie W beträgt

$$W = m{\cdot}c{\cdot}\Delta T \quad \text{mit der Flüssigkeitsmasse } m = V{\cdot}\rho$$

(Volumen V, spezifisches Gewicht ρ = 1 g/ml, spezifische Wärme c = 4,2 J/g/K und Temperaturdifferenz $\Delta T = T_{1,2} - T_0$) und ergibt für die beiden Zeitpunkte die Werte $W_1(t_1)$ = 4200 J und $W_2(t_2)$ = 2500 J.

Die Wärmemenge W ist dem Kaffee innerhalb von Δt = 10 min = 600 s über seine Oberfläche $A = (d/2)^2 \cdot \pi = 113$ cm^2 zugeführt worden.

Entsprechend errechnen wir eine solare Bestrahlungsstärke S auf der Kaffeetasse von

$$S = W/A/\Delta t \quad \text{mit} \quad S_1 = 0{,}0618 \text{ W/cm}^2 \quad \text{und} \quad S_2 = 0{,}0371 \text{ W/cm}^2.$$

Die Schattenlänge l des Gegenstandes der Höhe h hängt mit der Strahlenlänge L des Sonnenlichtes durch die durchstrahlte und absorbierende Atmosphäre der Höhe H über die beiden ähnlichen Dreiecke mit dem Winkel γ zusammen.

$$\text{Es gilt} \quad \sin(\gamma) = H/L = h/\sqrt{(h^2 + l^2)}, \text{ also } L = H/\sin(\gamma) = H{\cdot}\sqrt{(h^2 + l^2)}\,/h.$$

Die solare Bestrahlungsstärke E_0 wird gemäß dem Lambertschen Gesetz der Absorption beim Atmosphärendurchgang der Länge L dem Absorptionskoeffizienten α entsprechend gedämpft:

$$S = E_0{\cdot}\exp\left(-\alpha{\cdot}L\right) = E_0{\cdot}\exp\left(-\alpha{\cdot}H/\sin(\gamma)\right). \tag{B2}$$

Hier sind α und H unbekannte Größen. Ihr Produkt kann durch zwei unabhängige Messungen 1 und 2 eliminiert werden.

$$\ln(S_1/E_0) = -\alpha{\cdot}H / \sin(\gamma_1);$$

$$\ln(S_2/E_0) = -\alpha{\cdot}H / \sin(\gamma_2).$$

Es entsprechen sich $\sin(\gamma_1){\cdot}\ln(S_1/E_0) = \sin(\gamma_2){\cdot}\ln(S_2/E_0).$

Aufgelöst nach E_0 ergibt sich

$$E_0 = \exp\left[\frac{\sin(\gamma_1) \cdot \ln(S_1) - \sin(\gamma_2) \cdot \ln(S_2)}{\sin(\gamma_1) - \sin(\gamma_2)}\right] \tag{B3}$$

Für unser Beispiel mit $\quad \gamma_1 = \arc\sin (15 / \sqrt{18^2 + 15^2}) = 39{,}8°$ und $S_1 = 0{,}0618 \text{W/cm}^2$

$\qquad$ sowie $\gamma_2 = \arc\sin (15 / \sqrt{35^2 + 15^2}) = 23{,}3°$ und $S_2 = 0{,}0371 \text{W/cm}^2$

errechnen wir für die **Solarkonstante E_0 = 0,140 W/cm^2**.

Dies ist ein Wert, der den exakten Wert von $(136{,}7 \pm 0{,}7)\text{mW/cm}^2$ um weniger als 3% übersteigt.

Bemerkungen zur Messung und Auswertung.

Die hier beschriebene Messung der Temperaturerhöhungen ist nicht sehr genau und vernachlässigt eine ganze Reihe von Messungenauigkeiten (z.B. Reflexion der Kaffee-Oberfläche, Wärmeinhalt der Schale usw.). Bei Wiederholung der Messung zeigen sich starke Streuungen der beobachteten Temperatur ($\pm 0{,}2\text{K}…\pm 0{,}3\text{K}$). Weiterhin schwankt die Dauer Δt der Einstellung der neuen Temperatur θ_2 im Sonnenlicht zwischen 3 und 15 Minuten abhängig von den jeweiligen Witterungsverhältnissen. Die hier angegebenen und ausgewerteten Messergebnisse liegen innerhalb der beobachteten Streuintervalle von Temperatur und Zeit. Sie wurden für die Aufgabe ausgewählt aus zahlreichen Messungen unter dem Gesichtspunkt des Wertes der zu bestimmenden Solarkonstanten. Nicht der exakt ermittelte Wert von E_0 spielt hier die entscheidende Rolle, sondern die Methode seiner Bestimmung.

Aufgabe Ü 2.3 zum Kap. 2
Abschätzung des AM(1,5)-Wertes für Berlin

Aufgabenstellung

Der international verwendete Wert für AM(1,5) beträgt hinsichtlich der solaren Strahlungsleistungsdichte $E_{AM(1,5)} = 1000 \ W/m^2$, und AM(1,5) zeigt das Spektrum der IEC-Norm 904-3 (1989) / Teil III (Anhang A3 zeigt dieses Spektrum). Diese Werte wurden auf der Grundlage von Messungen in Arizona/USA festgelegt und entsprechen den atmosphärischen Verhältnissen dieser ariden Gegend. Zwar ist diese Standardisierung als Basis von Vergleichsmessungen sehr gut verwendbar und wird auch vor allem bei wirtschaftlichen Gesichtspunkten berücksichtigt, jedoch entsprechen weder Strahlungsleistungsdichte noch Spektrum an anderen Punkten der Erde diesen Werten. Ermitteln Sie den Wert $E_{AM1,5}$ für Berlin.

Unsere Aufgabe soll es sein, für Berlin auf der Grundlage der Ergebnisse der Aufgabe Ü 2.2 „Abschätzung der Solarkonstanten E_0 mit einfachen Mitteln" den Berliner Wert der Strahlungsleistungsdichte $E_{AM(1,5)}$ zu ermitteln. Wir benutzen dafür die gleichen Beziehungen, die uns den Wert E_0 verschafft haben.

Lösung

Wir gehen aus von dem Ausdruck $AM(1,5) \sim 1/sin(\gamma_{AM1,5}) = 1.5$.
Damit ermittelten wir bei der Aufgabe Ü 2.2, dass in Berlin beim Winkel $\gamma_1 = 39{,}8°$ die Strahlungsleistungsdichte $S_1=618\ W/m^2$ beträgt.

Aus den beiden Gleichungen der Aufgabe Ü 2.2

$$ln\ (S_1/E_0) = -\ \alpha \cdot H\ /\ sin(\gamma_1) \tag{B4a}$$

$$\text{und}\quad ln\ (S_2/E_0) = -\ \alpha \cdot H\ /\ sin(\gamma_2) \tag{B4b}$$

gewinnen wir mit $S_2=E_{AM1,5}$ und $\gamma_2 = \gamma_{AM1,5}$ den Ausdruck

$$E_{AM1,5} = E_0 \cdot exp[(sin(\gamma_1)/sin(\gamma_{AM1,5})) \cdot ln(S_1/E_0)]. \tag{B5}$$

Wir benötigen lediglich noch $\gamma_{AM1,5} = arc\ sin\ (1/1{,}5) = 41.81°$, setzen diesen Wert in die vorangehende Gleichung ein und ermitteln

$$E_{AM1,5}\ (Berlin) = 638\ W/m^2.$$

Der ermittelte Wert ist sehr viel geringer als der Standard-Wert von $1000\ W/m^2$. Er entspricht damit der sehr viel geringeren optischen Transparenz der Berliner Atmosphäre verursacht durch Aerosole und vor allem Wasserdampf gegenüber den Verhältnissen im Wüstenstaat Arizona. Wir haben in Aufgabe Ü 2.4 eine Möglichkeit zur Überprüfung und Verbesserung.

Aufgabe Ü 2.4 zum Kap. 2
Tägliche Sonnenbahn und solare Bestrahlungsstärke sowie Tages- und Jahressummen der Sonnenenergie auf einer Horizontalfläche an einem Ort wie Berlin

Vorbemerkungen

Diese Aufgabe erfordert den Gebrauch der Regeln der *sphärischen Trigonometrie*. Dabei geht es um die Beschreibung des scheinbaren Sonnenlaufs an einem Tag und seiner Veränderung über das Jahr hinweg. Als Bezugswert der lokalen Bestrahlungsstärke sollte dabei der in Aufgabe Ü 2.3 gefundene AM(1,5)-Wert für Berlin von 638 W/m^2 dienen. Am Schluss ist ein Vergleich mit der empirisch bekannten langfristigen Jahressumme normal-einfallender solarer Energie in Berlin von W_a(Berlin)=1050 $kWh/m^2/a$ möglich („normal" = senkrecht zur Sonneneinstrahlung, Index a weist auf engl.: *annual* / jährlich hin) ebenso wie eine Verbesserung des ermittelten Wertes.

Aufgabenstellung

1.) Das sogen. *Nautische Dreieck* (Abb. Ü2) aus Himmelspol (P) / Zenit (Z) / Sonne (S) wird durch die Koordinaten der Sonne *im Horizontsystem Azimut (a) und Höhe (h)* sowie im Äquatorsystem *Stundenwinkel ω und Deklination δ* beschrieben. Damit sind Winkel und Seiten des Dreiecks PZS definiert, und es kann der *Seiten-Kosinussatz der Sphärischen Trigonometrie* auf PZS angewendet werden.

$$cos(s) = cos(b)\cdot cos(c) + sin(b)\cdot sin(c)\cdot cos(\sigma) \tag{B6}$$

Die Seiten werden durch s, b und c sowie der Gegenwinkel zu s durch σ bezeichnet.

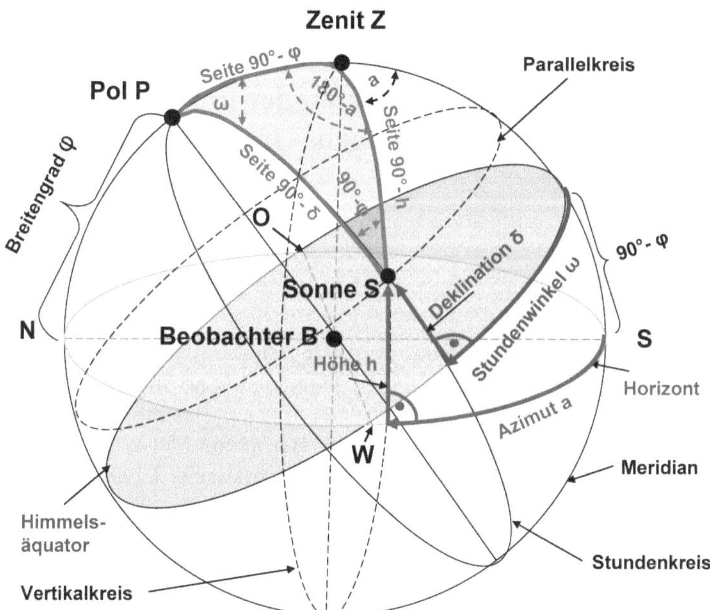

Abb. Ü2:   Beschreibung der Sonnenposition S durch die Parameter der Sphärischen Trigonometrie im Nautischen Dreieck Pol (P) / Zenit (Z) / Sonne (S), kurz im PZS-Dreieck.

Damit lassen sich in Berlin (nördl. Breite φ = 52,5°, östl. Länge λ = 13,2°) Höhe h und Azimut a der Sonne ausdrücken (s. Abb. Ü2). Entsprechend Aufgabe Ü 2.2 ist die *normale solare Bestrahlungsstärke* senkrecht zur Einfallsrichtung der Strahlung (also in Richtung von der Sonne zum Beobachter) auszudrücken. Die *horizontale solare Bestrahlungsstärke* schließlich wird durch Multiplikation mit sin(h) berücksichtigt.

Für einen einzelnen Tag im Jahr (z.B. Sommersonnenwende) wird die horizontale solare *Bestrahlungsstärke* E_d als Diagramm $E_d(t)$ dargestellt (als Abhängigkeit von der Zeit t), ebenso werden Maximal- und Minimalwert der Energie-Tagessumme W_d für Sommer- und Wintersonnenwende ermittelt. Einen Ausdruck für die Jahressumme der Energie W_a errechnet man, wenn man sämtliche Tagessummen ermittelt und über das Jahr aufsummiert. Dabei unterscheide man zwischen horizontaler und normaler Bestrahlung. Man vergleiche diese Werte $E_{a,horizontal}$ und $E_{a,normal}$ und bewerte sie im Lichte der empirischen Jahressumme $E_{a,empirisch}$(Berlin)=1050 kWh/m²/a.

Aufgabenlösung

1.) Man gewinnt aus dem *Nautischen Dreieck* die Beziehung

$$\cos\left(90° - \delta\right) = \cos\left(90° - h\right)\cdot\cos\left(90° - \varphi\right) + \sin\left(90° - h\right)\cdot\sin\left(90° - \varphi\right)\cdot\cos\left(180° - a\right) \quad \text{(B7)}$$

und wandelt sie um in die Gleichung (man beachte den Vorzeichenwechsel)

$$\sin\left(\delta\right) = \sin\left(h\right)\cdot\sin\left(\varphi\right) - \cos\left(h\right)\cdot\cos\left(\varphi\right)\cdot\cos\left(a\right) \quad \text{(B8)}$$

Hieraus ermittelt man die Lösungsgleichung für das ***Sonnenazimut a***

$$\cos\left(a\right) = \frac{\sin\left(h\right)\cdot\sin\left(\varphi\right) - \sin\left(\delta\right)}{\cos\left(h\right)\cdot\cos\left(\varphi\right)} \quad \text{(B9)}$$

Auf gleiche Weise errechnet man die ***Sonnenhöhe h*** aus dem Nautischen Dreieck

$$\cos\left(90° - h\right) = \cos\left(90° - \varphi\right)\cdot\cos\left(90° - \delta\right) + \sin\left(90° - \varphi\right)\cdot\sin\left(90° - \delta\right)\cdot\cos\left(\omega\right) \quad \text{(B10)}$$

und verwandelt sie mit Hilfe der bekannten Reduktionsformeln in die Gleichung

$$\sin\left(h\right) = \sin\left(\varphi\right)\cdot\sin\left(\delta\right) + \cos\left(\varphi\right)\cdot\cos\left(\delta\right)\cdot\cos\left(\omega\right) \quad \text{(B11)}$$

So verfügen wir nun über Beziehungen für Azimut a und Höhe h der Sonne auf der Grundlage der geographischen Breite φ, der Deklination δ und des Stundenwinkels ω. Man wird also zweckmäßigerweise aus Gl. B11 zunächst die Höhe h und dann mit Gl. B9 das Azimut a errechnen.

2.) Um **Sonnenbahn-Diagramme** zu zeichnen, sind für die von der Zeit t abhängigen Parameter h(t) und a(t) nun entsprechende Größen zu formulieren. Für die Ekliptik ε, die Neigung der Ebene des Himmelsäquators zu derjenigen der Sonnenbahn, gilt ε = 23,45°. Bezugswerte für Berlin sind φ = 52,5° und λ = 13,2°, ebenso die Mitteleuropäische Zeit MEZ = 12,00h. Als Umwandlungsfaktoren dienen beim Bogenmaß k = 2·π/360 sowie bei der Stundenzahl l = 2·π/24. Die T Tage eines Jahres (0≤T≤365) sind auf 360° umzurechnen mittels J = 360·T/365. So ermittelt man für die Sommersonnenwende am 21.Juni den Tag T = 172, für die Wintersonnenwende am 21. Dezember den Tag T = 355. Für die tagesabhängige **Deklination** *δ(T)* mit dem Beginn bei der Sommersonnenwende erhält man

$$\delta(T) = \varepsilon \cdot \cos\left[k \cdot J(T)\right] \tag{B12}$$

Die mittlere Ortszeit MOZ entsteht aus der Mitteleuropäischen Zeit MEZ

$$MOZ(t) = MEZ(t) - 24h/360° \cdot [15°\text{-}\lambda] \tag{B13}$$

Mit MOZ gewinnt man den **Stundenwinkel** ω(t) (s. Abb. Ü2), für den man z.B. alle 15 Minuten einen Wert für den Zeitpunkt t ermittelt,

$$\omega(t) = \left(\frac{2 \cdot \pi}{24}\right) \cdot \left[\left(12{,}00 - MOZ(t)\right) + t\right] \tag{B14}$$

So errechnet man nun die **Sonnenhöhe h(t,T)** zum Zeitpunkt t und am Tage T in Berlin

$$h(t,T) = \arcsin\left[\cos\left(\omega(t)\right) \cdot \cos\left(k \cdot \varphi\right) \cdot \cos\left(k \cdot \delta(T)\right) + \sin\left(k \cdot \varphi\right) \cdot \sin\left(k \cdot \delta(T)\right)\right] \tag{B15}$$

und das **Sonnenazimut a(t,T)** (das mehrdeutige Vorzeichen von arccos(ω(t)) wird durch die beiden Summanden in Gl. B16 berücksichtigt, weiterhin sind der Übersichtlichkeit halber die Abhängigkeiten von t und T in Gl. B15 weggelassen).

$$a(t,T) = \left[\pi - \arccos\left(\frac{\sin(h)\cdot\sin(k\cdot\varphi) - \sin(k\cdot\delta)}{\cos(h)\cdot\cos(k\cdot\varphi)}\right)\right]\cdot(\omega \leq \pi) +$$

$$+\left[\pi + \arccos\left(\frac{\sin(h)\cdot\sin(k\cdot\varphi) - \sin(k\cdot\delta)}{\cos(h)\cdot\cos(k\cdot\varphi)}\right)\right]\cdot(\omega \geq \pi) \tag{B16}$$

Es ergeben sich Diagramme der täglichen Sonnenbahn wie in Abb. Ü3.

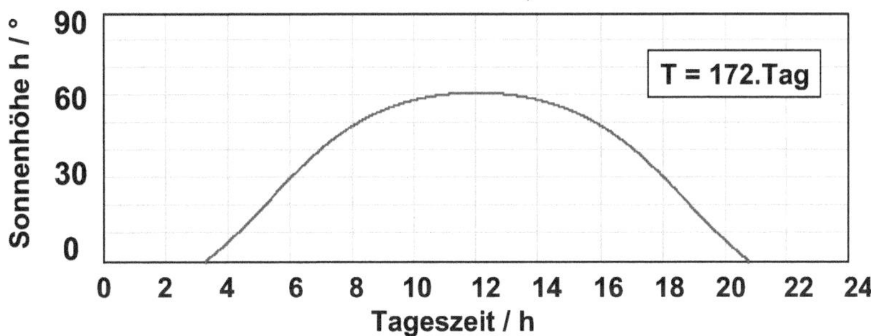

Abb. Ü3:   Sonnenbahndiagramm für Berlin am 172.Tag des Jahres (d.h. am 21.Juni = Sommersonnenwende). Die Höhe h der Sonne ist als Funktion ihres Azimuts a errechnet und über der Tagesstunde aufgetragen. Der Maximalwert von h am 21.6. beträgt 60,62° (s. Ü 2.1).

3.) Die **solare Bestrahlungsstärke E(t,T)** auf einer horizontalen Fläche auf dem Erdboden im Verlaufe der Tageszeit t am Tage T gewinnt man mit den Bezugswerten für $E_{AM1,5}$(Berlin) = 638 W/m^2 (s. Aufgabe Ü 2.3) bei der Sonnenhöhe $h_{AM1,5}$ = arcsin(1/1,5)=41,81° und für die Solarkonstante E_0 = 1367 W/m^2 . Man formuliert Gl. B1 wiederum in der Form

$$\sin\left[h(t,T)\right]\cdot\ln\left(\frac{E(t,T)}{E_0}\right) = \sin\left(h_{AM1,5}\right)\cdot\ln\left(\frac{E_{AM1,5}(Berlin)}{E_0}\right) \tag{B17}$$

und löst auf nach E(t,T)

$$E(t,T) = E_0 \cdot \exp\left[\left(\frac{\sin(h_{AM1,5})}{\sin\left[h(t,T)\right]}\right)\cdot\ln\left(\frac{E_{AM1,5}(Berlin)}{E_0}\right)\right] \tag{B18}$$

Für die **solare Bestrahlungsstärke E$_{horizontal}$(t,T)** auf einer horizontalen Fläche kommt noch der Faktor sin[h(t,T)] hinzu

$$E_{horizontal}\left(t,T\right) = E_0 \cdot \exp\left[\left(\frac{\sin(h_{AM1,5})}{\sin\left[h\left(t,T\right)\right]}\right) \cdot \ln\left(\frac{E_{AM1,5}(Berlin)}{E_0}\right)\right] \cdot \sin\left[h\left(t,T\right)\right]. \quad (B19)$$

Damit zeichnet man ein Diagramm der Sonnenleistung als Funktion der Zeit t für den Tag T im Jahr.

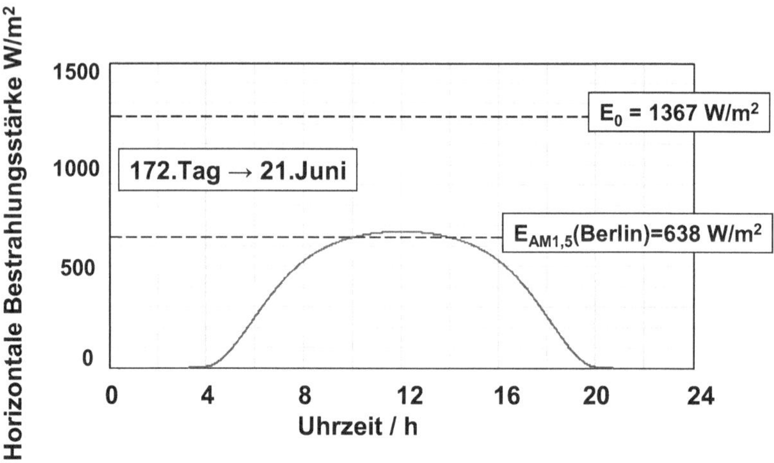

Abb. Ü4:   Horizontale Bestrahlungsstärke E$_{horizontal}$ als Funktion der Uhrzeit t der Sonne in Berlin am 21.Juni (172.Tag). Eingezeichnet sind ferner die Solarkonstante E$_0$ und der nach Aufgabe Ü 2.3 errechnete Berliner Wert für E(AM1,5).

4.) Die **solare Energiedichte W$_a$(T) für den Jahreslauf der Sonne** errechnet man mit Gl. B19. Die Energiedichte W$_d$ jedes einzelnen Tages (Index d von lat. *dies* / der Tag) gewinnt man zunächst durch Summation der Produkte aus solarer Bestrahlungsstärke E$_{horizontal}$(t,T) und zugeordneten Zeitintervallen Δt für die jeweilige Zeit t, z.B. in Abständen von 15 Minuten über den ganzen Tag. Die Abb. Ü5 zeigt das Ergebnis dieser Analyse für W$_d$ (T) in Berlin.

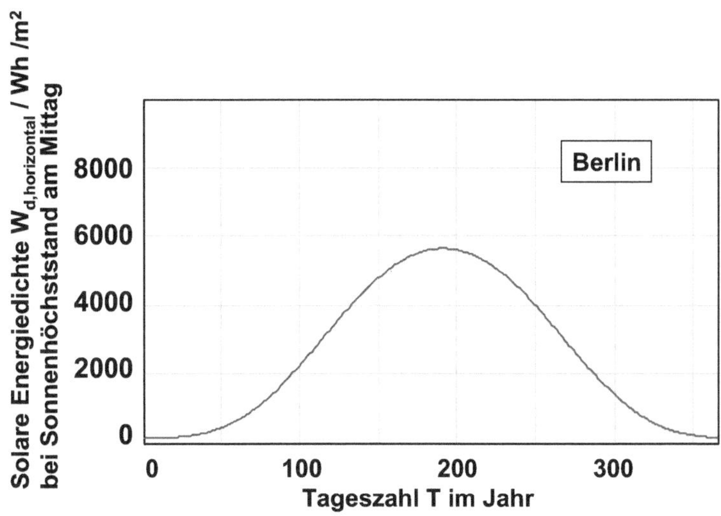

Abb. Ü5:   Horizontale solare Energiedichte $W_{d,horizontal}$ für die 365 Tage des Jahres in Berlin.
Maximalwert W_d (21.Juni) = 5630 Wh/m^2/d,
Minimalwert W_d (21.Dezember) = 124 Wh/m^2/d.

5.) Nun benötigt man nur noch eine Summation über die solaren Energiedichten $W_{d,horizontal}$ entsprechend Gl. B19 an allen 365 Tagen des Jahres für die **Jahressumme der solaren Energiedichte.** Dafür müssen alle Tageswerte $W_{d,horizontal}$ aufsummiert werden. Man erhält als Ergebnis für die Jahressumme solarer Energie in Berlin auf *horizontaler* Fläche $W_{a,horizontal}$ = *931 kWh/m^2/a.*

Der Vergleich mit dem langjährigen empirischen Wert normaler Strahlung $W_{a,empirisch}$ = 1050 kWh/m^2/a zeigt, dass unser Ergebnis um 12% unter dem empirischen Wert liegt. Damit ist die experimentell für die horizontale Fläche ermittelte Bestrahlungsstärke $E_{AM1,5}$(Berlin) = 638 W/m^2, die dieser Rechnung für die Jahressumme als Bezug dient, prinzipiell durch die Größenordnung des Wertes der Energie $W_{a,horizontal}$ bestätigt. Der Wert $E_{AM1,5}$(Berlin) = 638 W/m^2 wurde an einem sommerlichen Sonnentag in einem Garten mit Bäumen und nicht im Freiland bestimmt (Aufgabe Ü 2.2/2.3).

Die Abweichung von 12% lässt sich insofern für eine Verbesserung des Wertes für $E_{AM1,5}$ nach Aufgabe Ü 2.3 verwenden. Man ermittelt schließlich den verbesserten Wert **$E_{AM1,5}$ (Berlin) = 712 W/m^2.**

Aufgabe Ü 3.1 zum Kap. 3
Dember-Solarzelle

Aufgabenstellung

Neben dem Vorzeichen der Ladung ist der wichtigste Unterschied von Elektronen und Löchern im Halbleiter Silizium ihre unterschiedliche Beweglichkeit ($\mu_n \approx 1200$ cm^2/V/s; $\mu_p \approx 400$ cm^2/V/s). Entwerfen Sie eine Dember-Solarzelle, die die **Differenz der Beweglichkeiten** ausnutzt, aus homogenem p-Silizium ($N_A \approx 10^{16}$ cm^{-3}) mit der sonnenbestrahlten Fläche von 1 cm^2 und der Probendicke L = 300 μm (Diffusionslänge der Ladungsträger 75 μm).

Errechnen Sie aus dem Unterschied der Diffusionsströme beider Ladungsträger die Dember-Spannung U_{dember}, die für die Trennung der solaren Überschussladungsträger verantwortlich ist. Berücksichtigen Sie dabei, dass im homogenen Halbleiter elektrische Felder nur für Trägerdichten entstehen, die über die Gleichgewichtsdichte der Majoritätsträger hinausgehen. Überlegen Sie deshalb, ob die Dember-Solarzelle im konzentrierten Sonnenlicht betrieben werden muss (z.B. 100 x AM1,5). Errechnen Sie weiterhin den Photostrom I_{ph}, der durch die Dember-Spannung im Halbleiter fließt. Zeichnen Sie die Generator-Kennlinie und finden Sie den MPP ($\sim$ _maximum_ _power_ _point_). Schätzen Sie den Wandlungswirkungsgrad η der Dember-Solarzelle ab.

Wie erklären Sie sich das industrielle Desinteresse an der Dember-Solarzelle angesichts des offensichtlichen Herstellungsvorteiles, ohne Hochtemperaturverfahren zur Herstellung eines pn-Überganges eine Solarzelle zu fertigen?

Lösung

Ansatz

Ausgangspunkt sind die Stromgleichungen für beide Trägerarten im homogenen Halbleitermaterial

$$j_p(x) = q\mu_p p(x)E(x) - qD_p\,grad(p(x)) \tag{B20a}$$

$$j_n(x) = q\mu_n n(x)E(x) + qD_n\,grad(n(x)) \tag{B20b}$$

Addiert zu j_{ges} und nach der Feldstärke E(x) aufgelöst ergibt sich in eindimensionaler Formulierung

$$E(x) = \frac{j_{ges}}{q\big(\mu_p\, p(x) + \mu_n n(x)\big)} - \frac{D_n\, dn(x)/dx - D_p\, dp(x)/dx}{\mu_n n(x) + \mu_p p(x)}\ .$$

(B21)

Damit gewinnt man als 2.Summanden die **Dember-Feldstärke** $E_{dember} = E(j_{ges}{=}0)$ und bei deren Verschwinden die Photostrom-Dichte j_{ph}

$$j_{ges}{=}0 \qquad E_{dember}(x) = -\frac{D_n dn(x)/dx - D_p dp(x)/dx}{\mu_n\, n(x) + \mu_p\, p(x)}$$

(B22)

$$E_{dember}(x){=}0 \qquad j_{ph} = q[D_n dn(x)/dx - D_p dp(x)/dx]$$

(B23)

Schließlich auch die Dember-Spannung U_{dember} und den Photostrom I_{ph}

$$U_{dember} = \int\limits_{x=0}^{L} E(x)dx = -\int\limits_{0}^{L} \frac{D_n(dn(x)/dx) - D_p(dp(x)/dx)}{\mu_n n(x) + \mu_p p(x)}\, dx$$

(B24)

Annahmen: $n(x) \sim p(x);\quad (dn(x)/dx) \sim (dp(x)/dx)$ sowie **Hochinjektion** (100 x AM 1,5)

$$U_{dember} \approx -\int\limits_{0}^{L}\frac{D_n - D_p}{\mu_n + \mu_p}\frac{dn(x)/dx}{n(x)}\, dx = -\frac{D_n - D_p}{\mu_n + \mu_p}\int\limits_{0}^{L}\frac{dn(x)}{n(x)} = -\frac{D_n - D_p}{\mu_n + \mu_p}\ln\!\left[\frac{n(x=L)}{n(x=0)}\right]$$

(B25)

$$U_{dember} \approx \frac{D_n - D_p}{\mu_n + \mu_p}\ln\!\left[\frac{n(x=0)}{n(x=L)}\right]$$

$$I_{ph} = A \cdot q \cdot \left(D_n - D_p \right) \cdot \left(\frac{dn}{dx} \right)$$

Zahlen für ein Beispiel:

Dotierung N_A = $1{,}0 \cdot 10^{16}$ cm^{-3}; Sonneneinstrahlung AM(1,5) ~ 0.1 W/cm^{-2} ~ $2{,}6 \cdot 10^{14}$ cm^{-3} (s. Kap. 3.5, Gl.3.39 u.f.): ohne Konzentration der Bestrahlungsstärke bleibt die Dichte der Ladungsträger in schwacher Injektion und damit ohne Dember-Feldstärke. Insofern wird 100-fache Konzentration angenommen, um die Überschussdichte beider Ladungsträgersorten über den Gleichgewichtswert der Majoritätsträger von $1{,}0 \cdot 10^{16}$cm^{-3} zu steigern auf 100·AM(1,5) ~ $2{,}6 \cdot 10^{16}$ cm^{-3}

Wir verwenden die Korrelation zwischen Diffusionskonstante D und Beweglichkeit μ in der Form $\mu = (k \cdot T/q) \cdot D$.

$$\frac{D_n - D_p}{\mu_n + \mu_p} \approx 0{,}0125 V \quad ; \quad \ln\left[\frac{n(0) = 2{,}6 \cdot 10^{16}}{n(L) = 1{,}0 \cdot 10^{16}} \right] = 0{,}9555 \quad ; \quad U_{dember} (100 \times AM1{,}5) \sim 0{,}012 V$$

Beim Photostrom I_{ph} spielt der Diffusionsgradient beider Teilchenarten, der in Näherung als gleich angesetzt wird, die entscheidende Rolle. Der Differentialquotient wird durch den Differenzenquotienten approximiert, es gilt $\Delta x = L$.

$$\frac{dn}{dx} \approx \frac{\Delta n}{\Delta x} = \frac{\left(2{,}6 \cdot 10^{16} - 1{,}0 \cdot 10^{16} \right) cm^{-3}}{3{.}10^{-2} cm} = 5{,}3{.}10^{17} cm^{-4}$$

$$I_{ph} \approx 1\, cm^2 \left(30 - 10 \right) \frac{cm^2}{s} \cdot 5{,}3 \cdot 10^{17}\, cm^{-4} \cdot 1{,}6 \cdot 10^{-19}\, As \approx 1{,}7\, A$$

Abschätzung des Wirkungsgrades η

Dafür wird die Lage des Arbeitspunktes größter Leistung MPP (engl.: *maximum power point*) benötigt, der durch das größte Rechteck innerhalb des durch die Werte U_{dember} und I_{ph} und den Koordinatenursprung beschriebenen Dreieckes gebildet wird.

$$P_{max} = \tfrac{1}{4} \cdot U_{dember} \cdot I_{ph} = \tfrac{1}{4} \cdot 0{,}012V \cdot 1{,}7A \sim 51 \cdot 10^{-4}\ W \qquad \text{(B26)}$$

$$\eta = 51 \cdot 10^{-4}\ W\ /\ 100 \cdot 0{,}1\ W = 0{,}05\,\% \qquad \text{(B27)}$$

Auf den Vorfaktor ¼ wird weiter unten eingegangen. Aus dem geringen Wirkungsgrad selbst bei 100-facher Konzentration des Sonnenlichtes erklärt sich das geringe Interesse für eine industrielle Umsetzung von Dember-Solarzellen.

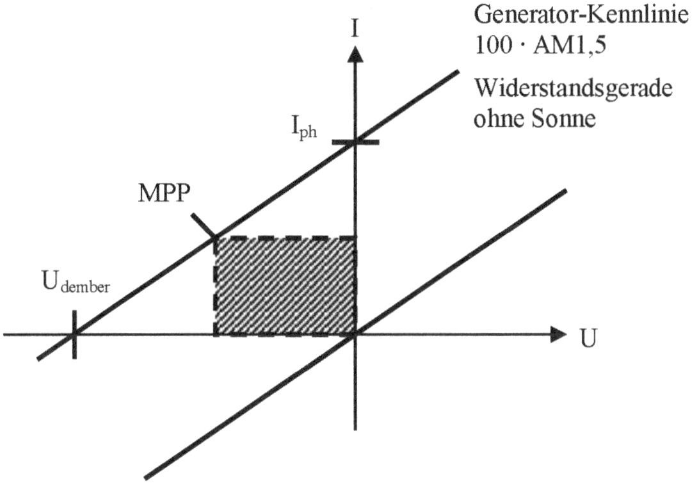

Abb. Ü6:   Generator-Kennlinie der Dember-Solarzelle mit MPP

Ohne Sonneneinstrahlung beschreibt die I(U)-Kennlinie des Dember-Elementes eine Widerstandsgerade. Diese verschiebt sich parallel zu sich selbst und wird zur Generator-Kennlinie, sowie durch Sonneneinstrahlung eine Dember-Spannung $U(I{=}0) = U_{dember}$ entsteht, die einen Photostrom $I(U{=}0) = I_{ph}$ erzeugen kann. Der Maximum Power Point (MPP) beschreibt den Arbeitspunkt auf der Generator-Kennlinie mit dem größten Produkt I·U.

Man errechnet leicht als Extremwert-Aufgabe, dass das größte in ein rechtwinkliges Dreieck vom rechten Winkel her einbeschriebenes Rechteck die Seitenlängen der halben Katheten hat, also seine Fläche ½ der Dreiecksfläche und ¼ des Produktes der beiden Katheten $I_{ph} \cdot U_{Dember}$ beträgt.

Aufgabe Ü 3.2 zum Kap. 3
Zweidimensionale numerische Lösung der Differentialgleichung der Ladungsträger-Diffusion

Aufgabenstellung

Es soll die zweidimensionale Diffusionsgleichung der Minoritätsladungsträger mit Rand-bedingungen für einen Mikrokristall einer polykristallinen Solarzelle numerisch gelöst werden. Als eindimensionale Gleichung wurde sie bereits analytisch gelöst (Gln. 3.24 – 3.36).

Numerische Lösung

Zur mehrdimensionalen Beschreibung von Ladungsträger-Konzentrationen und Stromdichten werden numerische Lösungen der 2-dimensionalen Diffusionsgleichung verwendet, mit deren Hilfe – meistens einfacher als mit analytischen Ansätzen – örtliche Verläufe von Dotierungen, Rand-Rekombination usw. berücksichtigt werden können.

Bei der hier verwendeten Methode der finiten Differenzen werden die Ableitungen der zu lösenden Differentialgleichung durch Differenzenquotienten ersetzt. Diese Diskretisierung in n Punkten überführt die Differentialgleichung in n Differenzengleichungen für n Unbekannte.

Für einfache Fälle von Randbedingungen wollen wir eine räumliche Verteilung von photo-voltaisch erzeugten Elektronen $\Delta n(x,y)$ in n Punkten errechnen. Damit sich die Rechnung an jedem Tischrechner überschaubar ausführen lässt, begrenzen wir die betrachtete Zahl von errechneten Werten.

Die partielle Differential-Gleichung der Ladungsträgerdiffusion lautet (s. auch Gl. 6.5)

$$\frac{\partial^2 \Delta n(x,y)}{\partial x^2} + \frac{\partial^2 \Delta n(x,y)}{\partial y^2} - \frac{\Delta n(x,y)}{L_n^2} + \frac{G_0(\lambda) \cdot \exp(-\alpha(\lambda) \cdot (x+d_{em}))}{D_n} = 0 . \tag{B28}$$

Hier werden neben den orthogonalen Koordinaten x und y und den bekannten Größen L_n und D_n

- die Überschussdichte der Elektronen $\Delta n(x,y)$,
- die Generationsrate $G_0(\lambda)$ bei Wellenlänge λ an der Bauelementoberfläche bei x=-d,
- der Absorptionskoeffizient $\alpha(\lambda)$

verwendet.

Als Vorbereitung des Operatoren-Ausdruckes schreibt man für $\Delta n \rightarrow n$ und Indizes anstelle der Ableitungen

$$n_{xx} + n_{yy} + F \cdot n + H = 0 \tag{B29}$$

Weiterhin definiert man den 2. Differenzenquotienten mit der Annahme, dass Koordinate x horizontal und Koordinate y vertikal weisen, und man zum betrachteten Punkt mit dem Index p über entsprechende Nachbarpunkte im Abstandsmaß h mit den Indizes E und W („east" und „west") sowie N und S („north" und „south") gelangt

$$n_{xx} = \frac{n_E - 2 \cdot n_p + n_W}{h^2} \qquad \text{sowie} \qquad n_{yy} = \frac{n_N - 2 \cdot n_p + n_S}{h^2} \tag{B30}$$

Aus der Differentialgleichung der Elektronen-Diffusion B28 entsteht damit die Anzahl p von Differenzengleichungen für p Punkte mit der Anzahl p von Unbekannten n_P

$$\left(4 + \left(\frac{h}{L_n}\right)^2\right) \cdot n_p - n_N - n_W - n_S - n_E - \frac{h^2 \cdot G_0(\lambda) \cdot \exp(-\alpha(\lambda) \cdot (x + d_{em}))}{D_n} = 0 \tag{B31}$$

Dieses Gleichungssystem bedarf nun noch geeigneter Randbedingungen.

Die Mathematik unterscheidet Typen von Randbedingungen, je nachdem, ob es sich um Festlegung der Funktion n_P handelt (Dirichlet-Bedingung) oder ihrer Ableitung (Neumann-Bedingung) oder um eine Summe von beiden (Cauchy-Bedingung). Da es hier um die Erarbeitung der Methodik der numerischen Lösung der Diffusionsgleichung geht und nicht um mathematische Vollständigkeit, beschränken wir uns auf einfache Lösungen vom Dirichlet-Typ.

Wir wollen die flächenhafte Verteilung der Überschusselektronen der Dichte $n(x,y)$ eines Halbleiterbereiches errechnen, der von der Seite beleuchtet wird (aus der Pfeil-Richtung $-x$, s. Abb. Ü7a). Der Bereich ähnelt einer Solarzellenbasis. An drei Rändern herrscht die Dichte $n(x,y = \pm B/2) = 0$ bzw. $n(x = L,y) = 0$. An der lichtzugewandten Seite gilt entweder $n(x=0,y) = 0$ (Kurzschluss) oder aber $n(x=0,y) = n(x=h,y)$ (Leerlauf). Wir beschränken uns hier auf den Kurzschluss.

Als Bereich wählen wir eine Fläche von $L \cdot B = 50\mu m \cdot 100\mu m$ mit dem Abstandsmaß der Punkte $h = 25\mu m$, und wir wollen die Größe $n(x,y)$ durch $5\cdot3 = 15$ Punkte beschreiben, d.h. in $x = L$-Richtung durch die 3 Begrenzungen von 2 h-Intervallen und in $y = B$-Richtung durch 5 Begrenzungen von 4 h-Intervallen. Alle „inneren" Punkte haben Nachbarn mit Funktionswerten $n \neq 0$, die Randwerte (mitgezeichnet) dagegen ergeben sämtlich $n = 0$.

Wir wählen eine Anordnung von $5\cdot3$-Punkten, für die nun 15 Gleichungen zur Errechnung der 15 Größen n_v mit $v = 0,1 \ldots 14$ aufgestellt werden müssen. Diese 15 Gleichungen werden in einer $15\cdot15$-Diagonal-Matrix M angeordnet (Abb. Ü7b), in der für jeden Punkt seine „Quellstärke" und seine Beiträge zu den Nachbarn vermerkt sind. Für alle „Quellstärken" n_P errechnet man mit den angegebenen Werten für h und L_n den Wert 4,25, für den Ausdruck $H\cdot h^2$ ermittelt man $2,1\cdot10^{14}$ cm^{-3}, wenn man dabei ansetzt für $G_0 = 1\cdot10^{21}$ cm^{-3}s^{-1} und $d = 0$, für den Absorptionskoeffizienten nimmt man $\alpha \sim 10^3$ cm^{-1} und für $D_n=30$cm^2/s an.

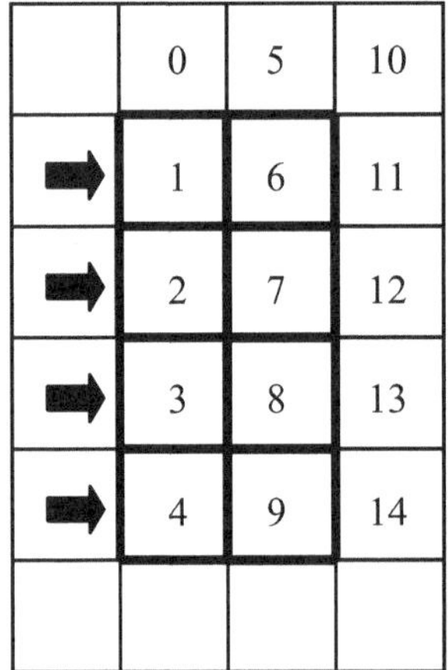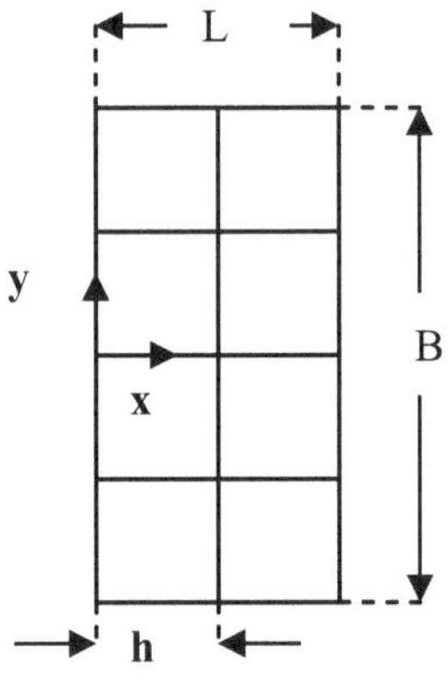

Abb. Ü7a: Anordnung der n=15 Punkte in 3 Spalten und 5 Zeilen einer Fläche L·B mit Abstandsmaß h und 15x15-Matrix, Schwarze Pfeile = Lichteinfall. Zahlen bezeichnen Eckpunkte des hervorgehobenen Bereiches.

$$M =$$

	0	1	2	3	4	5	6	7	8	9	10	11	12	13	14
0	4.25	-1	0	0	0	-1	0	0	0	0	0	0	0	0	0
1	-1	4.25	-1	0	0	0	-1	0	0	0	0	0	0	0	0
2	0	-1	4.25	-1	0	0	0	-1	0	0	0	0	0	0	0
3	0	0	-1	4.25	-1	0	0	0	-1	0	0	0	0	0	0
4	0	0	0	-1	4.25	0	0	0	0	-1	0	0	0	0	0
5	-1	0	0	0	0	4.25	-1	0	0	0	-1	0	0	0	0
6	0	-1	0	0	0	-1	4.25	-1	0	0	0	-1	0	0	0
7	0	0	-1	0	0	0	-1	4.25	-1	0	0	0	-1	0	0
8	0	0	0	-1	0	0	0	-1	4.25	-1	0	0	0	-1	0
9	0	0	0	0	-1	0	0	0	-1	4.25	0	0	0	0	-1
10	0	0	0	0	0	-1	0	0	0	0	4.25	-1	0	0	0
11	0	0	0	0	0	0	-1	0	0	0	-1	4.25	-1	0	0
12	0	0	0	0	0	0	0	-1	0	0	0	-1	4.25	-1	0
13	0	0	0	0	0	0	0	0	-1	0	0	0	-1	4.25	-1
14	0	0	0	0	0	0	0	0	0	-1	0	0	0	-1	4.25

Die Symmetrie dieser 15x15-Matrix ist ein Prüfungsmerkmal

Abb. Ü7b: 15 · 15 - Diagonal - Matrix M der Gl. B32.

So gewinnt man eine Matrizengleichung $M{\cdot}X - F = 0$, wobei $F = H{\cdot}h^2$ gilt. Die Gleichung lässt sich leicht umformen zur Lösungsgleichung für X in den 15 betrachteten Punkten

$$X = M^{-1} \cdot F \tag{B32}$$

Abschwächung F des   **Lokale Ladungsträgerdichte X**
seitlichen Lichtstrahles

	0
0	$2.1 \cdot 10^{14}$
1	$2.1 \cdot 10^{14}$
2	$2.1 \cdot 10^{14}$
3	$2.1 \cdot 10^{14}$
4	$2.1 \cdot 10^{14}$
5	$1.724 \cdot 10^{13}$
6	$1.724 \cdot 10^{13}$
7	$1.724 \cdot 10^{13}$
8	$1.724 \cdot 10^{13}$
9	$1.724 \cdot 10^{13}$
10	$1.415 \cdot 10^{12}$
11	$1.415 \cdot 10^{12}$
12	$1.415 \cdot 10^{12}$
13	$1.415 \cdot 10^{12}$
14	$1.415 \cdot 10^{12}$

$F =$ (left table)

$$X := M^{-1} \cdot F$$

	0
0	$8.588 \cdot 10^{13}$
1	$1.121 \cdot 10^{14}$
2	$1.182 \cdot 10^{14}$
3	$1.121 \cdot 10^{14}$
4	$8.588 \cdot 10^{13}$
5	$4.284 \cdot 10^{13}$
6	$6.253 \cdot 10^{13}$
7	$6.796 \cdot 10^{13}$
8	$6.253 \cdot 10^{13}$
9	$4.284 \cdot 10^{13}$
10	$1.643 \cdot 10^{13}$
11	$2.559 \cdot 10^{13}$
12	$2.837 \cdot 10^{13}$
13	$2.559 \cdot 10^{13}$
14	$1.643 \cdot 10^{13}$

$X =$ (right table)

Abb. Ü7c: Matrix - Größen F und X als Lösungen der Gl. B32.

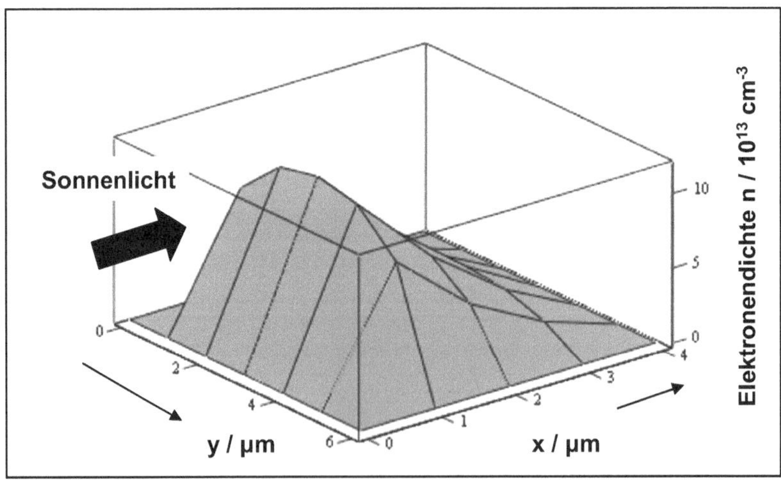

Abb. Ü8:   Zweidimensionale Verteilung der lichterzeugten Überschussladungsträger innerhalb des
von der Seite aus der Pfeilrichtung beleuchteten Halbleiterbereiches.

Für diese zu den Punkten 2, 7 und 12 über jeweils zwei Nachbarwerte symmetrische Verteilung von Überschuss-Elektronen der Dichte X / cm^{-3} zeigt die Abb. Ü8 eine errechnete graphische Darstellung für die Funktion $n(x,y) = Y(x,y) = 10^{-13} \cdot X(x,y)$. Die geringe Zahl von 15 Punkten verhindert eine „glattere" Verteilung, gibt jedoch dem Anfänger dennoch einen Eindruck von der Vorgehensweise und dem Ergebnis numerischer Lösungen der Diffusions-gleichung. Für eine verbesserte Genauigkeit bedarf es einer größeren Anzahl von Punkten.

Literatur zur numerischen Lösung von Differentialgleichungen:

H.R. Schwarz „Numerische Mathematik", B.G. Teubner Stuttgart 1986, p.94 und p.420 u.f.

Aufgabe Ü 3.3 zum Kap. 3
Analytische Lösung der partiellen Differentialgleichung der Elektronen-Verteilung $\Delta n(x,y)$ in einer p-leitenden Silizium-Scheibe der Größe B·H unter solarer Beleuchtung

Aufgabenstellung

Die Diffusions-Differentialgleichung in kartesischen Koordinaten (Gl. 6.5) lautet

$$\frac{\partial^2 \Delta n(x,y)}{\partial x^2} + \frac{\partial^2 \Delta n(x,y)}{\partial y^2} - \frac{\Delta n(x,y)}{L_n^{\;2}} + \frac{G_0(\lambda) \cdot \exp(-\alpha(\lambda) \cdot (x + d_{em}))}{D_n} = 0 \qquad \text{(B33)}$$

Diese partielle inhomogene Differentialgleichung 2. Ordg. benötigt 2 Randbedingungen zu ihrer Integration.

Wir formulieren sehr einfache Randbedingungen, um dem behandelten Fall der numerischen Lösung der Diffusionsgleichung / Aufgabe Ü 3.2 möglichst nahe zu kommen.

Die gewählten Randbedingungen entsprechen der Behandlung eines Mikrokristalliten der Breite B = 200 μm und der Höhe L = 10 μm bei seitlicher solarer Beleuchtung von links mit der Generationsrate $G_0 = 1 \cdot 10^{21}$ $cm^{-3}s^{-1}$ im Kurzschlussfall (U=0) (s. Abschn. 6.4.2).

An allen Rändern soll die Überschussladungsträgerdichte $\Delta n = 0$ sein (z.B. physikalisch vorstellbar durch eine unendlich hohe Rekombinationsgeschwindigkeit an den Rändern des

Mikrokristalliten sowie durch die Kurzschlussbedingung $\Delta n(x{=}0) = 0$ an der beleuchteten Seite.

Material-Konstanten des Siliziums sind der Diffusionskoeffizient der Elektronen $D_n{=}30cm2/s$ und ihre Diffusionslänge $L_n = 50$ µm sowie der Absorptionskoeffizient $\alpha = 1{\cdot}10^3$ cm^{-1}

Rechnungsgang

Als Ergebnis der Lösung von homogener und inhomogener Differentialgleichung und Anpassung der Konstanten an die Randbedingungen erhält man für die Überschussdichte der Elektronen n (innerhalb der Rechnung vereinfacht zu n anstelle Δn)

$$n(x,y)=\sum X_\nu \cdot cos(c_\nu) \cdot f_\nu (y) \tag{B34}$$

Die einzelnen Anteile werden im Folgenden entsprechend Kap. 4 errechnet.

$$X_\nu = \frac{\left[\left(\dfrac{2}{c_\nu}\right)\cdot \sin\left(c_\nu \cdot \dfrac{B}{2}\right)\right]}{\left(\dfrac{B}{2}\right)+\dfrac{\sin\left(c_\nu \cdot B\right)}{2\cdot c_\nu}}$$

$$\text{mit}\quad c_\nu = \left(\nu+\frac{1}{2}\right)\cdot\frac{\pi}{B}\quad \text{sowie}\quad f_\nu = K_\nu \cdot \left[\exp\left(-\alpha\cdot b\right)-\frac{\sin\left(B-y\right)}{\sinh\left(B\right)}\right]$$

$$\text{mit}\quad K_\nu = \frac{G_0}{D_n\cdot\left(d_\nu^{\,2}-\alpha^2\right)}\quad \text{und}\quad d_\nu = \left(c_\nu^{\,2}+L_n^{-2}\right)^{0,5} \tag{B35}$$

Schließlich erhält man die Lösung mit Gl. B34.

Ergebnis

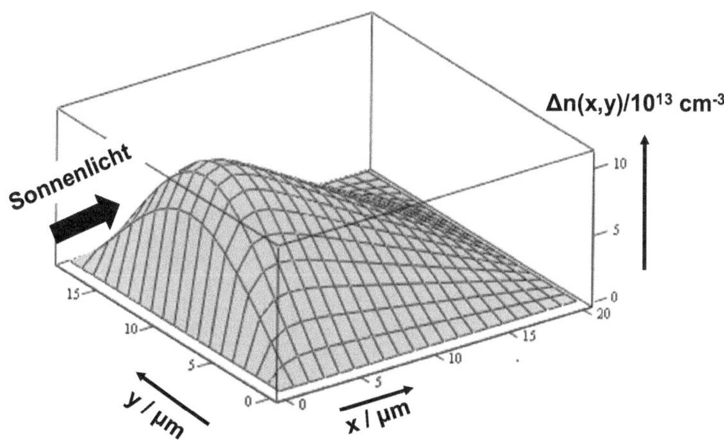

Abb. Ü9:   Verteilung der Überschussladungsträger im Halbleiter, der von links beleuchtet wird
             (Koordinaten-Einheiten µm, Ordinaten-Einheit 10^{13} cm^{-3})

Die analytische Lösung erlaubt die Verwendung von sehr viel mehr Stützpunkten (hier 21x19
Punkte = 361 Punkte) als die in Aufgabe Ü 3.2 behandelte numerische Lösung mit ihrer recht
groben Diskretisierung (dort 3x5 Punkte = 15 Punkte), und dies gilt gleichzeitig bei
geringerem mathematischen Aufwand. Auch ist das graphische Ergebnis (Abb. Ü9) sehr viel
besser aufgelöst und genauer.

Jedoch erfordert die analytische Lösung stets eine geschlossene Integration der Differentialgleichung und zusätzlich ihre Anpassung an örtlich wechselnde Randbedingungen. Dies ist
jedoch nur in einfachen Fällen möglich.

Aufgabe Ü 5.1 zum Kap. 5
Analyse von Silizium-Solarzellen

Aufgabe ist die umfassende schrittweise Analyse einer Silizium-Solarzelle (hier Zelle TZ1)
mit Hilfe der Ergebnisse von drei Versuchen: 1. die Aufzeichnung der Generator-Kennlinie
bei unterschiedlicher Bestrahlungsstärke, 2. die spektrale Empfindlichkeit und 3. die
Raumladungskapazität der Solarzellen-Diode. Auf gute Temperatur-Konstanz ist bei den
Versuchen zu achten (hier durchweg T = 28 °C). Die untersuchte Solarzelle stammt aus einer

Institutstechnologie, und sie zeigt durchschnittliche Qualität. Bauelemente ähnlicher Qualität können ohne sehr großen Aufwand gefertigt werden (s. dazu Anhang C1).

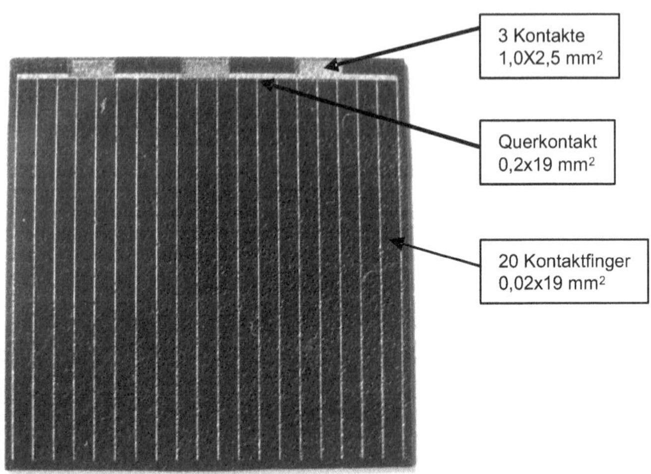

Abb. Ü10:   Silizium-Solarzelle TZ1 mit der Fläche 2 x 2 cm² und der Dicke 300 µm.

Die Solarzelle TZ1 (Abb. Ü10) hat eine bläuliche ARC-Schicht (anti-reflective coating) aus einem Dielektrikum wie SiO_2 oder Si_3N_4 und ist rückseitig ganzflächig metallisiert.

Man beginnt mit der Vermessung der Geometrie der Solarzelle. Mit einer Schublehre wird die Fläche A vermessen. Mit einer Mikrometerschraube wird die Dicke D der Solarzelle bestimmt. Schließlich wird die Geometrie der Kontaktfinger unter einem Mikroskop mit einem Okularmikrometer ermittelt: ihre Gesamtlänge L und ihre Breite B. Die Ergebnisse lauten:

A = 2x2 cm²; D = 300 µm;

20 Finger (jeweils L = 1,9cm / B = 20µm); 1 Querbalken (L = 1,9cm / B = 200µm); Kontaktanschlüsse (jeweils L = 2,5mm x B = 1mm).

So ist die Nettofläche der Solarzelle F = (2 x 2 – 20 x 1,9 x 0,002 – 1,9 x 0,02 –3 x 0,25 x 0,1) cm² = 3,81 cm², d.h. 4,75 % der Solarzellenfläche entfallen durch die metallischen Kontaktfinger.

Es schließen sich Einzelaufgaben für alle einfach zugänglichen Bauelementparameter an. Die Qualität dieser Auswertungen soll schließlich durch die rechnerische Rekonstruktion der Messkurven überprüft werden. Es wird angeraten, die Versuche und ihre Auswertungen in der hier niedergeschriebenen Reihenfolge durchzuführen.

Zunächst sollen die drei Versuche und ihre unmittelbaren Ergebnisse behandelt werden. Bei allen Versuchen wird auf die Erörterung von Messfehlern verzichtet.

Aufgabe Ü 5.01 zum Kap. 5
Messung der Generator-Kennlinie

Aufgabenstellung

Im weißen Licht unterschiedlicher Bestrahlungsstärke einer Halogen-Lampe werden Generator-Kennlinien der Solarzelle TZ1 im aktiven Quadranten $I(U>0)<0$ bei konstanter Temperatur $T = 28\,°C$ aufgenommen. Es sollen die Parameter Leerlaufspannung U_L, Kurzschlussstrom I_K, Wirkungsgrad η, Formfaktor FF und optimaler Lastwiderstand R_{Lopt} ermittelt werden.

Durchführung des Experimentes

Man benötigt für das Experiment eine Halogenlampe (100W) mit Versorgungsgerät, eine optische Bank mit Linsen, Blenden, Grau-Filtern und optischem Aufbaumaterial, einen thermostatisierbaren Probenhalter mit Bad-Thermostat, eine regelbare Gleichspannungsquelle und einen xy-Schreiber, mehrere analoge oder digitale Strom-Spannungs-Messgeräte, Präzisionswiderstände (belastbar bis 10W im Bereich $0,1\,\Omega$ ... $1k\Omega$), ein Thermoelement und außer der nicht zu großen (die Ströme sollten nicht zu groß werden) Solarzelle TZ1 zum quantitativen Vermessen möglichst eine weitere kalibrierte Solarzelle.

Es wird mit zwei Linsen ein verketteter Strahlengang aufgebaut, der eine homogene Ausleuchtung der Solarzelle zulässt. Dabei wird die gut ausgeleuchtete Linse 1 auf die Solarzelle abgebildet (Abb. Ü11). Die Solarzelle ist während des Versuches auf dem thermostatisierten Probenhalter gut wärmeleitend befestigt. Man regelt die Temperatur auf einen Wert oberhalb der Raumtemperatur (z.B. $T = 28\,°C$). Mit einer Blende aus schwarzem Papier im verketteten Strahlengang leuchtet man die Fläche der untersuchten Solarzelle genau aus, sodass keine Überstrahlung eintritt und man dabei Bestrahlungsstärke einbüßt. Das Grau-Filter regelt die Bestrahlungsstärke E.

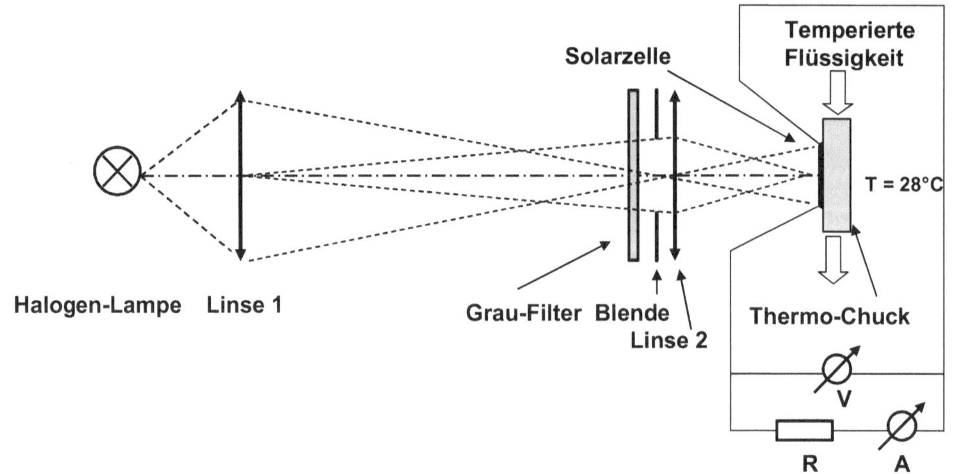

Abb. Ü11:   Optischer Strahlengang für die Generator- Kennlinie.

Dieser Versuch wird für unterschiedliche Bestrahlungsstärke E durchgeführt im Bereich $E = 10....100$ mW/cm². Bei der Durchführung ist auf Konstanz der Temperatur zu achten.

Mit Hilfe der Abb. Ü12 können die technischen Parameter Kurzschlussstrom I_K, Leerlaufspannung U_L, Wirkungsgrad η, Formfaktor FF und optimaler Lastwiderstand R_{Lopt} ausgewertet werden bei T = 28 °C für diese Solarzelle TZ1 mit der Fläche F=3,81cm².

E / mW/cm²	I_K / mA	U_L / V	η / %	R_{lopt} / Ω	FF/ %
115,0	126,0	0,565	10,4	4,2	64,3
69,8	76,5	0,535	10,0	6,9	64,1
31,5	34,5	0,515	8,8	15,4	59,0
13,5	14,5	0,460	6,9	30,8	50,3

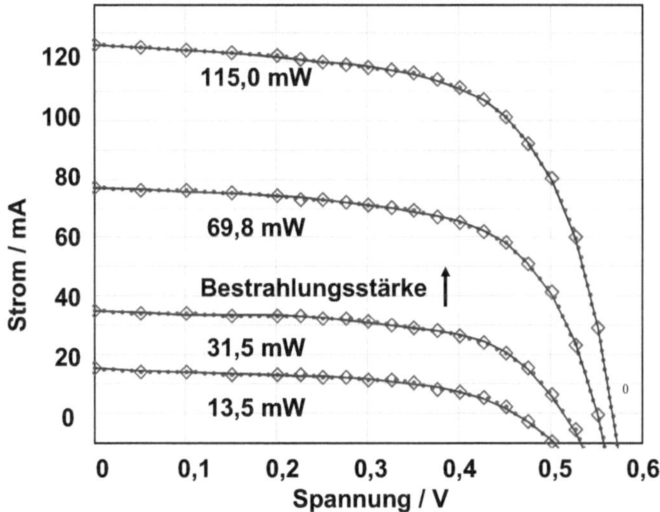

Abb. Ü12:   Aufzeichnung der Generatorkennlinien für unterschiedliche Bestrahlungsstärke (von unten nach oben) E = 13,5; 31,5; 69,8; 115 mW / cm^2 und Temperatur T = 28 °C als Messung (Rauten) und Rechnung (Linien) entsprechend einer Ausgleichsrechnung mittels eines Polynoms 7. Grades.

Aufgabe Ü 5.02 zum Kap. 5
Messung der spektralen Empfindlichkeit

Aufgabenstellung

Im annähernd monochromatischen Licht der Wellenlänge λ und der spektralen Bestrahlungsstärke $E(\lambda)$ wird der Kurzschluss-Strom $I_K(\lambda)$ von Solarzellen bei konstanter Temperatur T = 28 °C aufgenommen. Die spektrale Empfindlichkeit $S(\lambda)$ ergibt sich aus dem Quotienten $I_K(\lambda) / E(\lambda)$. Es soll die Diffusionslänge L_{diff} der Basis-Minoritätsträger ermittelt werden.

Durchführung des Experimentes

Zur Erzeugung des monochromatischen Lichtes kann man einen Gitter-Monochromator oder einen Prismen-Monochromator benutzen. Auch eine Auswahl von Spektral-Lampen ist für Messungen bei einzelnen Wellenlängen λ verwendbar.

In diesem Versuch wird ein Prismen-Monochromator verwendet, der Teil eines verketteten Strahlenganges im Gesamtaufbau ist (Abb. Ü13). Außerdem benötigt man eine Halogen-Lampe (100W) mit Versorgungsgerät, eine optische Bank mit Linsen und Blenden, ein Pico-Amperemeter, einen thermostatisierbaren Probenaufnehmer mit Thermostat sowie außer den zu vermessenden Solarzellen eine kalibrierte Solarzelle als Standard $E_{kalib}(\lambda)$. Es ist ratsam, den Versuch in einem schwarzen Kasten als Schutz gegen Fremdlicht aufzubauen.

Die Wendel einer Halogen-Lampe wird über eine Kondensor-Linse auf den Eintrittsspalt (Breite $\sim 0{,}5$ mm) des Prismen-Monochromators abgebildet. Im Monochromator wird das Weißlicht über ein System von Spiegeln in einem Prisma spektral zerlegt. Durch Drehung des Prismas wird das Licht bestimmter Wellenlänge λ mit geringer Bandbreite $\Delta\lambda$ auf den Austrittsspalt (Breite $\sim 0{,}7$ mm) projiziert, und mit Hilfe der Linse wird der Austrittsspalt auf die Solarzelle abgebildet. Wegen der nun geringen spektralen Bestrahlungsstärke muss die Solarzelle gegen Fremdlicht abgeschirmt werden. Der Fotostrom der Solarzelle wird mit dem Pico-Amperemeter gemessen.

Bei diesem Versuch regelt die Breite des Eintrittsspaltes die Bestrahlungsstärke $E(\lambda)$, die Breite des Austrittsspaltes die spektrale Breite $\Delta\lambda$ des zerlegten Lichtes. Beide Einstellungen sind in einem System nicht unabhängig voneinander. Man misst nacheinander die Kurzschluss-Ströme der kalibrierten und der zu untersuchenden Solarzelle.

Eine verbesserte Variante des Versuches besteht darin, das Licht der Wellenlänge λ zu zerhacken und „gechoppt" in einem geeigneten Wechselspannungs-Verstärker (z.B. Lock-In-Verstärker) zu verstärken. Dann kann selbst in Gegenwart hoher Weißlicht-Bestrahlungs-stärke („bias-light") der Versuch durchgeführt werden. Professionelle Messungen werden deshalb meist mit bias-light durchgeführt, weil die aussteuerungsabhängigen Solarzellen-Parameter dabei praxisnähere Werte annehmen. Auch das Sonnenlicht bedeutet ja eine hohe Weißlicht-Bestrahlungsstärke. Die Temperaturkonstanz ist auch hier sehr wichtig. Ohne einen leistungsfähigen Thermochuck mit Badthermostat zur Probentemperierung sind die Ergebnisse unsicher.

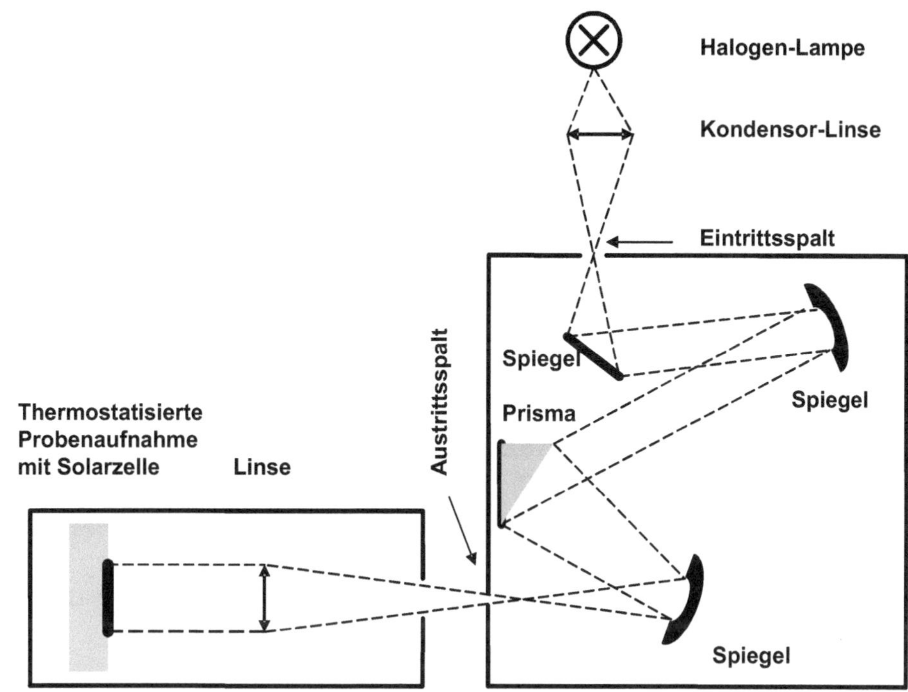

Abb. Ü13:   Versuchsaufbau zur spektralen Empfindlichkeit mit Prismen-Monochromator

Auswertung des Experimentes

Bei diesem Versuch ist darauf zu achten, dass die sich mit der Wellenlänge λ ändernde Bandbreite $\Delta\lambda$ berücksichtigt wird. Nur im Bereich höchster Empfindlichkeit ist die Bandbreite gering; wenn die Empfindlichkeit zu den Flanken der Kurve abnimmt, muss die Bandbreite wachsen. Mit Hilfe einer kalibrierten Vergleichs-Solarzelle lässt sich die Ordinate eichen und $S(\lambda)$ in den Einheiten A/W angeben. Der Maximalwert ist S_{max} (λ=800 nm) = 0,523 mA/mW (Abb.Ü14). Temperatur T = 28 °C.

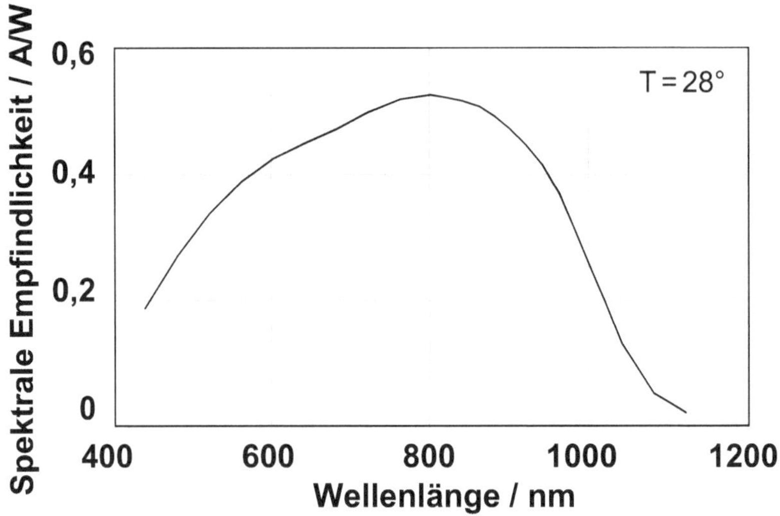

Abb. Ü14:   Spektrale Empfindlichkeit S der Solarzelle TZ1 in A/W über der Wellenlänge λ in nm

Die spektrale Empfindlichkeit ist eines der wichtigsten Charakteristika einer Solarzelle. Nahezu alle Bauelementparameter drücken sich in ihr aus. Wir werden in Aufgabe Ü 5.08 mit Hilfe von $S(\lambda)$ die Diffusionslänge des geringer dotierten Bereiches und in Aufgabe Ü 5.10 den Externen Quantenwirkungsgrad bestimmen.

Aufgabe Ü 5.03 zum Kap. 5
Messung der Sperrschicht-Kapazität von Solarzellen

Versuchsaufbau

Zur Bestimmung der Sperrschicht- oder Raumladungs-Kapazität C_{RLZ} wird die Resonanzfrequenz ω eines Parallelschwingkreises in Abhängigkeit von der Sperrspannung U<0 einer abgedunkelten Solarzelle gemessen. Mit Hilfe der Kapazität C_{RLZ} lassen sich die Dotierungen N_A und N_D beider Diodenbereiche gewinnen (Abb. Ü15).

Bei eingestellter Sperrspannung U_s wird die Frequenz so eingestellt, dass die Spannung an der Spule maximal wird. Unterschiedliche Werte der Sperrspannung (0,2...5,0 V) bestimmen die jeweilige Größe der Raumladungskapazität (RLZ-C(U$_s$)). Temperatur T = 28 °C wird wieder über einen Thermochuck eingeregelt.

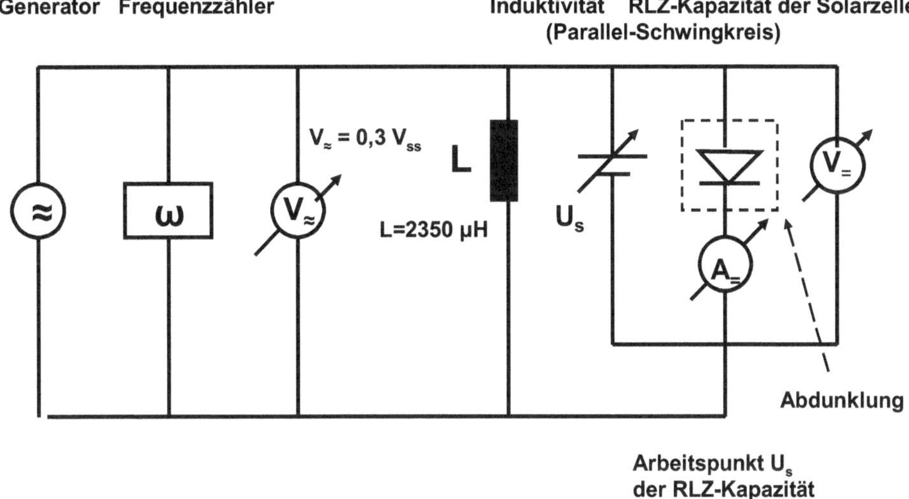

Abb. Ü15:   Messung der Sperrschicht-Kapazität C$_{RLZ}$(U) einer Solarzelle

Durchführung des Experimentes

Die RLZ-Kapazität C$_{RLZ}$ = C(ω_{res}) ergibt sich entsprechend der Gleichung

$$C(\omega_{res}) = (\omega_{res}^2 \cdot L)^{-1} \quad \text{mit } \omega_{res} = 2 \cdot \pi \cdot f_{res}$$

für den eingestellten Wert der anliegenden Spannung U$_s$.

Für Solarzellen mit unsymmetrisch dotierter Halbleiterdiode (z.B. gilt für Silizium-Solarzellen i. Allg. Basis-Dotierung N$_A$ << Emitter-Dotierung N$_D$) gewinnt man zunächst die Basis-Dotierung N$_{Basis}$ mit der Beziehung

$$1/C_{RLZ}^2 = 2 \cdot (U_{diff} + U_s) / (q \cdot \varepsilon_0 \cdot \varepsilon_r \cdot N_{Basis} \cdot A^2) \tag{B36}$$

wobei gilt $U_{diff} = U_T \cdot \ln (N_{Basis} \cdot N_{Emitter}/n_i^2) \quad \text{mit } U_T = k \cdot T/q$. $\tag{B37}$

Bei der Auswertung werden folgende Größen verwendet:

Solarzellenfläche A (abzüglich der Grid-Finger) (hier A = 3,81 cm^2);

Diffusionsspannung der Diode $U_{diff} = U_T \cdot \ln((N_A \cdot N_D)/(n_i^2))$, $U_T(T=28\ °C) = 26$ mV;

Sperrspannung $U_s = U(U<0)$;

Mit der Gl. B38 für die **Temperaturabhängigkeit der Eigenleitungsdichte $n_i(T)$ des Siliziums** /Blu74 und Tru03/) ist der Wert der Diffusionslänge für den höher dotierten Bereich der Solarzelle abzuschätzen.

$$n_i(T) = 2{,}9135 \cdot 10^{15} \cdot T^{\,1,6} \cdot exp[-q \cdot (A+B \cdot T+C \cdot T^{\,2})/(k/T)] \tag{B38}$$

$$\text{mit}\quad A = 1{,}1785\ V\ ;\ B = -9{,}025 \cdot 10^{5}\ V/K\ ;\ C = -3{,}05 \cdot 10^{7}\ V/K^{2}$$

Es ergibt sich für T = 28 °C ~ T = 301,15K der Wert $n_i = 1{,}07 \cdot 10^{10}$ cm^{-3}.

Auswertung

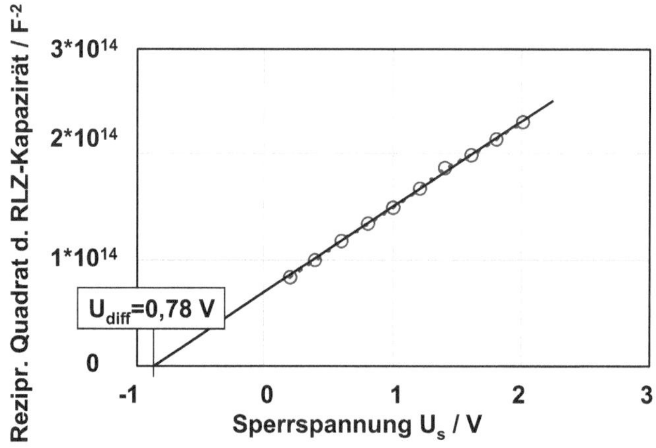

Abb. Ü16:   Reziprokes RLZ-Kapazitäts-Quadrat C_n^{-2} /F^{-2} als Funktion der Sperrspannung U_n /V zur Auswertung der Dotierungen. Kreise entsprechen Messpunkten.

Im Diagramm wird $1/C^2 = f(U_s)$ aufgetragen. Nach Gl. B36 ergeben sich Geraden. Nacheinander werden Neigung der Geraden und deren Achsabschnitt ausgewertet (Abb. Ü16). Aus der Neigung ergibt sich die Dotierung des schwächer dotierten Bereiches, also diejenige der Basis. Der Achsabschnitt entspricht dem Ausdruck für die Diffusionsspannung U_{diff}, und damit bestimmt man die Dotierung des stärker dotierten Bereiches, also diejenige des Emitters.

Ergebnisse der Auswertungen für die Solarzelle TZ1 sind die **Emitter-Dotierung** $N_{em} = 6.4 \cdot 10^{17} \text{ cm}^{-3}$ und die **Basis-Dotierung** $N_{bas} = 8{,}9 \cdot 10^{15} \text{ cm}^{-3}$. Anhand dieser Ergebnisse lässt sich nicht entscheiden, in welchem Bereich es sich um Akzeptor- oder Donator-Dotierung handelt. Allerdings ist der Schluss bei kristallinen Silizium-Solarzellen naheliegend, dass im Haupt-Absorptionsbereich, in der Basis, die Elektronen die Minoritätsladungsträger sind, also in der Basis eine Akzeptoren- und im Emitter eine Donatoren-Dotierung existiert.

Auswertungen der Experimente

Nun werden weitergehende Auswertungen der experimentellen Ergebnisse der vorangehend dargestellten Versuchen mit einer einzelnen Solarzelle (hier Zelle TZ1) bei stets gleich bleibender Temperatur ($T = 28\,°C$) behandelt, um weitere Bauelementparameter zu bestimmen. Die Reihenfolge der Auswertungen ist zu beachten, da die Ergebnisse aufeinander aufbauen. Auf Fehler-Abschätzung wurde verzichtet.

Aufgabe Ü 5.04 zum Kap. 5
Bestimmung des Dioden-Sperrsättigungsstromes I_0 durch Messungen von Kurzschluss-Strom $I_{ph}(E)$ und Leerlauf-Spannung $U_L(E)$ bei jeweils zwei unterschiedlichen Bestrahlungsstärken E_1 und E_2

Ansatz

Die Auswertung geht davon aus, dass die Ersatzschaltbildgrößen nach Abb. 4.5 lediglich geringe Abhängigkeit von der Bestrahlungsstärke zeigen, ebenfalls näherungsweise I_0 keine ausgeprägte Abhängigkeit von E aufweist. Deshalb werden Gleichungen unterschiedlicher Bestrahlungsstärke miteinander kombiniert zur Bestimmung von I_0. Die Temperatur $T = 28\,°C$ wird für alle E-Werte konstant gehalten.

Die Ein-Dioden-Gleichung für die Solarzelle mit parasitären Widerständen R_S und R_P lautet entsprechend Gl. 4.32 und Abb. 4.5 mit einer einzelnen Diode I_{D1}

$$I(U) = I_0 \cdot \left[\exp\left(\frac{U - I \cdot R_s}{U_T} \right) - 1 \right] + \frac{U - I \cdot R_s}{R_p} - I_{ph} \quad \text{wobei } U_T = k \cdot T/q \text{ gilt} \tag{B39}$$

$U_L = U(I=0)$: stromlos, d.h. ohne R_S-Einfluss;

$$0 = I_0 \cdot \left[\exp(\frac{U_L}{U_T}) - 1 \right] + \frac{U_L}{R_p} - I_{ph}$$

$$I_0 = \frac{\dfrac{U_L}{R_p} - I_{ph}}{1 - \exp(\dfrac{U_L}{U_T})} = \frac{I_{ph} - \dfrac{U_L}{R_p}}{\exp\left(\dfrac{U_L}{U_T} \right) - 1} \tag{B40}$$

Benötigte Datensätze sind:

$I_{ph1}(E_1) \,/\, U_{L1} = f(E_1)$; $I_{ph2}(E_2) \,/\, U_{L2} = f(E_2)$

$$I_0 \approx \frac{I_{ph1} - \dfrac{1}{R_p} \cdot U_{L1}}{\exp(\dfrac{U_{L1}}{U_T}) - 1} \approx \frac{I_{ph2} - \dfrac{1}{R_p} \cdot U_{L2}}{\exp(\dfrac{U_{L2}}{U_T}) - 1} \tag{B41}$$

Annahme: näherungsweise $I_0 \neq f(E)$

Freistellen von R_P und Eliminieren durch Gleichsetzen.

Annahme: näherungsweise $R_p \neq f(E)$

$$R_p \approx \frac{U_{L1}}{I_{ph1} - I_0 \cdot \left[\exp\left(U_{L1}/U_T\right) - 1\right]} \approx \frac{U_{L2}}{I_{ph2} - I_0 \cdot \left[\exp\left(U_{L2}/U_T\right) - 1\right]} \tag{B42}$$

Freistellen von I_0 ergibt

$$I_0 \approx \frac{I_{ph2} \cdot U_{L1} - I_{ph1} \cdot U_{L2}}{U_{L1} \cdot \left[\exp\left(U_{L2}/U_T\right) - 1\right] - U_{L2} \cdot \left[\exp\left(U_{L1}/U_T\right) - 1\right]} \tag{B43}$$

Schließlich wegen $\exp(U_L/U_T) \gg 1$ ergibt sich die Auswertungsgleichung

$$I_0 \approx \frac{I_{ph2} \cdot U_{L1} - I_{ph1} \cdot U_{L2}}{U_{L1} \cdot \exp\left(U_{L2}/U_T\right) - U_{L2} \cdot \exp\left(U_{L1}/U_T\right)} \tag{B44}$$

Diese Näherung für I_0 zeigt eine geringe systematische Abhängigkeit von der Beleuchtungsstärke E.

Ergebnisse

Mit $E_1 = 13{,}5$ mW/cm^2; $E_2 = 31{,}5$ mW/cm^2; $E_3 = 69{,}8$ mW/cm^2; $E_4 = 115$ mW/cm^2 ergeben sich die 6 Kombinationsmöglichkeiten E_4/E_3, E_4/E_2; E_4/E_1; E_3/E_2; E_3/E_1; E_2/E_1 und entsprechend 6 Werte für den Sättigungssperrstrom der Solarzelle bei unterschiedlicher Bestrahlungsstärke. Die nachfolgenden Ströme mit doppeltem Index „I_{nm}" bezeichnen die Kombination von $I(E_n)$ mit $I(E_m)$.

So ergeben sich folgende Zahlenwerte für die Solarzelle TZ1:

$I_{43} = 2{,}15 \cdot 10^{-11}$ A; $I_{42} = 2{,}97 \cdot 10^{-11}$ A; $I_{41} = 3{,}15 \cdot 10^{-11}$ A; $I_{32} = 5{,}05 \cdot 10^{-11}$ A; $I_{31} = 4{,}85 \cdot 10^{-11}$ A und $I_{21} = 4{,}40 \cdot 10^{-11}$ A mit dem Mittelwert über die sechs Werte des Sättigungssperrstromes $I_0 = 3{,}75 \cdot 10^{-11}$ A.

Die Ergebnisse unterscheiden sich für unterschiedliche Bestrahlungsstärken bis um den Faktor 2 bis 3, was angesichts des geringen Absolutwertes der Ströme jedoch unberücksichtigt bleibt. Die Werte I_0 verringern sich dabei annähernd linear mit wachsender mittlerer Bestrahlungsstärke.

Aufgabe Ü 5.05 zum Kap. 5
Bestimmung des parasitären Serienwiderstandes R_S durch Errechnung der Tangente im Leerlaufpunkt $U_L=U(I=0)$ nach vorheriger Bestimmung des Sättigungssperrstromes I_0

Aufgabenstellung

Mit der Ein-Dioden-Kennliniengleichung (Gl. 4.32) und für die Generatorkennlinien (Abb. Ü12)

$$I(U) = I_0 \cdot \left[\exp\left(\frac{U - I \cdot R_s}{U_T} \right) - 1 \right] + \frac{U - I \cdot R_s}{R_p} - I_{ph} \quad \text{mit} \quad U_T = \frac{k \cdot T}{q} \tag{B45}$$

soll anhand der Tangente im Leerlaufpunkt, angenähert durch eine geeignete Sekante, näherungsweise der Serienwiderstand R_S errechnet werden.

Durchführung

Durch Differentiation der Gl. B45 nach dem Strom I und der näherungsweisen Annahme $I_{ph} \neq f(I)$ gewinnt man

$$1 = I_0 \cdot \exp\left(\frac{U - I \cdot R_S}{U_T} \right) \cdot \left(\frac{1}{U_T} \right) \cdot \left(\frac{dU}{dI} - R_S \right) + \left(\frac{1}{R_P} \right) \cdot \left(\frac{dU}{dI} - R_S \right), \tag{B46}$$

woraus sich für den Leerlaufpunkt $U_L=U(I=0)$ ergibt

$$R_S = \left(\frac{dI}{dU}\right)_{U_L}^{-1} - \left(\frac{1}{R_P} + \left(\frac{I_0}{U_T}\right) \cdot \exp\left(\frac{U_L}{U_T}\right)\right)^{-1} \approx \left(\frac{\Delta I}{\Delta U}\right)_{U_L}^{-1} - \left(\frac{U_T}{I_0}\right) \cdot \exp\left(-\frac{U_L}{U_T}\right). \qquad \text{(B47)}$$

Dabei nimmt man an, dass $R_P \ll (U_T/I_0)\cdot\exp(-U_L/U_T)$ gilt.

Mit Gl. B47 werden die Serienwiderstände R_S näherungsweise bestimmt.

Ergebnis

Sinnvolle Ergebnisse wurden aus Abb. Ü12 für die Bestrahlungsstärken E_2, E_3 und E_4 ermittelt. U_T (T = 28 °C)=26 mV.

$R_S(E_2)$=0,71 Ohm; $R_S(E_3)$=0,52 Ohm; $R_S(E_4)$=0.37 Ohm.

Auch hier zeigt sich eine Abhängigkeit des Serienwiderstandes von der Bestrahlungsstärke: R_S sinkt mit wachsender Bestrahlungsstärke E. Diese Abhängigkeit entspricht der Einführung von R_S als eines kumulativen Ausdruckes zahlreicher verteilter Widerstände.

Aufgabe Ü 5.06 zum Kap. 5
Bestimmung des parasitären Parallelwiderstandes R_P durch Berechnung der Tangente im Kurzschlusspunkt I_K=I(U=0) nach vorheriger Bestimmung von R_S

Aufgabenstellung

Mit der Ein-Dioden-Kennliniengleichung (Gl. 4.32 bzw. B45) und den Generatorkennlinien (Abb. Ü12) soll

$$I(U) = I_0 \cdot \left[\exp\left(\frac{U - I \cdot R_S}{U_T}\right) - 1\right] + \frac{U - I \cdot R_S}{R_P} - Iph \quad \text{mit} \quad U_T = \frac{k \cdot T}{q} \qquad \text{(B48)}$$

durch die Tangente im Kurzschlusspunkt, angenähert durch eine geeignete Sekante, der Parallelwiderstand R_P ermittelt werden.

Durchführung

Durch Differentiation nach der Spannung und der Bedingung für den Kurzschlusspunkt $I_K=I(U=0)$ erhält man

$$R_P = \frac{\left(\dfrac{dI}{dU}\right)_{I_K}^{-1} - R_S}{1 - \left(\dfrac{I_0}{U_T}\right)\cdot\exp\left(-\dfrac{I_K\cdot R_S}{U_T}\right)\cdot\left[\left(\dfrac{dI}{dU}\right)_{I_K}^{-1} - R_S\right]} \qquad (B49)$$

Im Nenner des Bruches kann der Subtrahend gegenüber der 1 vernachlässigt werden, da der Vorfaktor der eckigen Klammer i. Allg. kleiner als 10^{-8} ist. So verbleibt

$$R_P \approx \left(\frac{dI}{dU}\right)_{I_K}^{-1} - R_S \qquad (B50)$$

Ergebnisse

Sinnvolle Ergebnisse werden mit Gl.(B50) für die Bestrahlungsstärken E_2, E_3 und E_4 ermittelt:
$R_P(E_2) = 49,3$ Ohm; $R_P(E_3) = 49,5$ Ohm; $R_P(E_4) = 49,6$ Ohm

Der Parallelwiderstand ist nur in geringem Maße von der Bestrahlungsstärke abhängig. Mit wachsender Bestrahlungsstärke steigt er geringfügig (< 1%). Auch der Parallelwiderstand ist kumulativer Ausdruck vielfältig verteilter Einflüsse.

Aufgabe Ü 5.07 zum Kap. 5
Berechnung des Diffusionskoeffizienten der Ladungsträger in Basis und Emitter

Aufgabenstellung

Man errechne die beiden dotierungsabhängigen Diffusionskoeffizienten der Minoritäts-ladungsträger in den beiden Halbleiterbereichen einer Solarzelle nach den Gln. B45 von Caughey und Thomas (Cau87)

$$D_n = U_T \cdot \left[\mu_{n\,min} + \frac{\mu_{n\,max} - \mu_{n\,min}}{1 + \left(\dfrac{N_A}{N_{Aref}}\right)^{\alpha_n}} \right] \quad ; \quad D_p = U_T \cdot \left[\mu_{p\,min} + \frac{\mu_{p\,max} - \mu_{p\,min}}{1 + \left(\dfrac{N_D}{N_{Dref}}\right)^{\alpha_p}} \right] \tag{B51}$$

mit $\mu_{nmin} = 65\ cm^2/Vs;$ $\mu_{nmax} = 1330\ cm^2/Vs;$ $N_{Aref} = 8{,}5 \cdot 10^{16} cm^{-3};$ $\alpha_n = 0{,}72$

   $\mu_{pmin} = 47{,}7\ cm^2/Vs;$ $\mu_{pmax} = 495\ cm^2/Vs;$ $N_{Dref} = 6{,}3 \cdot 10^{16}\ cm^{-3};$ $\alpha_p = 0{,}76$

   $U_T = k \cdot T/q;\ U_T(T = 28\ °C) = 26\ mV$

Ergebnis

In der Aufgabe 5.03 wurden als Emitter-Dotierung $N_D = 6{,}4 \cdot 10^{17}\ cm^{-3}$ und als Basis-Dotierung $N_A = 8{,}9 \cdot 10^{15}\ cm^{-3}$ ermittelt. Mit den Gln.(B51) errechnet man die Werte

$$D_n(N_A = 8{,}9 \cdot 10^{15}\ cm^{-3}) = 29{.}0\ cm^2/s \ \ und\ \ D_p(N_D = 1{,}7 \cdot 10^{17}\ cm^{-3}) = 2{,}9\ cm^2/s$$

Diese Werte werden für die Rekonstruktion der Kurven der Kennlinien und der spektralen Empfindlichkeit benötigt.

Aufgabe Ü 5.08 zum Kap. 5
Diffusionslänge der Minoritätsladungsträger der Basis

Aufgabenstellung

Die Diffusionslänge der Minoritätsträger in der Basis der Solarzelle soll aus dem tief eindringenden Licht des IR-Bereiches der spektralen Empfindlichkeit $S(\lambda)$ (wobei $\lambda > 1\mu m$) bestimmt werden.

Durchführung

Entsprechend Gl. 5.2 beginnt man mit dem Elektronenanteil, der wegen der Akzeptoren-Dotierung der Basis im Infraroten dominiert. Hier kann die exp-Funktion mit dem Wert ~ 1 angenähert werden.

$$
\begin{aligned}
j_{n,phot}(\lambda) &= \frac{q \ L_n \ G_0(\lambda)}{1 + \alpha(\lambda) \ L_n} \\
&= \frac{q \ \Phi_{p0}(\lambda)}{A} \cdot \frac{\alpha(\lambda) \ L_n}{1 + \alpha(\lambda) \ L_n} = q \cdot \frac{E_0(\lambda) \cdot \lambda}{h \ c_0} \cdot \frac{\alpha(\lambda) \ L_n}{1 + \alpha(\lambda) \ L_n}
\end{aligned}
\tag{B52}
$$

Aus Gl. B52 errechnet man mit Gl. 4.22 für $S(\lambda)$

$$
L_n + \alpha^{-1} = (q \cdot \lambda \ / h \cdot c_0) \cdot L_n \ / \ S(\lambda) \sim \lambda \ / \ S(\lambda) \qquad mit \quad S(\lambda) = j_{n,phot}/E_0
\tag{B53}
$$

Der Quotient $\lambda \ / \ S(\lambda)$ wird als Funktion von $\alpha^{-1}(\lambda)$ aufgetragen. Die Extrapolation auf die α^{-1}-Achse bis zum Wert $\lambda \ / \ S(\lambda) = 0$ ergibt den Wert $\alpha^{-1} = L_n$.

Ebenfalls ergibt der Anstieg dieser Geraden eine Möglichkeit, L_n zu ermitteln:

$$
\frac{d(1/\alpha)}{d\left(\lambda / S(\lambda)\right)} = \frac{q \cdot L_n}{h \cdot c_0}
\tag{B54}
$$

In diesem Fall wurden 12 $S(\lambda)$-Werte berücksichtigt und nach dem beschriebenen Verfahren in Abb. Ü17 aufgetragen und ausgewertet. Die Größe $L_n = L_{diff}$.

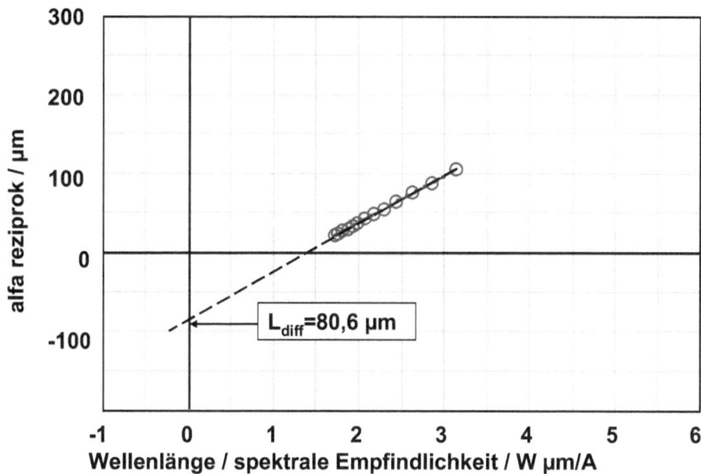

Abb. Ü17:   Diffusionslänge aus Daten der spektralen Empfindlichkeit

Die Ergebnisse sind vergleichbar:

nach dem Verfahren mit dem Achsabschnitt $L_{diff} = 80,6\ \mu m$

nach dem Verfahren mit dem Anstieg $L_{diff} = 73,2\ \mu m$

Insofern wird der Mittelwert gewählt $\boldsymbol{L_{diff} = 76,9\ \mu m}$.

Aufgabe Ü 5.09 zum Kap. 5
Bestimmung der Diffusionslänge des höher dotierten Bereiches

Aufgabenstellung

Aus den für Solarzelle TZ1 (Fläche A=3,81 cm^2) bei T = 28 °C ermittelten Werten für den Sättigungssperrstrom I_0 = 3,75·10^{-11} A, für die beiden Dotierungen $N_{emitter}$ = 6,4·10^{17} cm^{-3} und N_{basis} = 8,9·10^{15} cm^3, für die beiden Diffusionskonstanten D_p = 2,9 cm^2/s und D_n = 29,0 cm^2/s sowie mit dem Wert für die Eigenleitungsdichte n_i(T = 28 °C) = 1,07·10^{10} cm^{-3} (s. Übungsaufgabe 5.03 / Gl. B38) ist der Wert für den höher dotierten Bereich der Solarzelle abzuschätzen.

Lösung

Mit der Gleichung für den Sperrsättigungsstrom entsprechend Gl.(4.19) unter Berücksichtigung des Ausdrucks Gl.(4.20) und nachfolgender Ausdrücke erhält man

$$I_0 = A \cdot q \cdot n_i^2 \cdot \left[\frac{D_n}{L_n \cdot N_A} + \frac{D_p}{L_p \cdot N_D} \right] \tag{B55}$$

und entwickelt daraus die Lösungsgleichung

$$L_p = \left(\frac{D_p}{N_D} \right) \cdot \left[\frac{I_0}{A \cdot q \cdot n_i^2} - \frac{D_n}{L_n \cdot N_A} \right]^{-1} \tag{B56}$$

Nach elementarer Rechnung erhält man für den Wert der **Diffusionslänge im höher dotierten** Bereich **L_p = 0,9 µm**. Entsprechend dem Aufbau der Solarzellen ist der höher dotierte Bereich der n-leitende Solarzellen-Emitter, weil wegen der höheren Diffusionskonstante der Elektronen die Solarzellen-Basis als Absorber p-leitend sein sollte.

Nun sind alle Solarzellen-Parameter erfasst, um durch die Rekonstruktion von Kurven die Qualität der Auswertungen zu überprüfen. Dazu soll zunächst der Verlauf der spektralen

Empfindlichkeit bei höchster Bestrahlungsstärke herangezogen werden, schließlich aber auch die Generator-Kennlinie.

Aufgabe Ü 5.10 zum Kap. 5
Externer Quantenwirkungsgrad $Q_{ext}(\lambda)$ als Messgröße und als Rekonstruktion

Aufgabenstellung

Man entwickle aus dem Verlauf der spektralen Empfindlichkeit $S(\lambda)$ den externen Quantenwirkungsgrad $Q_{ext}(\lambda)$. Durch Kurvenanpassung des Basis- und des Emitter-Anteiles entwickle man den rekonstruierten Kurvenverlauf $Q_{ext}(\lambda)$ und schätze dabei die Dicke des Emitters d_{em} sowie an der Oberfläche des Emitters den Wert der Oberflächenrekombinationsgeschwindigkeit s_n ab.

Vorbemerkung

Der interne Quantenwirkungsgrad $Q_{int}(\lambda)$ entsteht aus der spektralen Empfindlichkeit $S(\lambda)$ und dem optischen Reflexionsvermögen $R(\lambda)$. Wenn für jedes nicht reflektierte und in der Solarzelle absorbierte Photon der Energie $h\nu$ ein Elektronen-Loch-Paar mit der Ladung $\pm q$ entsteht, gilt $Q_{int}=1$.

Insofern gilt entsprechend Gl.(4.22) / Gl.(4.23) / Gl.(4.24)

$$Q_{int}(\lambda) = \left(1 - R(\lambda)\right)^{-1} \cdot \left(\frac{h\cdot\nu}{q}\right)\cdot S(\lambda) = \left(1 - R(\lambda)\right)^{-1} \cdot \left(\frac{h\cdot c}{q\cdot\lambda}\right)\cdot S(\lambda) \qquad \text{(B57a)}$$

Interner und externer Quantenwirkungsgrad hängen über die Beziehung

$$Q_{ext}(\lambda) = [1-R(\lambda)]\cdot Q_{int}(\lambda) = \left(\frac{h\cdot\nu}{q}\right)\cdot S(\lambda) \qquad \text{(B57b)}$$

zusammen. Der externe Quantenwirkungsgrad ist die Messgröße, der interne Quanten-wirkungsgrad die Größe der Theorie.

Das optische Reflexionsvermögen $R(\lambda)$ gewinnt man durch eine Messung mittels einer sogen. **Ulbricht-Kugel**, bei der nicht nur die gerichtete Reflexion, sondern auch die diffuse Reflexion erfasst wird und somit die Oberflächen-Rauhigkeit der Solarzelle beurteilt werden kann. In der Ulbricht-Kugel bildet die Solarzelle einen kleinen Teil der sorgfältig mit weißer Farbe (d.h. $R(\lambda)=1$ für alle interessierenden Werte λ) belegten Kugelinnenfläche und ist nicht dem direkten Lichtstrahl ausgesetzt. Die hier verwendeten $R(\lambda)$-Werte wurden auf diese Weise gewonnen. Ersatzweise kann man auch nach dem Farbeindruck der Solarzelle (z.B. schwarz-matt oder schwarz-glänzend, bläulich-glänzend oder metallisch-silbrig) auf Standard-Verläufe von $R(\lambda)$ bei der Bewertung zurückgreifen (s. Abb. 5.5).

„Mikro-Rauhigkeit" ist für minimales Reflexionsvermögen der Solarzelle sehr vorteilhaft, und man erreicht sie bei der industriellen Fertigung durch eine sogen. Anisotropie-Ätzung der kristallinen Oberfläche mit Hydrazin oder der Base KOH (s. Abb. 5.9 sowie Abb 5.15 mit dem Hinweis „inverted pyramids").

Auswertung

Für die spektrale Empfindlichkeit $S(\lambda)$ in Gl. B57b benutzt man die umfangreichen Ausdrücke Gl.(4.21) und Gl.(4.22). Zunächst trägt man über der Wellenlänge λ die Messwerte $Q_{ext}(\lambda)$ auf (Abb. Ü18, Ausgleichskurve mit Quadraten), dann die Rekonstruktion als Basis- und Emitter-Anteile (dünne Punkte) und deren Summe (dick strich-punktierter Verlauf), die mit den Messwerten verglichen werden kann. Schließlich ist auch noch das gemessene Reflexionsvermögen $R(\lambda)$ (durchgezogene Kurve) aufgetragen.

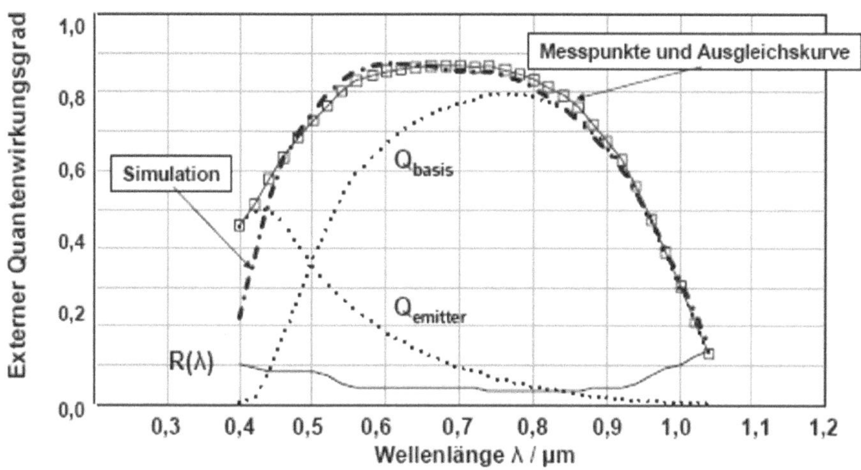

Abb. Ü18:   Externer Quantenwirkungsgrad $Q_{ext}(\lambda)$ aus der Messung der spektralen Empfindlichkeit $S(\lambda)$ entwickelt (Quadrate mit Ausgleichskurve) und als Rekonstruktion für Emitter- und Basis-Anteile (punktiert) sowie deren Summe als Simulation (strich-punktiert), schließlich das Reflexionsvermögen $R(\lambda)$ für Solarzelle TZ1 bei T = 28 °C.

Der Ausgangsdatensatz für die Rekonstruktion ist neben der Fläche A = 3,88 cm^2 und Dicke der Solarzelle D = 300µm der Sättigungssperrstrom I_0 = 3,75·10^{-11} A, die beiden Dotierungen N_D = 6,4·10^{17}cm^{-3} und N_A = 8.9·10^{15}cm^{-3}, die Diffusionslänge der Elektronen in der Basis L_n = 76,9 µm, die der Löcher im Emitter L_p = 0,9 µm und die beiden Diffusionskoeffizienten D_p = 2,9 cm^2/s sowie D_n = 29,0 cm^2/s. Die Anpass-Parameter sind neben der Emitterdicke d_{em} die beiden Werte s_n und s_p der Oberflächenrekombinationsgeschwindigkeit. Die beste Anpassung der experimentellen und der gerechneten Kurve als „best fit" erfolgte mit den Werten d_{em} = 5·L_p, ermittelt also als Emitterdicke d_{em} = 4,5 µm sowie s_p = 2,5·10^4 cm/s und s_n = 10^2 cm/s. Die ermittelte Emitter-Dicke d_{em} hat einen sehr hohen Wert, der für eine moderne Solarzelle untypisch ist. Mit Computer-Anpassung kann die Übereinstimmung verbessert werden.

Ergebnis

Die Übereinstimmung der beiden Vergleichskurven wird als hinreichend gut beurteilt. Stärkere Abweichungen sind am blauen Ende für Werte λ < 0,45 µm zu beobachten. Geringere Abweichungen von < 5% sind im Bereich 0,79 µm < λ < 0,88 µm vorhanden. Die höchsten Werte $Q_{ext}(\lambda)$ = 0,88 finden sich zwischen 0,55µm < λ < 0,75µm. Die Qualität der Emitteroberfläche ist noch verbesserungsfähig und die Oberflächenrekombinationsgeschwindigkeit könnte um mindesten eine Größenordnung bis auf s_p = 10^3 cm/s gesenkt werden.

Aufgabe Ü 5.11 zum Kap. 5
Generator-Kennlinie I(U) als Rekonstruktion aus den Halbleiterparametern

Aufgabenstellung

Angesichts der nun vorliegenden Beschreibung der Solarzelle TZ1 in Form ihrer Halbleiterparameter soll zum Abschluss der Analyse die Generator-Kennlinie als Diodenkennlinie sowohl mit einer als auch mit zwei Exponential-Funktionen rekonstruiert werden. Physikalisch bedeuten diese beiden Darstellungen bei der Darstellung mit *einer* Exponential-Funktion lediglich die Berücksichtigung der **Neutralzonen-Rekombination (NZ-Rekombination)**, jedoch die Vernachlässigung der **Raumladungszonen-Rekombination (RLZ-Rekombination)**, bei der Darstellung mit *zwei* Exponential-Funktionen die Berücksichtigung beider Bereiche. Parasitäre Widerstände werden in beiden Fällen berücksichtigt.

Durchführung

Die entsprechenden Gleichungen lauten

für die NZ-Rekombination

$$I(U) = I_{rek} \cdot \left[\exp\left(\frac{U - I \cdot R_S}{U_T} \right) - 1 \right] + \frac{U - I \cdot R_S}{R_P} - I_{ph} \tag{B58}$$

und für **NZ- und RLZ-Rekombination**

$$I(U) = I_{rek} \cdot \left[\exp\left(\frac{U - I \cdot R_S}{U_T} \right) - 1 \right] + I_{gen} \cdot \left[\exp\left(\frac{U - I \cdot R_S}{2 \cdot U_T} \right) - 1 \right] + \frac{U - I \cdot R_S}{R_P} - I_{ph} \tag{B59}$$

Dabei gilt für die beiden unterschiedlichen Sättigungssperrströme

$$I_{rek} = A \cdot q \cdot n_i^2 \cdot \left(\frac{D_n}{L_n \cdot N_A} + \frac{D_p}{L_p \cdot N_D} \right) \tag{B60}$$

$$I_{gen}(U) = A \cdot q \cdot \frac{n_i}{2 \cdot \tau_{RLZ}} \cdot \left[\frac{2 \cdot \varepsilon_0}{q} \cdot \left(\frac{1}{N_A} + \frac{1}{N_D} \right) \cdot \left[U_{diff} - (U - R_S \cdot I) \right] \right]^{0.5} \tag{B61}$$

Für die Halbleiterparameter gelten die gewonnenen Werte

$A = 3{,}81$ cm^2; $\quad$ $D_n = 29{,}0$ cm^2/s; $\quad$ $D_p = 2{,}9$ cm^2/s; $\quad$ $L_n = 76{,}9$ μm; $\quad$ $L_p = 0{,}9$ μm;
$N_A = 8{,}9 \cdot 10^{15}$ cm^{-3}; $\quad$ $N_D = 4 \cdot 10^{17}$ cm^{-3}; $\quad$ $R_s = 0{,}37$ Ohm; $\quad$ $R_p = 49{,}6$ Ohm.

Für die Eigenleitungsdichte des Silizium n_i gilt Gl.(B38) und hier speziell $n_i(T{=}28\ °C){=}1{,}07 \cdot 10^{10} cm^{-3}$.

Für die Zeitkonstante τ_{RLZ} der Ladungsträgerrekombination gilt der Zusammenhang $L^2{=}D{\cdot}\tau_{RLZ}$. An der Raumladungszone sind beide RLZ-Bereiche beteiligt, insofern nimmt man das geometrische Mittel der Parameter beider Bereiche mit dem Wert $\tau_{RLZ}{=}1{,}7 \cdot 10^{-8}s$ nach der Beziehung

$$\tau_{RLZ} = \frac{L_n \cdot L_p}{\left(D_n \cdot D_p \right)^{0,5}} \quad . \tag{B62}$$

Die Diffusionsspannung $U_{diff}(T = 28\ °C)$ wird berechnet mit

$$U_{diff} = U_T \cdot \ln\left(\frac{N_A \cdot N_D}{n_i^2} \right) \quad , \text{ und es gilt } U_{diff} = 0{,}79 \text{ V}. \tag{B63}$$

Die Berechnung der Generator-Kennlinien erfordert die Lösung transzendenter Gleichungen.

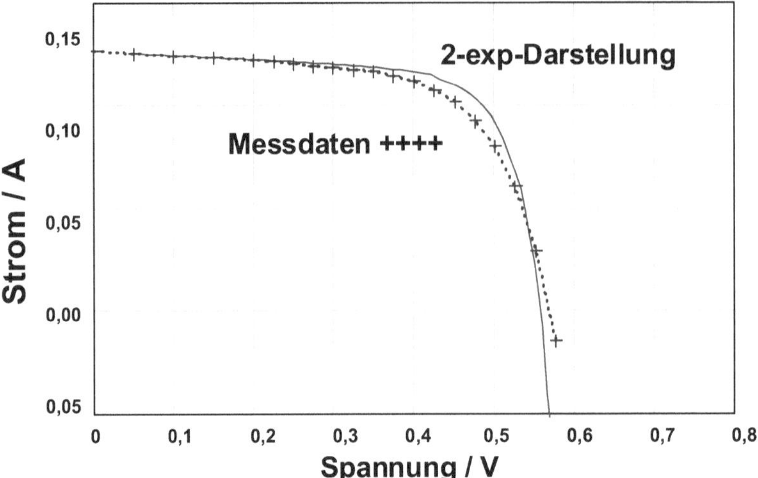

Abb. Ü19:   Generator-Kennlinie I(U) der Solarzelle TZ1 als Messung (+++) und als Rekonstruktion mit 2 exp-Funktionen (RLZ + NZ).

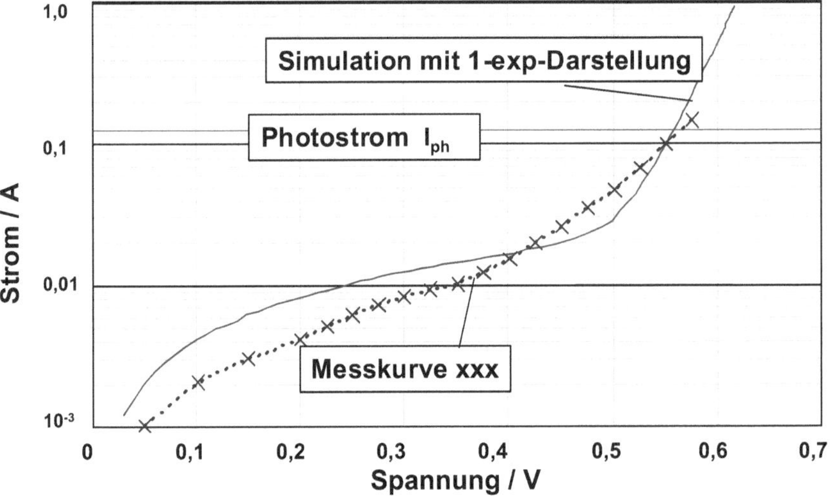

Abb. Ü20:   Logarithmierte Dioden-Kennlinie der Solarzelle TZ1 als Messung (xxx) und als Rekonstruktion mit 1-exp-Funktion (NZ-Diode)

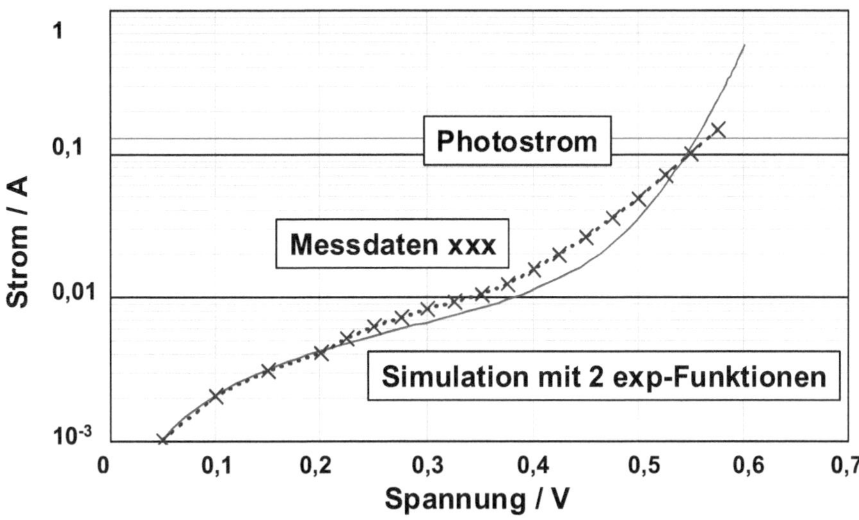

Abb. Ü21:   Logarithmierte Dioden-Kennlinie der Solarzelle TZ1 als Messung (xxx) und als Rekonstruktion mit 2-exp-Funktion (NZ- und RLZ-Diode)

Ergebnis

Die bessere Übereinstimmung erzielt man für lineare Skalierung mit einer 2-exp-Darstellung (Abb. Ü19). Abweichungen existieren hier vor allem im Bereich der stärksten Krümmung der Kennlinie.

Genauere Analysen lassen sich mit einer logarithmischen Darstellung durchführen, bei der man auf den (konstanten) Photostrom verzichtet. Die Abb. Ü20 und Abb. Ü21 zeigen die beiden logarithmierten Kennlinien-Verläufe I(U), einmal als 1-exp-Darstellung (NZ-Diode), zum anderen als 2-exp-Darstellung (NZ- und RLZ-Diode). In beiden Fällen ist der Photostrom gestrichelt eingetragen. Die Anpassung mit einer 2-exp-Darstellung gelingt erheblich besser als mit einer 1-exp-Darstellung. Die RLZ-Rekombination spielt auch bei der Solarzelle eine wichtige Rolle. Schließlich zeigt Abb. Ü22 einen Vergleich beider Darstellungen. Man erkennt, dass die 1-exp-Darstellung im Niedrigst-Strom-Bereich überwiegt, während im mittleren Strom-Bereich die 2-exp-Darstellung leicht dominiert. Obwohl die beiden exp-Funktionen in unterschiedlichen Strombereichen dominieren, benutzen wir gleiche Ersatzschaltbildgrößen in den Gln. (B58) und (B59), was – streng genommen – nicht zulässig ist.

Die vorgestellten Darstellungen sind bewährte Tests auf Kompatibilität der ermittelten Solarzellenparameter. Völlige Deckungsgleichheit gemessener und rekonstruierter Verläufe mittels „Handanpassung" ist dabei nicht zu erwarten. Die vorgestellten Ergebnisse der Analyse gelten als sehr gut. Immerhin handelt es sich um eine Rekonstruktion mit insgesamt 14 Parametern.

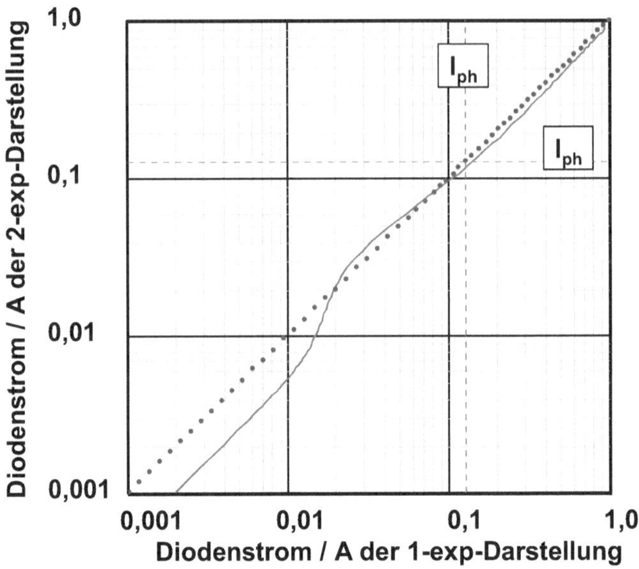

Abb. Ü22:   Vergleich der beiden logarithmierten Dioden-Darstellungen der Solarzelle TZ1 mit 1- und mit 2-Exponential-Funktionen. Die 45°-Gerade (Gleichheit) ist eingetragen, ebenfalls der Photostrom I_{ph}. Überwiegen einer Darstellung weist auf zu geringe Beteiligung der anderen Darstellung in diesem Bereich hin.

Liste ermittelter Solarzellenparameter der Solarzelle TZ1 in den Aufgaben 5.01 – 5.11.

Solarzellen-Parameter	Geometrie Abmessungen	Versuch Ü 5.01 Generatorkennlinie Bestrahlungsstärke $E_1...E_4$	Versuch Ü 5.02 RLZ-Kapazität	Versuch Ü 5.03 Spektrale Empfindlichkeit
A/cm^2	4			
F/cm^2	3,81			
d_{basis} / µm	300			
$d_{emitter}$ / µm				4,5
η / %		6,9 ... 10,4		
FF / -		50,3 ... 64,3		
R_S / Ohm		49,3 ... 49,6		
R_P / Ohm		0,39 ... 0,71		
I_{phot} / mA		14,3 ... 126,0		
I_0 / 10^{-11} A		5,05 ... 2,15		
N_D / cm^{-3}			$6,4 \cdot 10^{17}$	
N_A / cm^{-3}			$8,9 \cdot 10^{15}$	
D_n / cm^2/s			29,0	
D_p / cm^2/s			2,9	
L_n / µm				76,9
L_p / µm				4,5
s_n / cm/s *)				10^2
s_p /cm/s *)				$2,5 \cdot 10^4$
τ_{RLZ} / s		$1,7 \cdot 10^{-8}$		
I_{rek} / A		$3,8 \cdot 10^{-11}$		
I_{gen} / A		$1,6 \cdot 10^{-6}$		
U_{diff} / V		0,79		
*) Anpassungsparameter von Solarzelle TZ1 für die Rekonstruktionen von $Q(\lambda)$ und $I(U)$				

Abb. Ü23:   Ergebnisse der Analyse und der Rekonstruktion von Solarzelle TZ1 (Bestrahlungsstärke: $E_1 = 13,5$ mW; $E_2 = 31,5$ mW; $E_3 = 69,8$ mW; $E_4 = 115,0$ mW)

Zum Abschluss der Aufgabe Ü 5.1 ist in der Abb. Ü23 eine Übersicht über alle untersuchten Parameter mit ihren ermittelten Werten niedergeschrieben.

Aufgabe Ü 7.1 zum Kap. 7
Ultimativer Wirkungsgrad einer Sechsfach-Stapel-Solarzelle („Sixtupel Cell")

(„Sixtupel Cell" entspricht der Bezeichnung des Herstellers AZUR Space Solar Power GmbH)

Aufgabenstellung

Der Wirkungsgrad von Solarzellen lässt sich erheblich erhöhen, wenn mehrere Schichten von unterschiedlichen Halbleitern übereinander abgeschieden werden, sodass der Halbleiter mit dem größten Bandabstand ΔW außen und der mit dem geringsten Wert ΔW innen liegt („Teleskop-Solarzelle", s. Kap. 7.8). Für die Raumfahrt sind diese Teleskop-Solarzellen von hohem Interesse.

Man berechne zunächst innerhalb des Planckschen Spektrums der Sonne (Gl.2.3) den ultimativen Wirkungsgrad nach Gl.(3.8) – Gl.(3.10) einer Sechsfach-Stapelzelle mit der Schichtenfolge (von innen nach außen) Ge/GaInNAs//GaInAs/AlGaInAs/GaInP/AlGaInP im extraterrestrischen Sonnenlicht T = 5800 K. Die Bandabstände ΔW betragen (bei T = 300 K) für Ge 0,67 eV, für GaInNAs 1,10 eV, für GaInAs 1,41 eV, für AlGaInAs 1,6 eV, für GaInP 1,8 eV und für AlGaInP 2,00 eV. Der bisher technologisch erzielte technische Wirkungsgrad dieser Stapelzelle beträgt 13,47 % (Spectrolab 2004 /Kin04/).

Errechnen Sie den ultimativen Wirkungsgrad auf zwei unterschiedlichen Wegen:

1. jede Teilzelle zwischen zwei Nachbarzellen bestreitet in diesem Spektralbereich allein den Wirkungsgrad von ihrem Bandabstand ab bis zum nächsten;

2. jede Zelle verwertet nur die vom niederenergetischen Nachbarn ungenutzte Energie.

Vergleichen und erklären Sie die Ergebnisse.

Lösung

Man beginnt mit der Planckschen Gleichung für die spektrale Energiedichte $u(v,T)$ nach Gl.2.3. Dann errechnet man zunächst die den 6 Bandabständen entsprechenden Grenzfrequenzen der einzelnen Materialien nach der Beziehung $v_{grenz,n} = q \cdot \Delta W_n / h$. Damit formuliert man für die 6 Zellen mit $n = 1....6$ die ultimativen Teilwirkungsgrade mit

$$\eta_n = h \cdot v_{grenz,n} \cdot F_n(v > v_n) \quad \text{wobei} \quad F_n = \left(\frac{8 \cdot \pi}{c_0^{\,3}} \right) \cdot f \cdot \left[\frac{v_n^{\,2}}{\exp\left(\dfrac{h \cdot v_n}{k \cdot T_s} \right) - 1} \right] \tag{B64}$$

Abschwächungsfaktor $f = 2,17 \cdot 10^{-5}$.

Das Ergebnis wird als Diagramm gezeichnet (Abb. Ü24).

Berechnung des Wirkungsgrades

1. Jede Teilzelle einzeln wandelt Energie zwischen den Nachbar-Bandabständen.

Mit den 6 Integralen ($n = 1\text{-}6$) der Form

$$\eta_n = \int_{v_{grenz,n}}^{v_{grenz,n+1}} \left[\left(\frac{2 \cdot \pi}{c_0^{\,2}} \right) \cdot \left(\frac{q \cdot \Delta W_n}{\sigma \cdot T_s^{\,4}} \right) \left(\frac{v^2}{\exp\left(\dfrac{h \cdot v}{k \cdot T_s} \right) - 1} \right) \right] dv \tag{B65}$$

errechnet man

$\eta(\text{Ge}) = 0,113$; $\eta(\text{GaInNAs}) = 0,117$; $\eta(\text{GaInAs}) = 0,078$; $\eta(\text{AlGaInAs}) = 0,079$; $\eta(\text{GaInP}) = 0,073$; $\eta(\text{AlGaP}) = 0,296$.

Die Summe ergibt für den ultimativen Wirkungsgrad der Stapelzelle den ersten Wert von η_{ultim}(gesamt1)= 75,6%.

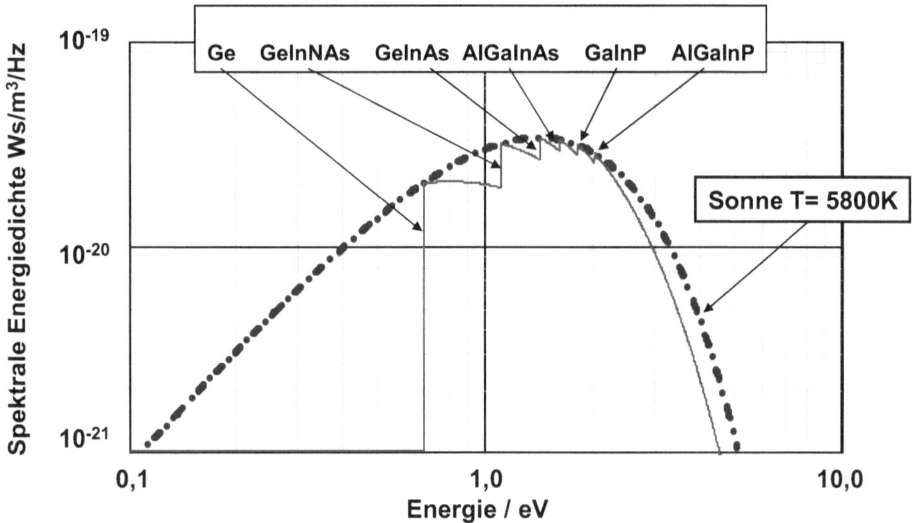

Abb. Ü24:   Verteilung der spektralen Energiedichte der Sechsfach-Solarzelle mit der Schichtenfolge Ge / GaInNAs / GaInAs / AlGaInAs / GaInP / AlGaInP von innen nach außen.

2. Jede Teilzelle wandelt die vom Nachbarn mit geringerem Bandabstand übrig gelassene Energie. Wegen der steilen Flanke der einzelnen Anteile zur höher energetischen Seite hin braucht nur der nächste Nachbar hinsichtlich seines Bandabstandes subtraktiv berücksichtigt zu werden.

Wiederum mit 6 Integralen (n=1 ... 6), nun aber in der Form

$$\eta_n = \int\limits_{\nu_{grenz,n}}^{\infty} \left[\left(\frac{2 \cdot \pi}{c_0^{\,2}} \right) \cdot \left(\frac{q \cdot \left(\Delta W_n - \Delta W_{n-1} \right)}{\sigma \cdot T_s^{\,4}} \right) \cdot \left(\frac{\nu^2}{\exp\left(\frac{h \cdot \nu}{k \cdot T_s} \right) - 1} \right) \right] d\nu \qquad (B66)$$

Beim Berechnen der oberen Grenze setzt man die Grenze z.B. bei $\nu=10^{16}$ Hz.

η(Ge)=0,381; η(GaInNAs)=0,172; η(GaInAs)=0,091; η(AlGaInAs)=0,045;
η(GaInP)=0,038; η(AlGaP)=0,030.

Die Summe ergibt den ultimativen Wirkungsgrad der Stapelzelle als den zweiten Wert von η_{ultim}(gesamt2)= 75,7%.

Der Wert stimmt mit jenem unter 1.) überein. Die Identität der Summen ist verständlich, weil in beiden Fällen der gleiche Bereich unter der Planck-Kurve (Abb. Ü24) für die 6 Teilzellen, lediglich unterschiedlich aufgeteilt, errechnet wurde:

unter 1.) mit vertikal auf der Abszisse *stehenden* Bereichen,

unter 2.) mit spektral horizontal übereinander *liegenden* Bereichen.

Der ultimative Wirkungsgrad der Sechsfach-Stapel-Solarzelle beträgt η = 75,6%.

Anhang C Technologische Übungen

Auch hier wird die Absicht verfolgt, den Leser zu eigenen Arbeiten zu ermutigen. Man sollte dabei nicht ungeduldig werden, wenn die Versuche nicht gleich zufrieden stellend gelingen. Schrittweise kann man sich in die Technologie C1 einarbeiten: zunächst nur einen pn-Übergang diffundieren, dann ihn auch metallisieren und schließlich zusätzlich die Vergütungsschicht aufbringen. Als ersten Beginn jedoch empfiehlt sich die Präparation einer Farbstoff-Solarzelle (wie unter C2 beschrieben) mit Deckweiß und Hibiskus-Tee, weil sie nahezu immer gelingt und zu weiterer Aktivität ermuntert.

C1 Einfache Technologie von Silizium-Solarzellen an der TU Berlin

Im Rahmen des Fortgeschrittenen-Praktikums der Halbleiterbauelemente können die Studierenden an einem zweiwöchigen Kompakt-Praktikum der Solarzellen-Technologie teilnehmen. Voraussetzungen für die Teilnahme sind der Abschluss des Grundstudiums sowie die erfolgreiche Teilnahme an einer Lehrveranstaltung zur Photovoltaik mit Übungen, wie sie umfangmäßig in diesem Lehrbuch beschrieben werden. Darüber hinaus müssen sich alle Interessenten am Praktikum nach Unterweisung vorab mit Erfolg einer Eingangsklausur zur Laborarbeit und zu den Gefahren in einem technologischen Labor und deren Vermeidung unterziehen.

Das Ziel des Praktikums ist, dass jeder Teilnehmer eine eigene Solarzelle baut und sie untersucht. Die Herstellung vollzieht sich in Gruppen von bis zu 6 Teilnehmern, die innerhalb von 5 Tagen unter Aufsicht schrittweise ihre Solarzellen gemeinsam herstellen. Die Herstellungsschritte und die Untersuchungsergebnisse werden protokolliert, und nach einer Rücksprache mit dem Laborleiter wird das Technologiepraktikum mit 3 Semester-Wochenstunden (5 credit points) anerkannt.

Umfang der Eingangsklausur

Zunächst lernen die künftigen Teilnehmer das Technologielabor kennen und werden mit den Grundsätzen der Arbeit in einem Reinraum vertraut gemacht (Kleidungswechsel; Luftschleuse; Orte der Gefahrenmelder; Schrank für Erste-Hilfe; Ganzkörper- und Augen-Dusche; Aufbewahrung der und Umgang mit den Reagentien, insbesondere mit Flusssäure und Lösungsmitteln u.a.). Dann werden sie mit den Vorschriften der Berufsgenossenschaft zur Unfallverhütung vertraut gemacht. Die genannten Themen sind Gegenstände der Eingangsklausur.

Schritte bei der Technologie von Silizium-Solarzellen

Die wichtigsten Schritte bei der Herstellung der Silizium-Solarzellen sind (Abb. C1)

1. Modifizierte RCA-Reinigung /Ker70/ der p-Silizium-Wafer (3"...4"-Ø) in mehreren Schritten:

   (NH_4OH/H_2O_2-Oxidation mit nachfolgender SiO_2-Auflösung in Flusssäure (HF) und
   HCl-Reinigung im US-Bad (US ~ Ultraschall),

2. Festkörper-Diffusion des Emitters aus einer Feststoff-Quelle (Quellscheiben) mit nachfolgender Entfernung des Phosphor-Glases,

3. Trockene thermische Oxidation des gesamten Wafers bei 1000 °C,

4. Abätzen der 100nm-SiO_2-Schicht von der Rückseite im HF/NH_4F-US-Bad,

5. Aluminium-Aufdampfen von ca.1μm für den Rückseitenkontakt nach erneuter RCA-Reinigung,

6. Lithographie des Vorderseitenkontaktes (Maske der Kontaktfinger mit Positiv-Resist),

7. Aluminium-Aufdampfen von ca.1μm für den Vorderseitenkontakt nach erneuter RCA-Reinigung,

8. Entfernung des überflüssigen Aluminiums auf der Vorderseite durch „lift-off" mit Aceton und Lösungsmittel bei 80 °C, mechanisch unterstützt mit Wattestäbchen.

Im Anschluss an die Technologie erfolgt das Zersägen der Wafer für die Vereinzelung der Solarzellen, Montage auf Unterlage (Diapositiv-Rahmen) und Herstellung von Außenkontakten. Im Anschluss daran Vermessung der Generator-Kennlinien und der spektralen Empfindlichkeit der Solarzellen sowie die Berechnung von Wirkungsgrad und Formfaktor. Schließlich Abfassung des Protokolls.

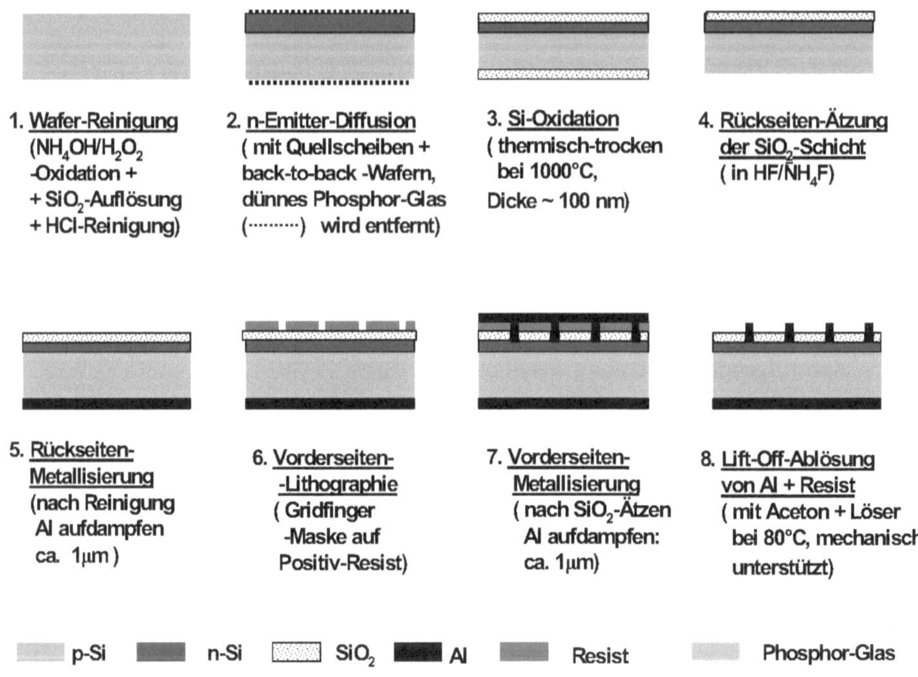

Abb. C1:   Ablauf der Solarzellen –Technologie im Hochschullabor in 8 Schritten.

Zur RCA-Reinigung /Ker70/ werden in der Abb. C2 noch einige weitere Einzelheiten dargestellt. Ebenfalls gibt es weitere Informationen zur „RCA-Reinigung" im Internet.

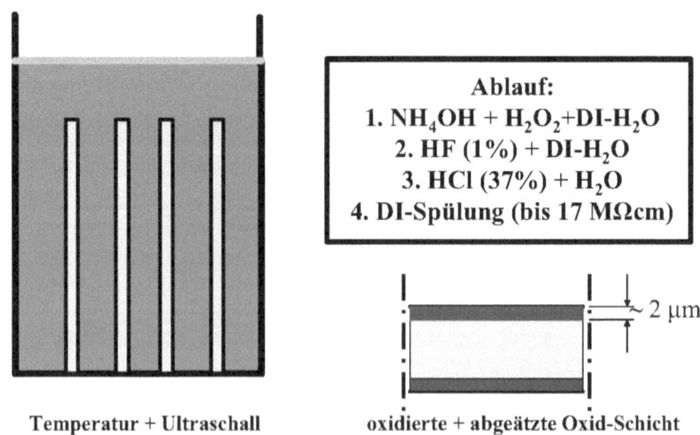

Abb. C2:   Prinzip und Schrittfolge bei der RCA-Reinigung /Ker70/. Der Abschluss der
Reinigungsprozedur wird über die Reinheit des abfließenden deionisierten Wassers
(DI-Wasser) bis zum spezifischen Widerstand von ρ >17 MΩcm verfolgt.

Schließlich zeigt die Abb. C3 ein Bild einer im Diapositiv-Rahmen montierten Silizium-Solarzelle zusammen mit den im Studierenden-Labor erzielten Solarzellen-Daten.

Solarzellen-Parameter:
$A = 2x2\ cm^2$
$\eta = 11,2\ \%$
$FF = 79,15\ \%$
$J_{sc} = 21,6\ mA/cm^2$
$U_{oc} = 0,59\ V$
$P_{MPP} = 40,2\ mW$
(AM 1.5)

Abb. C3:   Im Diapositiv-Rahmen aufgebaute Solarzelle mit ihren beiden elektrischen Anschlüssen sowie nebenstehend ihre technischen Daten und einer licht-exponierten Fläche von 3,64 cm^2, d.h. von 91% der Gesamtfläche von 4 cm^2.

Das Technologie-Praktikum wird an der TU Berlin nicht nur von Studierenden der Technischen Fakultäten gewählt, sondern ebenfalls – nach Erfüllung der oben erwähnten Voraussetzungen – u. a. von Studierenden des Wirtschaftsingenieurwesens, der Wirtschaftswissenschaft und der Architektur.

C2 Herstellung einer Farbstoff-Solarzelle mit einfachsten Mitteln

Man benötigt für die Herstellung dieser einfachen Farbstoff-Solarzelle keinen Reinraum und auch keine Prozesse bei hoher Temperatur. Die Herstellung ist in vielfacher Weise nachzulesen und im Internet beschrieben /Man06/.

Die benötigten Substanzen sind einfach und ungefährlich.

1. Mehrere Deckgläser aus Diapositivrahmen oder Mikroskopiergläser, die einseitig von einer transparenten leitfähigen Schicht bedeckt sind (z.B. Zinnoxid / SnO_2, das als wässrige Lösung aufgebracht und anschließend mit dem Fön getrocknet wird),

2. Weiße viskose Paste, die TiO_2 enthält (z.B. Deckweiß aus Tuschkästen, aber auch manche Zahnpasta-Fabrikate wie z.B. COLGATE),

3. Jod und Jodkalium in wässriger Lösung,

4. Hibiskus-Tee,

5. Spiritus-Brenner.

Dazu braucht man einige Büroklammern, ein einfaches analoges Spannungs-Messgerät mit Laborkabeln und Krokodil-Klemmen und einen weichen Bleistift.

Der Ablauf der Präparation ist wie folgend. Man nimmt zwei der mit Zinnoxid leitfähig gemachten Deckgläser, schwärzt das eine mit Graphit (weicher Bleistift) und bedeckt das andere mit Deckweiß, beide Behandlungen auf den leitfähigen Seiten. Das Deckglas mit der Deckweiß-Beschichtung wird über dem Spiritus-Brenner durch vorsichtiges Erwärmen getrocknet. Zunächst ist die Farbe bräunlich-weiß, es muss aber so lange erwärmt werden, bis die getrocknete Paste ganz weiß geworden ist. Dann kocht man einen intensiven Hibiskus-Tee, dessen Färbung rot-bräunlich sein sollte. Die entscheidende Substanz im Hibiskus-Tee ist der Farbstoff Anthocyan. Nach Abkühlung des Tees tränkt man die getrocknete Deckweiß-Schicht mit dem Hibiskus-Extrakt bis zu ihrer Verfärbung und lässt die verfärbte Schicht über dem Spiritus-Brenner trocknen, bis sie wieder weiß geworden ist. Schließlich legt man die beiden Deckgläser mit den beschichteten Seiten aufeinander und befestigt sie aufeinander – leicht verschoben, so dass jeweils ein Streifen schichtbedeckter Rand zum Herstellen eines Kontaktes herausragt – mit zwei Büroklammern. Mit einer Spritze injiziert man schließlich die Mischung aus wässriger Jod- und Jodkalium-Lösung zwischen die beiden Deckgläser.

Nach dem Anlegen von zwei Kontakten (Krokodil-Klemmen) an den Rändern mit Drähten zum Spannungsmessgerät misst man unter einer Lampe die Spannung von ca. (0,2...0,3)V, je nach Bestrahlungsstärke.

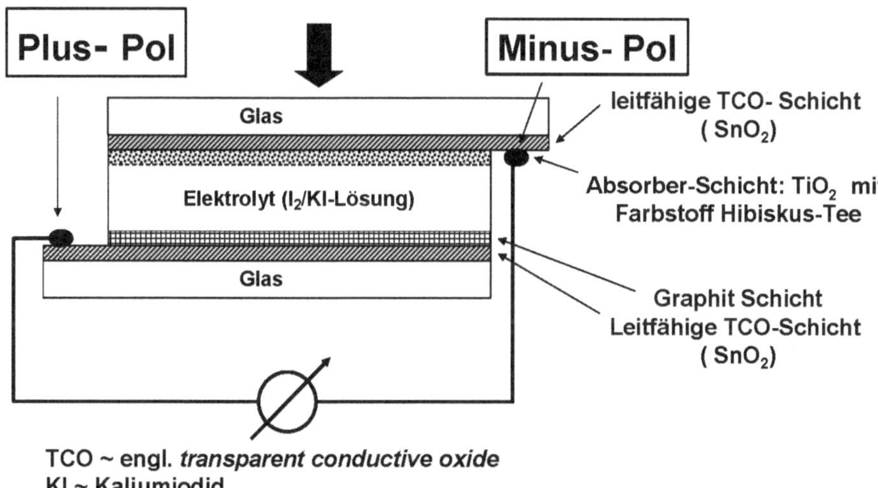

Abb. C4:   Farbstoff-Solarzelle zum Selberbauen mit dem Farbstoff Anthocyan der Hibiskus-Blüte.
                 Deutlich zu erkennen ist die gegenseitige Verschiebung der beiden Deckgläser.

Leider verdunstet die Elektrolyt-Lösung zwischen den beiden Deckgläsern unter Bestrahlung
sehr bald, und die Photospannung bricht zusammen.

Literatur

Asp86   D.E. Aspnes et al., J. Appl. Phys., $\underline{60}$ No. 2 (1986), 754

Aut77   B.Authier, Festkörperprobleme $\underline{XVIII}$ (1978), 1…18

Bae02   M.Bär et al, Progr.Photovolt. $\underline{10}$ (2002), 173-184

Bec39   A.E.Becquerel, Comptes Rend. Hebdom. des Séances de l`Academie de
             Sciences, Paris Vol.$\underline{9}$ (1839), p.561..567

Blo92   W.H. Bloss, F. Pfisterer, Photovoltaische Systeme - Energiebilanz und CO_2-
             Reduktionspotential, VDI-Ber. 942 (1992), 71

Blu74   W.Bludau, A.Onton, W.Heinke; J.Appl.Phys.45 (1974), 1846 u.f.

Böh84   M. Böhm, H.C. Scheer, H.G. Wagemann, Solar Cells, $\underline{13}$ (1984), 29

Bra74   F. Braun, Ann.Phys.Chem. $\underline{153}$ (1874), 556 u.f.

Bru91   J. Bruns, S. Gall, H.G. Wagemann, J. of Non-Cryst. Solids,
             $\underline{137/138}$ (1991), 1193

Car76   D.E.Carlson; C.R.Wronsky, Appl.Phys.Letts. $\underline{28}$ (1976), 671 u.f.

Cas73   H.C. Casey et al., J. Appl. Phys., $\underline{44}$ (1973), 1281

Cas78   H.C. Casey, M.B. Panish, Heterostructure Lasers, Part B: Materials and
             Operating Characteristics, Academic Press, New York (1978), 170

Cau87   D.M. Caughey, R.E. Thomas, Proc. IEEE (1967), 2192 u.f.

CEI89   CEI - IEC, Norm 904-3, Teil III (1989)

Cha54   D.M.Chapin, C.S.Fuller, P.L.Pearson, J.Appl.Phys.$\underline{25}$ (1954), 676-677

Chr86   Firmenunterlagen CHRONAR Corp., Princeton (USA) (1986)

Coh66   M. L. Cohen, T.K. Bergstresser, Phys. Rev., $\underline{141}$ (1966), 789

Col79   M. Collares-Pereira, A. Rabl, Solar Energy, $\underline{22}$ (1979), 155

Cra82   R.S. Crandall, J. Appl. Phys., $\underline{53}$ (1982), 3350

EEG04   Gesetz zur Neuregelung des Rechts der Erneuerbaren Energien im
          Strombereich / Erneuerbare Energie Gesetz / EEG v. 21.Juli 2004

Ehr00   B.von Ehrenwall, A.Braun, H.G.Wagemann, *Growth Mechanisms of Silicon
          deposited by APCVD on Different Ceramic Substrates*, J.Electrochem.Soc. <u>147</u>
          (2000), 340-344

Ell83   S.R. Elliott, Physics of Amorphous Materials, Longman, New York (1983), 207

Fis77   H.Fischer, W.Pschunder, Trans.Electr.Dev. <u>24</u> (1977), 438...442

Fra90   L.M.Fraas et al. Proc. 21th IEEE Photovoltaic Solar Energy Conf. p.190 195,
          Kissimee (1990)

God73   M.P.Godlewski, C.R.Baraona, H.W.Brandhorst jr., Low-High Junction Theory
          applied to Solar Cells, Conf. Rec.10th IEEE Photovoltaic Specialists Conf.
          1973, p.40-49

Goe86   J.W.v.Goethe, *Sämtliche Werke Bd.22., Italienische Reise, Ferrara bis Rom,
          20.Oktober 1786*, Cotta'sche Buchhandlung Nachfolger, Stuttgart und Berlin

Goe05   A. Goetzberger, Wittwer, *Sonnenenergie*, Teubner Studienbücher Physik

Gra92   M. Graetzel et al., Scientific American, (1992), 117

Gre04   M.A.Green, Proc. 19th European Photovoltaic Solar Energy Conf., Paris 2004,
          p.3 - 8

Gre03   M.A.Green, Third Generation Photovoltaics – Advanced Solar Energy
          Conversion, Springer, Berlin (2003)

Gre55   R.Gremmelmeier, Zeitschr. f. Naturforschung <u>10a</u> (1955), 501/502

Gre01   M.A.Green, "Crystalline Silicon Solar Cells", in M.A.Archer, R.Hill (edts.)
          "Clean Electricity from Photovoltaics", Chapt. 4, World Scientific 2001

Gre82   M.A. Green, Solar Cells, <u>7</u> (1982-1983), 337

Gre85   M.A. Green et al., Proc. 18th IEEE PV Spec. Conf., Las Vegas (1985), 39

Gre87   M.A. Green et al., Proc. 19th IEEE PV Spec. Conf., New Orleans (1987), 49

Gre90   M.A. Green et al., Proc. 20th IEEE PV Spec. Conf., New York (1990), 207

Gre94,1   M.A. Green, 12th EC Solar Energy Conference, Amsterdam (1994)

Gre94,2   M.A. Green, Progress in Photovoltaics, $\underline{2}$ (1994)

Gre95   M.A.Green, Silicon Solar Cells - Advanced Principles & Practice, Sydney 1996

Hag89   G. Hagedorn, Proc. 9th EC Solar Energy Conference, Freiburg (1989), 542

ISE06   H.Lerchenmüller et al.; FLATCON Konzentrator-PV-Technologie, Internet-
               Manuskript d. Fraunhofer Institutes f. Solare Energiesysteme / ISE, 2006

Ish05   Y.Ishikawa, M.B.Schubert, Proc. 20th EPSE Conf., Barcelona, Spain, p.1525-
               1528

Jae97   K. Jaeger, R. Hezel, Proc. 19th IEEE PV Spec. Conf., New Orleans (1987), 388

Ker70   W.Kern, D.A.Puotinen, RCA Rev.1970, 187-206

Kin04   R.R.King et al., *Paths to Next-Generation Multijunction Solar Cells*, Space
               Power Workshop, Manhattan Beach CA, (2004)

Kol93   S. Kolodinski, J.H. Werner et al., Proc. 11th EC Solar Energy Conf., Montreux
               (1993), 53

Kro05   J.M. Kroon et al., Proc. 20th EPSEC Barcelona (2005), p. 14-19

Lau00   T.Lauinger, EFG-Silizium: Material, *Technologie und zukünftige Entwicklung*,
               in Themenheft 2000, Teil2 *Strategien zur Kostensenkung von Solarzellen*, FVS
               Themen 2000, p.86-92

Leh48   K.Lehovec, Phys.Rev. $\underline{74}$ (1948), 463-471

Lev91   J.D. Levine et al., Proc. 22nd IEEE PV Spec. Conf., Las Vegas (1991), 1045
               und E. Graf, *Spheral Solar Technology*, Texas Instruments (1994)

Lof93   J.J. Loferski, Progress in Photovoltaics 1 (1993), p. 46 u.f.

Ma05   W. Ma et al., Advanced Functional Materials 15(10) (2005), p. 1617 u.f.

Man06   http://www.mansolar.com/funktion.htm

Mar85   K. Maruyama et. al., Proc. 18th IEEE PV Spec. Conf., Las Vegas (1985), 883

Mit90   K.W. Mitchell et al., IEEE Trans. Elec. Dev., $\underline{37}$ No. 2 (1990), 410

Moo86   W.J. Moore, Physikalische Chemie, de Gruyter (1986); p. 826 u.f.

Mün69   W. v. Münch, *Technologie der GaAs-Bauelemente*, Springer, Berlin (1969), 26

Nel92	M. Nell, *Beryllium-Diffusion für GaAs-Solarzellen*, Dissertation, Fortschr.-Ber. VDI Reihe 6, Nr.267, Düsseldorf (1992)
Ohl48	R.S.Ohl, US-Patents No.2.443.542 (1948) and No.2,402,662 (1946)
Pal85	E.D. Palik, *Handbook of Optical Constants of Solids*, Academic Press, Orlando, Fla. (1985)
Pfl88	H. Pfleiderer et al., Proc. 20th IEEE PV Spec. Conf., Las Vegas (1988), 120
Pla00	Verhandlungen der Deutschen Physikal.Gesellschaft 2 (1900), 202 u.237
Ras82	K.D. Rasch et al., Proc. 4th EC Solar Energy Conference, Stresa (1982), 919
Rau05	B. Rau et al., Proc. 20th EPSEC, Barcelona (2005), 1067
Rei90	B. Reinicke, Bericht zum DFG-Forschungsvorhaben Wa 469/6-1, Berlin (1990)
Rey54	D.C.Reynolds; G.Leies, R.E.Marburger; Phys.Rev. 96 (1954), 533/534
Rug84	I. Ruge, *Halbleiter-Technologie*, Springer, Berlin (1984)
Sch38	W.Schottky, Naturwissenschaften 26 (1938), 843 u.f.
Sche82	H. Scheer, Dissertation, TU Berlin (1982)
Sche93	H. Scheer, *Sonnenstrategie*, Piper, München (1993)
Schu91	G. Schumicki, P. Seegebrecht, *Prozesstechnologie*, Springer-Verlag, Berlin (1991)
She74	J. Shewchun, M.A. Green, F.D. King, Sol. St. Electronics 17 (1974), p. 551 u.f.
Sho49	W. Shockley, Bell Syst. Tech. J., 28 (1949), 435-489
Sho61	W.Shockley, H.J.Queisser, J.Appl.Phys. 32 (1961), 510...519
Sie76	W.Siemens, Monatsberichte d. Königl. Preuss. Akademie d. Wissensch. Berlin 1876, 280/281; 1877, 95-116; 1878, 299-337
Sin86	R.A. Sinton, R.M. Swanson, El. Dev. Lett., 7 (1986), 567
Sol09	Sollmann, D., photon April 2009, p. 42-45
Spe68	A.Spencker, P.Dahlen, Bericht HMI-B73 (1968), Hahn-Meitner-Institut für Kernforschung Berlin,
Spe75	W.E.Spears, P.G.Lecomber, Sol.State Comm. 17 (1975), 1193 u.f.

Spe84   W.E. Spears et al., Topics in Appl. Phys., $\underline{55}$ (1984)

Sta77   D.L.Staebler, C.R.Wronsky, Appl.Phys.Letts. $\underline{31}$ (1977), 292 u.f.

Str91   R.A. Street, *Hydrogenated Amorphous Silicon,* Cambridge (1991), Kap. 5

Sol06   Solarbuzz 15.03.06 (Marketbuzz 2006)

Tan86   C.W. Tang, Appl.Phys.Letts. $\underline{48}$(2) (1986), 183-185

Tan93   M. Tanaka et al., Progress in Photovoltaics, $\underline{1}$ No. 2 (1993), 85

Tob90   S.P. Tobin, Trans. El. Dev., $\underline{37}$ No. 2 (1990), 469

Tru03   T.Trupke, M.A.Green, A.Wang, J.Zhao, R.Corkish; J.Appl.Phys.94(2003), 4930 u.f.

Ver87   P. Verlinden, F. Van de Wiele et al., Proc. 19th IEEE PV Spec. Conf., New Orleans (1987), 405 u.f.

Vla88   N. Vlachopoulos et. al., J. Amer. Chem. Soc., (1988), 1216 u.f.

Vos92   A. De Vos, *Endoreversible Thermodynamics of Solar Energy Conversion,* Oxford University Press (1992), Kap. 6

Wag03   H.G.Wagemann, T.Schönauer, *Silizium-Plartechnologie*, B.G.Teubner, Stuttgart (2003)

Wag92   H.G. Wagemann, *Halbleiter* in: Bergmann-Schäfer, *Lehrbuch der Experimentalphysik,* Band 6, *Festkörper*, de Gruyter, Berlin (1992)

Wag98   H.G.Wagemann, A.Schmidt, *Grundlagen der optoelektronischen Halbleiterbauelemente*, Teubner Studienbücher, Stuttgart (1998)

Wol60   M.Wolf, Proc.IRE $\underline{48}$ (1960), 1246...1263;

Wür03   Würfel, P., Trupke, T., Physik Journal 2 (2003), p.45 - 51

Wys66   J.J.Wysocki, P.Rappaport, E.Davison, R.Hand, J.J.Loferski, Appl.Phys.Letts.$\underline{9}$ (1966), 44...46

Yu95   G. Yu et al., Science 270 (1995), p. 1789